《现代煤化工技术丛书》编委会

《现代煤化工技术丛书》编写人员

丛书主编： 谢克昌

各分册编写人员：

《煤化工概论》 谢克昌 赵炜 编著

《煤炭气化技术》 于遵宏 王辅臣 等编著

《气体净化分离技术》 上官炬 常丽萍 苗茂谦 编著

《煤的等离子体转化》 吕永康 庞先勇 谢克昌 编著

《煤的热解、炼焦和煤焦油加工》 高晋生 主编

《煤炭直接液化》 吴春来 编著

《煤炭间接液化》 孙启文 编著

《煤基合成化学品》 应卫勇 编著

《煤基多联产系统技术及工艺过程分析》 李文英 冯杰 谢克昌 编著

《煤基醇醚燃料》 李忠 谢克昌 编著

《煤化工过程中的污染与控制》 高晋生 鲁军 王杰 编著

《煤化工设计基础》 张庆庚 李凡 李好管 编著

"十一五"
国家重点图书

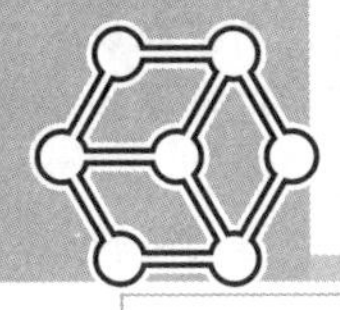

现代煤化工技术丛书

谢克昌 主编

MEIHUAGONG GAILUN

煤化工概论

谢克昌 赵炜 编著

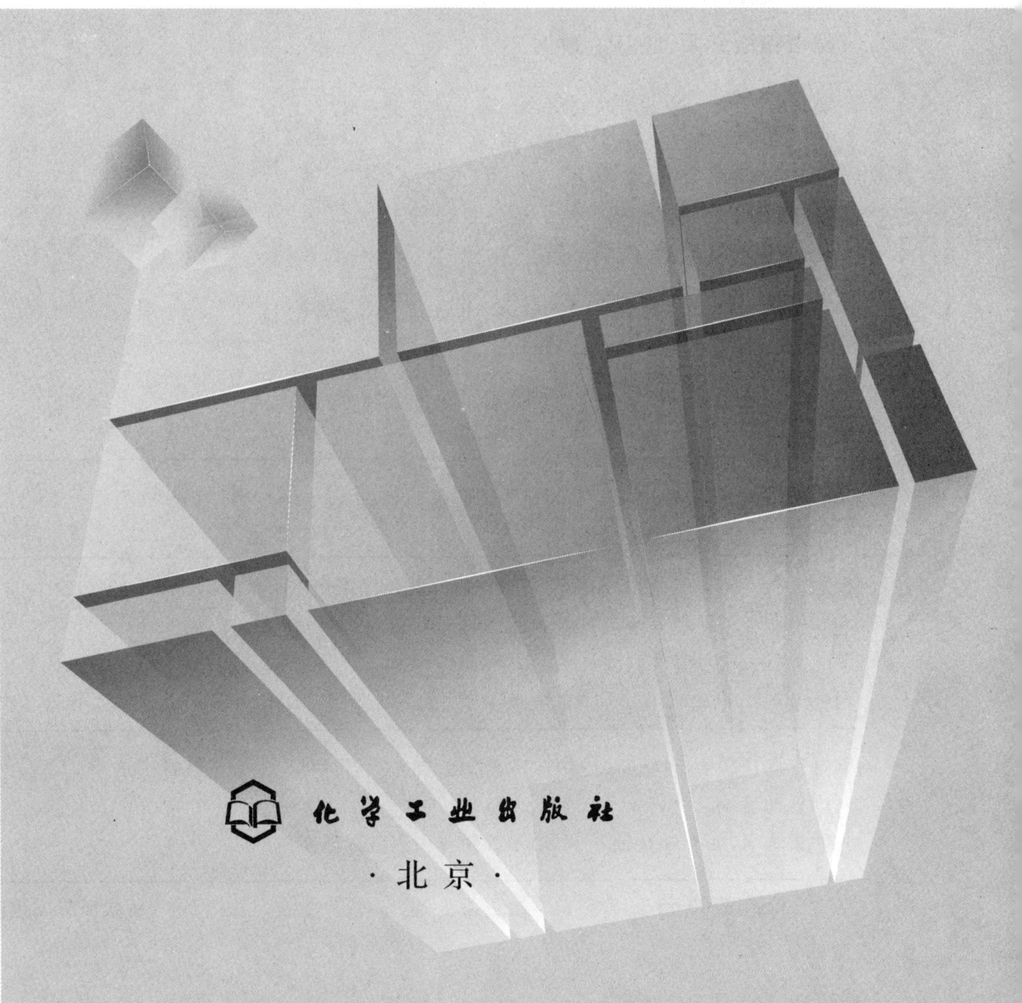

化学工业出版社

·北京·

本书以煤的转化反应为主线，以煤的转化技术分章节，阐述煤化工的基本原理，构筑煤化工的总体轮廓。全书共分 10 章，第 1 章是以煤转化为主的能源转化概论；第 2 章介绍与煤的反应和反应性密切相关的煤的物理和化学性质；第 3 章到第 7 章为煤化学转化最主要的一些基础反应及与这些反应相关的技术、工艺和设备；第 8 章专门介绍了煤转化过程中的催化；第 9 章介绍了煤转化过程中的环境和资源问题；第 10 章阐述了现代煤化工与煤的清洁高效利用的关系。

本书适合从事煤化工科研、应用的技术人员阅读，也可供相关专业大专院校师生参考。

图书在版编目（CIP）数据

煤化工概论/谢克昌，赵炜编著．—北京：化学工业出版社，2012.5(2015.3 重印)
“十一五”国家重点图书
（现代煤化工技术丛书）
ISBN 978-7-122-13511-7

Ⅰ.煤… Ⅱ.①谢…②赵… Ⅲ.煤化工-概论
Ⅳ.TQ53

中国版本图书馆 CIP 数据核字（2012）第 025018 号

责任编辑：路金辉　靳星瑞　孙绥中　　装帧设计：王晓宇
责任校对：吴　静

出版发行：化学工业出版社（北京市东城区青年湖南街 13 号　邮政编码 100011）
印　　刷：北京永鑫印刷有限责任公司
装　　订：三河市胜利装订厂
710mm×1000mm　1/16　印张 15¾　字数 311 千字　2015 年 3 月北京第 1 版第 3 次印刷

购书咨询：010-64518888（传真：010-64519686）　售后服务：010-64518899
网　　址：http://www.cip.com.cn
凡购买本书，如有缺损质量问题，本社销售中心负责调换。

定　　价：46.00 元

总序

2008 年，中国的煤炭产量高达 27.93 亿吨，是 1978 年 6.18 亿吨的 4.52 倍，占 2008 年世界煤产量的 42%，而增量占世界的 80%以上。

多年来，在中国的能源消费结构中，煤约占 70%，另外两种化石能源石油和天然气分别约占 20%和 3.5%；中国的电力结构中，燃煤发电一直占主导地位，比例约为 77%；中国的化工原料结构中，煤炭占一半以上。中国煤炭工业协会预计到 2010 年全国煤炭需求量在 30 亿吨以上，而中国科学院和中国工程院通过战略研究预计，到 2050 年，煤在中国的能源消费结构比例中仍将高居首位，占 40%以上，这一比例对应的煤量为 37.8 亿吨，比 2010 年的需求量多 26%。由此可见，无论是比例还是数量，在较长的时期内以煤为主的能源结构和化工原料结构很难改变。

事实上，根据 2008 年 BP 公司的报告，在化石能源中，无论是中国还是世界，煤的储采比（中国 45，世界 133）都是石油的 2 倍左右。因此，尽管煤在世界的能源消费结构中仅占 28%，低于石油的 36%，但“煤炭在未来 50 年将继续是世界的主要能源之一”（英国皇家学会主席 Martin Rees，路透社 2008 年 6 月 10 日）；“越来越多的化学制品公司正在将煤作为主要原料” （美国《化工新闻》高级编辑 A. H. Tullo，2008 年 3 月 17 日）。

但是，由于煤的高碳性和目前利用技术的落后，煤在作为主要能源和化工原料的同时也是环境的主要污染源。据中国工程院的资料，2006 年，我国排放的 SO_2 和 NO_x 的总量达 4000 万吨以上，源于燃煤的比例分别为 85%和 60%，燃煤排放的 CO_2 和烟尘也分别占到总排放量的 85%和 70%。至于以煤为原料的焦炭、电石等传统煤化工生产过程，除对大气污染外，其废水、废渣对环境的影响也十分严重。据荷兰环境署统计，2006 年中国的 CO_2 排放量为 6.2Gt，而 2007 年又增加了 8%。虽然我国的人均 CO_2 排放量远低于美国等发达国家，但由于化石能源的碳强度系数高［据日本能源统计年鉴，按吨（煤）计算：煤排放 2.66t CO_2，石油排放 2.02t CO_2，天然气排放 1.47t CO_2］和我国较长时期仍以化石能源为主（中国科学院数据，到 2050 年，化石能源在中国能源结构中占 70%，其中煤 40%、石油 20%、天然气 10%），和其他污染物一样，CO_2 的排放与治理也必须高度重视并采取有效措施。

煤炭的上述地位和影响，对世界，特别是对中国，无疑是一种两难选择。可喜的是，“发展煤化工，开发和推广洁净煤技术是解决两难的现实选择”已成为人们的共识并取得重要进展。遗憾的是，在石油价格一度不断飙升的情况下，由于缺乏政策引导、科学规划，煤化工出现了不顾原料资源、市场需求、技术优劣等客观条件盲目发展的势头。为此，笔者将20余年来对煤化工科学发展积累的知识、实践、认识和理解编撰成《煤化工发展与规划》一书，于2005年9月由化学工业出版社出版发行。与此同时，作为我国化学化工类图书出版之“旗舰”和科技图书出版之“先锋”的化学工业出版社，在原化工部副部长谭竹洲、李勇武的指导下，极具战略眼光，决定在全国范围内组织编写《现代煤化工技术丛书》（以下简称《丛书》），出版社诚邀笔者担任该《丛书》主编，成立了由笔者和李勇武会长（中国石油和化学工业联合会）为主任的编委会，并于2006年4月18日在太原召开《丛书》第一次编写会议。就在编委会紧锣密鼓地组织、协调、推荐作者，确定内容、审定大纲的不到两年间，国内的煤化工又有了强势的发展和规划。据有关方面的粗略统计，2007年全国煤制甲醇生产、在建、计划产能总计达6000万吨，2008年实际产量1126.3万吨；2008年二甲醚产能约410万吨，实际产量200万吨；直接和间接液化法“煤制油”的在建和计划产能也超过千万吨；技术尚未成熟的煤制低碳烯烃、醇、醚等化工原料在建和计划项目也此起彼伏，层出不穷。煤化工这种强势的发展与规划不仅面临着市场需求和技术成熟度的有力挑战，而且还受到原料煤、水资源、环境容量等条件很大限制，其中尤以水资源为甚。美国淡水研究权威、太平洋研究所所长称：“当水资源受到限制和污染，或者经济活动不受限制而且缺乏恰当的管理时，严重的社会问题就可能发生。而在中国，这些因素的积聚将产生更为严重、复杂的水资源挑战。”按现行技术，煤制甲醇、二甲醚、油（间接液化）的单位产品水耗（t/t）分别为15、22、16。虽然，大量的温室气体排放来源于化石能源无节制的使用，特别是燃煤发电和工业锅炉，但目前的煤化工产品生产工艺过程排放的温室气体也不容忽视，英国《卫报》网站说“用煤生产液体燃料的过程所产生的温室气体是常规石油燃料的两倍以上”。至于传统的煤化工产品生产技术，还对原料煤有苛刻的要求，如固定床造气需要无烟块煤或焦炭，而焦化和电石生产的原料煤是焦煤和肥煤，但这些优质煤种的保有储量仅占煤炭资源保有总量的16.9%（无烟煤）和3.7%（焦煤和肥煤）。

针对上述情况，2009年2月19日，国务院提出“停止审批单纯扩大产能的焦炭、电石等煤化工项目，坚决遏制煤化工盲目发展的势头”，并要求石化产业的调整振兴必须“技术创新、产业升级、节能减排”。这使得煤化工的发展必须要以提高能效、减少能耗、降低排放为目标进行科学规划、优化选择、合理布局。但是，由于成煤物质和成煤年代等差异所导致的煤的复杂性和煤化学工程的学科特性，煤化工具有基础研究学科交叉、工程开发技术复杂、规模生产投资巨大的显著特点。这些特点对以煤气化为基础，以一碳化学为主线，以优化集成为途径，生产各种替代燃料和化工产品的现代煤化工尤其突出。要做到煤化工产业的科学规划、健康发展就必须全面了解、充分把握这些特点。

应运而生的《现代煤化工技术丛书》正是为满足这一需求，力求通过分册组成合理、学术实用并举、集成精粹结合、内容形式统一的编撰，体现现代煤化工的特点；希冀通过对新技术、新工艺、新产品的研究、开发、应用的指导作用，促进煤化工产业的技术进步；期望通过提供基础性、战略性、前瞻性的原理数据、可靠信息、科学思路推进煤化工产业的健康发展。为此，在选择《丛书》编撰者时，优先考虑的是理论基础扎实、学术思想活跃、资料掌握充分、实践经验丰富的分领域技术领军人或精英。在要求《丛书》分册编写时，突出体现“新、特、深、精”。新，是指四新，即新思路、新结构、新内容和新文献；特，是有特色，即写法和内容都要有特色，与同类著作相比，特色明显；深，是说深度，即基础论述要深，阐述规律要准；精，是要成为精品，即《丛书》不成“传世”之作，也要成业界人士的“案头”之作。

根据上述指导思想和编写原则，《丛书》由以下分册组成。

1.《煤化工概论》(谢克昌、赵炜编著)：以煤的转化反应为主线，以煤的转化技术分章节，阐述煤化工的基本原理，提供煤化工的总体轮廓。

2.《煤炭气化技术》(于遵宏、王辅臣等编著)：在工艺过程分析、气化过程原理论述的基础上，比较各种气化过程的优劣，给出自主创新的煤炭气化实例。

3.《气体净化分离技术》(上官炬、常丽萍、苗茂谦编著)：以气化煤气净化与分离的科学和技术问题为基础，比较各种净化工艺与技术，以解决现存问题，提供最佳技术选择。

4.《煤的等离子体转化》(吕永康、庞先勇、谢克昌编著)：作为煤的非常规转化的重要组成，以多年的实验工作为基础，介绍等离子体应用于煤转化的主要技术。

5.《煤的热解、炼焦和煤焦油加工》(高晋生主编)：以煤的热解为主线，将热解、炼焦和煤焦油加工有机结合，通过新技术的阐述，推动传统煤化工的革新。

6.《煤炭直接液化》(吴春来编著)：以扎实的理论知识和丰富的实践经验为基础，提出直接液化用煤、生产工艺的优选原则，实现理论性和应用性的并重。

7.《煤炭间接液化》(孙启文编著)：在介绍费托合成反应基础理论、技术发展的基础上，重点对核心问题——催化剂和反应器的研发做详细阐述。

8.《煤基合成化学品》(应卫勇编著)：开发煤基合成化学品的新产品、新技术是现代煤化工的重要组成。面向企业，以阐述煤基化学品的生产技术、工艺和应用为主。

9.《煤基多联产系统技术及工艺过程分析》(李文英、冯杰、谢克昌编著)：以煤气化为基础的多联产是公认的煤洁净高效利用的主要技术途径，通过非多联产和多联产过程的分析给出多联产的创新优化实例。

10.《煤基醇醚燃料》(李忠、谢克昌编著)：作为重要的车用替代燃料，结合国内外的实践，重点介绍甲醇、二甲醚和乙醇燃料的性质、制备和应用。

11.《煤化工过程中的污染与控制》(高晋生、鲁军、王杰编著)：在客观分析煤化工过程对环境污染的基础上，通过该过程中有害元素的迁移与控制论述，介绍主要污染物的净化、减排和利用技术。

12.《煤化工设计基础》(张庆庚、李凡、李好管编著)：煤化工新技术、新工艺的产业化离不开整体考虑和合理设计，而设计基础来源于全面的知识和成功的实践。

由以上《丛书》各分册的简介可以看出，各分册独立成册，却内涵相连，各分册既非学术专著，又非设计手册，但发挥之作用却不仅在于科研、教学之参考，更在于应用、实践之指导。鉴于中国石油和化学工业联合会、化学工业出版社对这套《丛书》寄予厚望，国家新闻出版总署将其列为国家"十一五"重点图书，身居煤化工"冷热不均"却舍之不得，仍拼搏奋斗在第一线的诸位作者深感责任重大，均表示要写成精品之作，以飨读者。但因分册内容不同，作者情况有别，《丛书》难以整体同时问世，敬请读者原谅。"纵浪大化中，不喜亦不惧"，煤化工的发展道路可能有起有伏，坎坷不平，但其在中国的地位与作用如同其理论基础和基本原理一样难以撼动，在通过洁净煤技术，实现高碳性的煤炭低碳化利用，并与可再生能源一起，促进低碳经济发展的进程中，现代煤化工必将发挥不可替代的作用。诚望这套立意虽高远、内容难全面、力求成经典、水平限心愿的《丛书》能在煤化工界同仁的"不喜亦不惧"中，成为读者为事业不懈追求的忠实伙伴。

2009年9月9日

前 言

无论是包括煤的直接液化、焦化及焦油加工、电石乙炔化工在内的传统煤化工和作为能源利用的煤燃烧，还是以煤气化为龙头，以一碳化学为基础，合成各种替代液体燃料及化工产品的现代煤化工都离不开煤及煤的衍生物与氢气、氧气、水蒸气等物质的化学反应。尽管煤化工以目标产品分类有煤制气体燃料（煤气化、煤制替代天然气）、煤制液体燃料（直接液化、间接液化、甲醇制汽油、通过中低温热解的液体燃料、合成低碳醇等）、煤制甲醇及其衍生化学品（二甲醚、低碳烯烃、丙烯、芳烃、醋酸/醋酐等）、煤制其他产品（合成氨、焦/半焦、电石、氢气、乙二醇等）以及煤转化联产燃料及化学品等有不同的技术路线，但它们的核心仍然是煤的各种化学转化反应。煤化工的实质是碳加工，碳加工的实质是改变含碳原料（主要指化石能源）中的 H/C 比，改变 H/C 比的途径靠以下 4 个反应：

$$CH_a \longrightarrow CH_b + C \qquad (b>a)$$

$$CH_a \pm dH \longrightarrow CH_b \qquad (b>a \text{ 或 } a>b)$$

$$C + dH \longrightarrow CH_d$$

$$CO + (2+y)H \longrightarrow CH_y + H_2O$$

而使煤的转化发生重大改变有可能成为洁净能源和高附加值化学品则是通过下面 4 个吸热反应得以实现：

$$C + 2H_2 \longrightarrow CH_4 \qquad \text{（加氢甲烷化）}$$

$$CH_4 + H_2O \longrightarrow CO + 3H_2 \qquad \text{（水蒸气转化）}$$

$$C + H_2O \longrightarrow CO + H_2 \qquad \text{（水煤气制备）}$$

$$CO_2 + C \longrightarrow 2CO \qquad \text{（}CO_2\text{ 转化或歧化）}$$

上述考虑是本书的编撰依据，即以煤的转化反应为主线，以煤的转化技术分章节，阐述煤化工的基本原理，构筑煤化工的总体轮廓。作为此套《现代煤化工技术丛书》的第一分册，作者拟以这一编撰原则体现丛书“新、特、深、精”的特点。

本书共分 10 章。第 1 章是以煤转化为主的能源转化概论。第 2 章介绍与煤的反应和反应性密切相关的煤的物理和化学性质。第 3 章到第 7 章为煤化学转化最主要的一些基础反应及与这些反应相关的技术、工艺和设备，包括煤的热解、煤与氢的反应、煤与氧的反应、煤与氧和水蒸气的反应和煤气的重整与转化。为掌握提高煤转化反应速率和目标产品收率的基本知识，第 8 章专门介绍了煤转化过程中的催化。由于煤中有害元素在煤转化过程中的迁移、变换和释放对环境所造成的污染，对其认识和控制的概况构成了第 9 章的主要内容。一方面由于禀赋特点是能源资源的主要提供者，另一方面因为技术落后又是环境生态的主要污染源，煤炭对中国而言无疑是一种两难选择，“加强煤的清洁高效利用”已越来越成为国人的共识和努力方向。那么，煤化工，特别是现代煤化工与煤的清洁高效利用是什么关系，能否通过现代煤化工实现煤的低碳化利用，第 10 章从理论和实践上回答了这些问题，也是本分册的一处精华所在。

基于 30 余年在煤化工领域的科研教学、战略咨询积累的知识和实践、认识和理解而编撰的这本《煤化工概论》，希望用较少的文字和图表体现作者的编撰思路，满足读者的殷切需求，但由于煤化工界同仁科研成果的不断涌现，现代煤化工的快速发展，为及时反映这些现状和趋势，尽管有意延缓了付梓成书的时间，拉长了通常写作的周期，但由于水平所限，作者的希望或许仅能停留在一种美好的设想，好在有其他分册的支撑而不致使整套丛书失色。

最后，对给予作者多年关心、支持的同仁，对本分册所参考文献、资料的作者和对本书出版付出努力的编辑表示衷心感谢！

谢克昌

2012.2 北京

目 录

第 1 章 能源转化概论

第 2 章 煤的物理和化学性质

第 3 章 煤的热分解

第4章 煤与氢的反应——加氢过程

第5章 煤与氧气的反应——煤燃烧

第6章 煤与氧气和水蒸气的反应——中低热值煤气的生产

第7章 煤气的重整与转化

第 8 章 煤转化过程中的催化

第9章 煤转化过程中的环境和资源问题

第10章 现代煤化工与煤的清洁高效利用

第1章 能源转化概论

能源是人类活动的物质基础，人类社会的发展需要不断使用优质的能源和先进的能源技术。自从远古祖先使用火来进行生产活动以来，人类的生存便和不断上升的能源需求与技术进步紧密地联系在一起。

从燃烧木材、植被、泥煤开始，人类就开始探索各种能源的转化和利用技术。公元前2800年，古埃及人开始用风帆利用风力协助船只的航行；公元8世纪前后，开始学会利用风能和水能，风力机械首先被利用来协助牲畜做碾谷和提水等重体力劳动，利用水能的水车用于水灌溉农田；到了公元14世纪，结合先进的航海知识，人们合理利用风力实现了远洋航行，推动了远航技术的发展。可以说风能、水能以及生物质能在人类文明的发展过程中发挥了重要的作用。

化石燃料（fossil fuel）的利用，大大促进了人类文明的发展。考古发现，在中国河南巩县铁生沟和古荥镇等西汉冶铁遗址都发现了煤饼和煤屑，说明公元前200年煤已经作为燃料使用。到16世纪，人们认识到煤有比薪柴和木炭更高的热值，能用来冶炼。它的大规模利用不仅仅是能源利用技术的进步，也提高了人类的生产力水平。直到现代，煤仍是社会生产生活中的主要能源，仍然是钢铁生产、火力发电的主要燃料，也是重要的化工原料。

石油也是一种化石能源，其被发现的历史也很悠久，但大规模地用作能源却比煤炭的利用要晚很长时间。很早以前，古代人就观察到石油浮出水面燃烧的现象，曾用来制作润滑剂，或用石油燃烧时的烟灰作墨。到17世纪，西方发达国家的石油井开始生产。英国的第一口天然气井在1668年钻成，俄国的第一口油井在1848年钻成，美国的第一口油井在1859年钻成。现在，石油比煤更为有用，作为燃料用来驱动火车、汽车、飞机和各种交通工具，比烧煤要方便得多。

另一种化石燃料天然气是现代广泛应用的工业和民用燃料，其被开发和利用的历史也有一千多年[1]。天然气的优点很多，首先它比燃煤要洁净，其次它的生产成本低、开采的劳动生产率比开采煤和石油高。目前天然气还在汽车中推广作为燃料。

在人类漫长的能源利用历史中，能源与动力之间转换的发展是相当缓慢的。18世纪末能量转换和守恒定律发现之后，能源发展史上才出现了一个重大的历史性突破，从此人类开始致力于实现用热能转化成机械能来代替人力和畜力的历史性转变。煤和石油的广泛使用带动了第一次工业革命，出现了蒸汽机和内燃机，使生产

[1] 李约瑟认为，中国人首先发明了深井钻探技术。

活动逐步实现了机械化，使交通和运输更便利。

19世纪70年代，汽轮机和发电机的出现，促进了电力工业的飞速发展。电力的应用是能源科学技术发展的又一次重大革命，它使热能转换成为电能。电能作为目前最佳的载能体，已经成为化石能源、可再生能源和核能的主要转化产品。当今，各种一次能源资源转化生产电力具有很好的资源、技术基础，也是今后30～50年主要的能源生产利用方式。电力的大规模生产和利用开发了广泛的能源开发利用领域，使得诸如化石能源，以及风能、潮汐能、波浪能、太阳能、地热能、核能、生物质能甚至连生活垃圾也能转换为洁净的、高效的和方便的能源。能源的发展，能源和环境，是社会经济发展的重要问题，也是人类共同关心的问题。

1.1 能源的转化和利用

确切地说，能源是自然界中能为人类提供某种形式能量的物质资源。通常凡是能被人类加以利用以获得有用能量的各种来源都可以称为能源；或者说，能源是指能够直接取得或者通过加工、转换而取得有用能的各种资源，包括煤炭、原油、天然气、煤层气、水能、核能、风能、太阳能、地热能、生物质能等一次能源和电力、热力、成品油等二次能源，以及其他新能源和可再生能源。能源的来源和形式多种多样，而且可以相互转换。

1.1.1 能源的分类

能源种类繁多，而且经过人类不断地研究与开发，更多新型能源已经开始能够满足人类需求。根据不同的划分方式，能源可分为不同的类型。从来源可分为三类：地球本身蕴藏的能量、来自地球外部天体的能源以及地球和其他天体相互作用而产生的能量。

通常地球本身蕴藏的能量是指与地球内部的热能有关的能源和与原子核反应有关的能源，如原子核能、地热能等。温泉和火山爆发喷出的岩浆就是地热的表现。

来自地球外部天体的能源主要是太阳能。这部分能源除直接辐射外，也为风能、水能、生物能和矿物能源等的产生提供基础。人类所需能量的绝大部分都直接或间接地来自太阳。正是各种植物通过光合作用把太阳能转变成化学能在植物体内储存下来。煤炭、石油、天然气等化石燃料就是由古代埋在地下的动植物经过漫长的地质年代形成的，实质上是远古生物固定下来的太阳能。此外，水能、风能、波浪能、海流能等也都是由太阳能转换来的。

潮汐能是地球和其他天体相互作用而产生的能量。例如：月球引力的变化可以引起潮汐现象，导致海平面周期性地升降产生的能量。潮汐能是以海水潮涨和潮落形成的水的势能与动能。

能源按基本形态分类可分为一次能源（primary energy）和二次能源（secondary energy）。一次能源是在自然界中以原有形式存在的、未经加工转换的能量资源，包括化石燃料（如煤、石油、天然气等）、核燃料、生物质能、水能、风能、太阳能、地热能、海洋能、潮汐能等。二次能源是指由一次能源经过加工转换以后得到的能源，包括电、汽油、柴油、液化石油气、氢等。在一次能源中煤炭、石油、天然气、泥炭、木材等通过燃烧释放出的化学热量加以利用，水能、风能、地热能、海洋能、潮汐能等通过势能与动能加以利用。显然化学能的利用过程会产生大量的污染，而水能、风能、地热能、海洋能、潮汐能等不会产生污染。因此，根据能源消耗后是否造成环境污染来分类，前者被认为是污染型能源，后者是清洁型能源。

化石能源是不可再生的，因为煤炭、石油、天然气等是经过漫长的时间固定下来的太阳能。以目前的消耗速度看，消耗的速度远大于生成的速度。相对而言，太阳能、潮汐能以及由太阳能转换而来的水能、风能、波浪能、海流能和生物质能等，却可以不断得到补充或能在较短周期内再产生，这样的能源称为可再生能源。地热能基本上是不可再生能源，但从地球内部巨大的蕴藏量来看，又具有再生的性质。

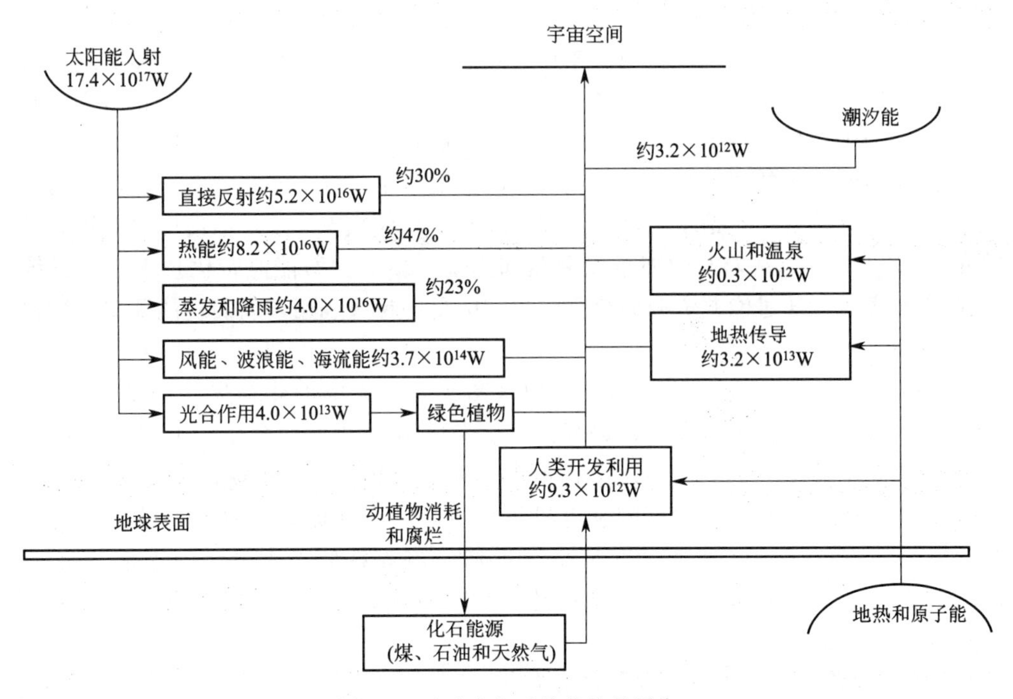

图 1-1　地球大气系统的能量平衡

图 1-1 给出了地表的能流和能量平衡状况，在图中反映了三种来源的能源以及其在各种形态之间的转化。从总量看太阳能是地球表面能流最大的[1]，每年地球表面获得的太阳能辐射总能量可达到 5.4×10^{18} MJ。太阳能为人类生存提供了能量的

[1] 以垂直平面上太阳平均辐射强度大约为 $1.353\sim1.367\mathrm{kW/m^2}$ 计算而得。

维持，也通过植物的光合作用、大气反射和吸收等过程形成了其他形式的能源。太阳能既是一次能源，又是可再生能源。它资源丰富，既可免费使用，又无需运输，对环境无任何污染。太阳能的充分开发和使用可以为人类创造一种新的生活形态，使社会及人类进入一个节约能源减少污染的时代。

1.1.2 能源的转换和转换效率

能源利用不是直接利用能源的本身，而是利用由能源直接提供或通过转换而提供的各种能量。能量本身也可以相互转换，形成我们所需的形态。热能、机械能和电能是人类利用能量的主要形态。通常化石能源中蕴藏的化学能需要通过燃烧过程释放出来，以热能的形式被利用，热能可进一步转化成机械能和电能。

经济活动中化石能源仍然是使用最广泛的一次能源。其原因是经济发展对能量转换系统和转换效率有一定的要求。尽管转换系统的本质不同，有的利用化学过程，有的利用物理过程，但共同的要求有以下四个方面。

1.1.2.1 能源转换高效率

能量转化过程中不可避免地需要经过热能向机械能的转化，因此必然受到热力学定律的约束。理想热机的效率受到热力学第二定律的限制，使热能转化为机械能的效率都低于同样条件下卡诺循环的效率。提高热机的效率，可行和有效的方式是通过提高高温热源的温度来实现。现代化的热电厂尽量提高水蒸气的温度，使用过热蒸汽推动汽轮机，正是基于这个道理。通常，现代热电厂生产活动中的热机效率都在35%左右，这一转化效率难以突破和提高。新的化石能源转化技术基于系统的耦合和集成，通过能源资源的综合转化和能量的梯级利用，以实现能源转化过程的高效率。

一次能源向二次能源转化的过程中（图1-2），火电的热损失比例是最高的，减少煤炭到电能的转换损失率是提高能效、节能减排的关键途径。在70%左右的一次能源煤炭转化为电能的情况下，提高1%的火电效率，就相当于多发展了10倍的替代新能源。使用大功率的发电机组，热电联产是提高能源效率最有效的方法，因为，60×10^4kW以上的火电机组平均供电煤耗低于小机组的煤耗20%～30%。进一步扩大超超临界和高温超超临界机组的使用范围将极大地减少供电煤耗，提高电厂效率。

1.1.2.2 能源转换速度快和能量密度大

能源转换过程应该用尽量小的设备获得更多的能量。例如热交换装置，使单位面积上所传递的热量尽可能地多是研究开发能源转换装置时的努力方向。而对于一些通过化学反应而进行的能量转换过程，可使用提高反应温度或使用催化剂或其他使反应强化的方式来增加转化速度。

选择和开发能源的转化技术时，能源的能量密度和转化效率也必须认真考虑。许多可再生能源，如太阳能、风能等是无污染的清洁能源，但这些能源的转

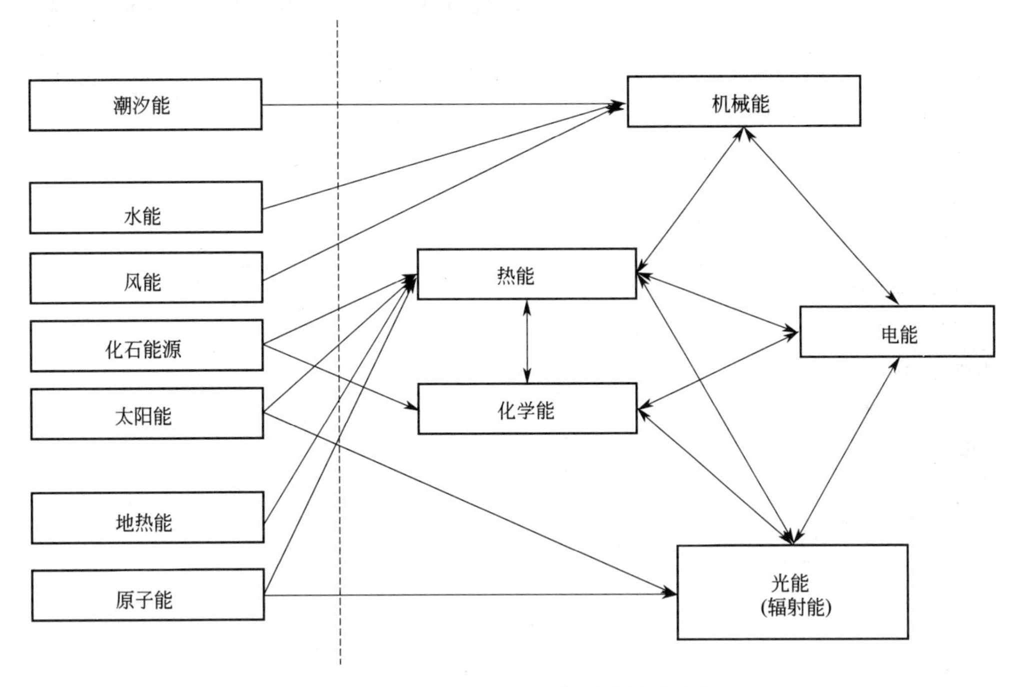

图 1-2　一次能源向二次能源的转化途径

化利用效率低，能量密度更低，在经济上缺乏竞争力。正是由于新能源的能量密度较小，或品位较低，或有间歇性，按现有的技术条件转换利用的经济性尚差。因此，虽然新能源和大多数可再生能源的资源丰富，分布广阔，是未来的主要能源，但目前人类能源利用主要还是依赖于化石能源。图 1-3 给出了能源各种转化途径下的转化效率。表 1-1 和表 1-2 分别列出了能量密度和不同燃料的热值。

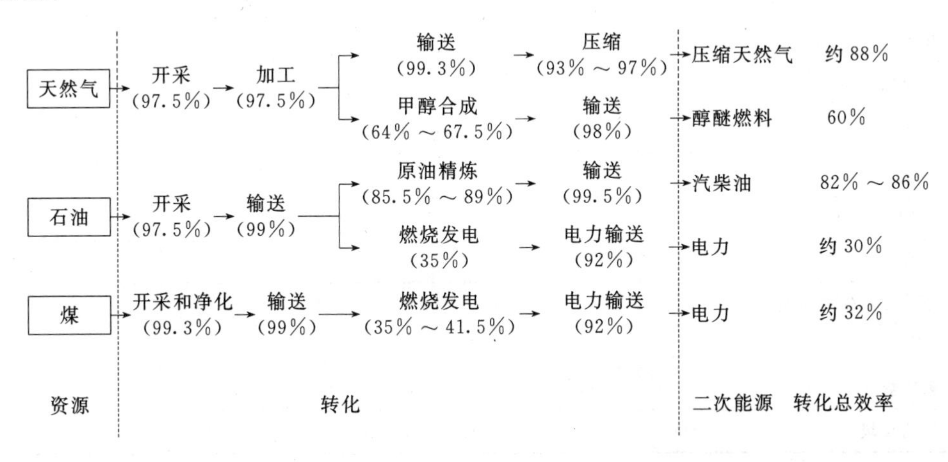

图 1-3　几种化石能源转化途径下的转化总效率

表 1-1　能量密度

储　存　形　式	能量质量密度/(MJ/kg)	能量体积密度/(MJ/L)	实际转化效率/%
能量质量转换	8.9876×10^{10}		
氢的核聚变，如太阳能的形成，氘氚聚变	$(3.37\sim6.45)\times10^{8}$		
原子核裂变，如 U-235 原子能发电	8.8250×10^{7}	1.5×10^{9}	
化学反应			
爆炸过程	2.7～11.3	3.8～20	
有机物热分解	约 1.5	1.5～2.5	
有机物燃烧	5～40		
物理过程能			
机械运动，如风能	0.4～0.8	3.2～6.4	81～94
压缩空气	0.04～0.512	0.06～0.16	64
常压蒸汽	0.001	0.001	85～90
动力蒸汽(220.64bar①，373.8℃)	1.968	0.708	
可燃气体燃烧			
氢	143		
甲烷	55.6	0.0378	
丙烷	49.6	25.3	
可燃液体燃烧			
汽油	46.4	34.2	
生物柴油	42.20	33	
2,5-二甲基呋喃	42	37.8	
原油(t_{oe})	46.3	37	
乙醇	30	24	
甲醇	19.7	15.6	
固体燃料燃烧			
褐煤	14.0～19		
石墨	32.7	72.9	
无烟煤	32.5	72.4	36
烟煤	24	20	
畜牧业产生的粪便	15.5		
木材	6.0(to 17)		
航空煤油	42.8	33	
生活垃圾	8.0(to 11)		

① $1bar=10^{5}Pa$。

表 1-2 不同燃料的热值

燃　　料	热值/(MJ/kg)	燃　　料	热值/(MJ/kg)
燃料油		煤	
煤油	33.6	无烟煤	33.3
No.2 喷嘴燃料油	41.0	烟煤	32.5
No.4 重质燃料油	40.8	次烟煤	29.3
No.5 重质燃料油	42.2	褐煤	25.6
No.6 重质燃料油 2.7% S	40.3	燃气	
No.6 重质燃料油 0.3% S	37.9	天然气	29.3
		液化丁烷	49.3
		液化丙烷	50.3

1.1.2.3 优良的负荷调节能力

能量转换装置需要根据用能需求调节其转换能量的大小。不同的用能领域，如工业、民用等对能量使用的形式和特点也不一样。开发新型的能量转换装置必须综合考虑能源的输送、储存以及能量输出的峰谷负荷调节等。而单纯地建设火力发电系统、提高发电能力不是解决地区能源系统的最佳方式，也不符合可持续发展的要求。开发新型的能量转换装置需要节能降耗、提高能源利用率。

自 20 世纪 70 年代末期以来，热电联产以及随后发展起来的热电冷联产能量供应系统以其良好的社会效益和经济效益，获得越来越广泛的应用。这些多联产的能源转换装置系统一方面可以实现能量梯级利用，提高能源使用效率，节约大量能源；另一方面，其运行灵活，可在高峰段和低谷段之间实现优良的能量负荷调节。

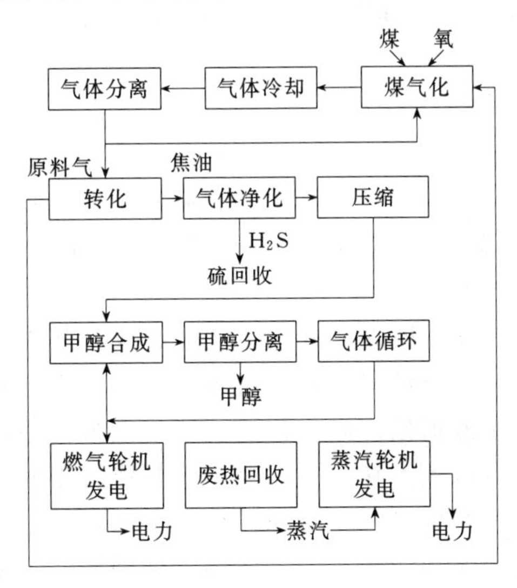

图 1-4 甲醇与电力联产流程

20 世纪 80 年代提出的甲醇与电力联产流程见图 1-4。该流程实现了 IGCC 的连续运转（负荷因子>0.9），提高了能效；其实现的途径是用回路弛放气合成甲醇供燃气轮机，排出气供废热锅炉；其效果是通过调节循环比控制甲醇产量范围2.8～1，对应输出电能变化1～3.3，见表1-3。因甲醇本身是一种燃料，发电量较少时全过程热效率增加。

表 1-3 不同循环比时的联产指标 [330t(煤)/h]

循环比	甲醇产量/(t/h)	发电/MW	能源转化效率/%
—	0	900	35.3
0	72	537	38.9
4	182	223	53.8
7	201	161	56.1

以热电冷联产为主要目标的分布式能源系统的开发也存在实现能源系统负荷可调、提高能效的问题。分布式能源系统组合了内燃机、余热锅炉、制冷机组来统一解决电、热、冷供应。由于利用了高品位和低品位的能量，回收了低品位热能来满足部分热能，系统的能源利用效率远高于常规火力发电。

然而，热电冷联产的分布式能源系统的高效和平稳运行过程中，冷热负荷的稳定性对分布式能源系统运行效益影响显著[1]，实际冷热负荷占额定冷热负荷的百分率对分布式供能系统的初投资回收期有显著影响。

1.1.2.4 满足环境要求

能源作为经济发展的原动力，需要为社会提供稳定、经济、清洁、可靠、安全的保障，以能源的可持续发展和有效利用支持经济和社会的可持续发展。能源利用过程也是造成环境污染的主要原因。防止能源利用过程的污染，如燃烧污染，是当前能量转换必须面对和解决的问题。但保护环境的要求往往与转换过程的经济性有矛盾。

通常能源的开发和利用都会给环境造成影响，包括可再生能源。如：水电开发可能造成地面沉降、流域生态系统变化、水质变化；地热开发引起地面下沉，地下水或地表水受到污染等。但在诸多的能源中以化石能源引起的环境影响最为严重，其影响贯穿从开采、运输、加工、利用等全过程。这些污染主要包括大气污染、温室效应增强、酸雨、废弃物污染等。

因此，能源的可持续发展需要兼顾环境保护及经济效益两方面。目前全世界以煤和石油为主的化石能源至少还要维持人类二三百年的需要，虽然以核能和太阳能为代表的新能源前景广阔，但受到许多条件的限制，难以做到随意供应。因此有必要慎重考虑人类在与自然界进行质能转换时，尽量降低不可再生能源的消耗速度；充分利用可再生能源以促进其循环再生；同时减少能源消耗对环境的危害，以达到人类对于自然环境的持续利用。未来的能源政策以可再生能源为基础，以提高能源利用效率、节约能源、缓解能源供求矛盾、减少环境污染为重要目的。

1.1.3 化石燃料资源和利用

当今社会巨大的能源需求主要是通过使用矿物燃料来得到满足的。人们所使用的矿物燃料属于不同形式的碳氢化合物，包括煤、石油和天然气，它们的不同之处在于各自所含碳氢元素的比例与结构的差异。

目前，全球化石燃料能源的可采储量约为1.2万亿吨煤当量。其中煤的储量最多，占68.6%，常规石油占21.4%，常规天然气占7.2%，非常规石油占2.7%。从长远看，化石能源作为不可再生能源，最终会有枯竭的一天。

1.1.3.1 常规石油（conventional oil）和非常规石油（unconventional oil）

全球已经找到的石油量大约是3200亿吨❶（约合4550亿吨煤当量），其中从1965～2009年已开采约1400亿吨（2050亿吨煤当量），剩余可采储量约1888亿吨（2580亿吨煤当量）。按现有勘探投入看，资源量仍有继续增加的空间，但按传统石油地质知识，很难再发现巨大的油田。有资料显示资源量尚可增加的比例为350亿吨左右，这样常规石油可达到3500亿吨左右。

非常规石油包括深层石油、油页岩、油砂、重油和超重油，在世界上的分布更为广泛，2009年可采资源量大约为233亿吨（331亿吨煤当量）。现有经济条件下，在世界范围内勘探开发非常规石油，最佳对象是深层石油（主要是轻质油和凝析油）。开发油页岩和油砂矿床十分困难，同时会给环境带来严重的不良后果。表1-4列出了世界主要资源国的石油资源量。

表1-4 世界主要资源国石油资源量[2]

原油探明储量	1987年	1997年	2009年	占总资源比例/%	储采比
	亿吨				
按国家					
沙特阿拉伯	232	358	363	19.8	74.6
委内瑞拉	80	103	248	12.9	>100
伊朗	127	127	189	10.3	89.4
伊拉克	137	154	155	8.6	>100
科威特	129	132	140	7.6	>100
阿拉伯联合酋长国	134	134	130	7.3	>100
俄罗斯	—	—	102	5.6	20.3
利比亚	31	40	58	3.3	73.4
哈萨克斯坦	—	—	53	3.0	64.9
尼日利亚	22	29	50	2.8	49.5
加拿大	16	15	52	2.5	28.3

❶ 由2010年探明储量和近几十年开采量之和估算而得。

续表

原油探明储量	1987 年	1997 年	2009 年	占总资源比例/%	储采比
	亿吨				
美国	48	42	34	2.1	10.8
卡塔尔	6	17	28	2.0	54.7
中国	24	23	20	1.1	10.7
安哥拉	12	15	18	1.0	20.7
巴西	3	10	18	1.0	17.4
按地区					
北美地区	139	122	102	5.5	15
中南美地区	93	128	285	14.9	80.6
欧洲和欧亚大陆	104	121	185	10.3	21.2
中东	776	936	1020	56.6	84.8
非洲	80	103	169	9.5	36.0
亚太	55	55	56	3.2	14.4
全球	1247	1465	1817		45.7
油沙(加拿大)	—	—	233		
总可采资源量	—	—	2050		

1.1.3.2 天然气（natural gas）

全球已经找到的天然气量为 260 万亿立方米（900 亿吨煤当量），其中已开发约 80 万亿立方米（300 亿吨煤当量）；截止 2009 年的可采储量为 187.5 万亿立方米（607 亿吨煤当量）。如果按照现在的生产水平，保持不变的年生产量，大约在 2015 年将消耗掉全球现有储量的一半。全球常规天然气的储量大约可供人类使用 60 余年（表 1-5）。

表 1-5 世界和主要资源国天然气资源

天然气探明储量	1987 年	1997 年	2009 年	占总资源比例/%	储采比
	万亿立方米				
按国家					
俄罗斯	—	45.17	44.38	23.7	84.1
伊朗	13.92	23.00	29.61	15.8	>100
卡塔尔	4.44	8.50	25.37	13.5	>100
土库曼斯坦	—	2.71	8.10	4.3	>100
沙特阿拉伯	4.19	5.88	7.92	4.2	>100
美国	5.30	4.74	6.93	3.7	11.7
阿拉伯联合酋长国	5.68	6.06	6.43	3.4	>100

续表

天然气探明储量	1987年	1997年	2009年	占总资源比例/%	储采比
	万亿立方米				
委内瑞拉	2.84	4.12	5.67	3.0	>100
尼日利亚	2.41	3.48	5.25	2.8	>100
阿尔及利亚	3.16	4.08	4.50	2.4	55.3
印度尼西亚	2.37	2.15	3.18	1.7	44.3
伊拉克	1.00	3.19	3.17	1.7	>100
澳大利亚	1.07	1.48	3.08	1.6	72.7
中国	0.89	1.16	2.46	1.3	28.8
马来西亚	1.49	2.46	2.38	1.3	38.0
埃及	0.31	0.93	2.19	1.2	34.9
挪威	2.29	3.65	2.05	1.1	19.8
哈萨克斯坦	—	1.87	1.82	1.0	56.6
科威特	1.21	1.49	1.78	1.0	>100
按地区					
北美地区	10.11	8.34	9.16	4.9	11.3
中南美地区	4.67	6.21	8.06	4.3	53.2
欧洲和欧亚大陆	45.06	61.02	63.09	33.7	64.8
中东	31.18	49.53	76.18	40.6	>100
非洲	7.39	10.62	14.76	7.9	72.4
亚太	8.45	10.73	16.24	8.7	37.0
全球总可采资源量	106.86	146.46	187.49		62.8

除此之外，还有一些如煤层气、致密岩储层气、页岩气、甲烷水合物、水溶气、深层气和非生物成因气等资源被认为是非常规天然气资源。有研究认为，非常规天然气的资源量将超过常规天然气资源量一个量级，但其开发成本较常规天然气高。美国由于在技术上有重大突破，近年来页岩气产量剧增，对能源结构的改变将产生重大影响。中国应抓紧非常规天然气的开发。

1.1.3.3 煤（coal）

全球煤的储量丰富，2009年的全球可采储量达8260亿吨煤，按目前的开采速率，可开采120余年。煤主要分布在世界79个国家（表1-6），其中美国的可采储量达2400吨亿煤（占29%）、俄罗斯1590亿吨煤（占19%）、中国1145亿吨煤（占14%）、澳大利亚762亿吨煤（占9%）。按照所含能量的多少，可将煤分为两大类，即低级的软褐煤（由于其价值低，不宜长距离运输和作为商品进入市场）和高级的硬煤（可进入世界贸易市场）。

表 1-6　2009 世界和主要资源国煤炭资源

煤炭探明储量	烟煤和无烟煤	次烟煤和褐煤	总量	比例/%	储采比
	亿吨				
按国家					
美国	1090	1294	2383	28.9	245
俄罗斯	491	1079	1570	19.0	>500
中国	622	523	1145	13.9	38
澳大利亚	368	394	762	9.2	186
印度	540	46	586	7.1	105
乌克兰	154	185	339	4.1	460
哈萨克斯坦	282	31	313	3.8	308
南非	304		304	3.7	122
按地区					
北美	1133	1328	2461	29.8	235
中南美	70	80	150	1.8	181
欧洲和欧亚大陆	1020	1702	2722	33.0	236
中东	13.9		13.9	0.2	
非洲	318	2	320	3.8	131
亚太	1558	1034	2593	31.4	59
全球总可采资源量	4113	4147	8260		119

化石燃料通过燃烧释放出能量用于发电、取暖以及其他能量转化过程。但化石燃料是不可再生的。据评估认为，全球的矿物燃料资源可持续使用不超过 200～300 年，其中石油和天然气可持续使用的时间不超过一个世纪。

对于矿物燃料来说，“可采储量”是指在现有技术条件下能够经济地开采获得的数量。“探明储量”是指在不考虑开采成本和所需技术的前提下，对所有已知或者已被评估存在的总量。随着技术的进步，新的能源矿藏可能不断地被勘探和发现，市场环境条件也在不断地改变，这些都能使能源资源的“探明储量”不断增加，都能使目前的“探明储量”类型的能源资源转变为“可采储量”类型。由上述可知，资源损耗显然不仅仅是物质的真正耗竭问题，有时还常常混入开发成本和经济政治等问题。需要重点指出的是，虽然化石燃料资源的发现和消耗速度都是动态变化着的，很难对这些资源作出任何确切的评估，可是消耗量和未来需求量在迅速增长。表 1-7 列出了化石能源可采储量和储采比，势必让人确信一点，人们将会面对一个真实而且不可避免的重大的能源来源问题。

表 1-7　化石能源可采储量和储采比

化石能源	煤	石油	天然气
世界总探明可采储量	9090.6 亿吨	1636 亿吨	179.8 万亿立方米
中国探明可采储量	1145 亿吨	22 亿吨	2.35 万亿立方米
中国所占比例/%	12.6	1.3	1.3
世界总产量	28.87 亿吨	38.95 亿吨	2.76 万亿立方米
中国产量	11.08 亿吨	1.8 亿吨	0.05 万亿立方米
中国所占比例/%	38.4	4.6	1.8
世界储采比	155	40.6	65.1
中国储采比	52	12.1	47

1.1.4　化石能源的生产和消费

自工业革命以来，能源安全问题就开始出现。在全球经济高速发展的今天，能源安全已上升到了国家的高度，各国都制定了以能源供应安全为核心的能源政策。在此后的 20 多年里，在稳定能源供应的支持下，世界经济规模取得了较大增长。但是，人类在享受能源带来的经济发展、科技进步等利益的同时，也遇到一系列无法避免的能源安全挑战，能源短缺、资源争夺以及过度使用能源造成的环境污染等问题威胁着人类的生存与发展。

随着全球各国经济发展对能源需求的日益增加，现在许多发达国家都更加重视对可再生能源及新型能源等低碳能源的开发与研究，以满足全球经济发展与人类生存对能源的高度需求，同时减少对环境的污染，表 1-8 列出了世界主要国家一次能源的消耗。

表 1-8　一次能源的消费

地区	按年度能源消费			按一次能源分所占比例					能源消费占全球总消费的比例/%
	1980	2000	2007						
	百万吨标准煤			石油	天然气	煤	核能	水电	
北美	2112.5	2746.1	2838.6	39.97	25.68	21.61	7.59	5.15	25.6
美国	1816.3	2309.5	2361.4	39.94	25.23	24.30	8.13	2.40	21.3
加拿大	218.2	300.9	321.7	31.80	26.28	9.46	6.56	25.89	2.9
墨西哥	78.1	135.6	155.5	57.37	31.28	5.89	1.52	3.94	1.4
中南美洲	252.8	459.2	552.9	45.57	21.90	4.05	0.80	27.69	5.0
巴西	91.9	182.8	216.8	44.50	9.14	6.29	1.29	38.78	2.0
欧洲	2835.1	2829.2	2987.5	31.78	34.82	17.86	9.23	6.31	26.9
法国	190.9	254.9	255.1	35.80	14.78	4.70	39.07	5.65	2.3
德国	355.7	330.5	311.0	36.17	23.95	27.66	10.22	2.00	2.8

续表

地区	按年度能源消费			按一次能源分所占比例					能源消费占全球总消费的比例/%
	1980	2000	2007						
	百万吨标准煤			石油	天然气	煤	核能	水电	
意大利	144.2	176.4	179.6	46.36	38.99	9.73	—	4.92	1.6
俄罗斯	—	635.2	692.0	18.19	57.07	13.66	5.23	5.85	6.2
西班牙	76.3	129.2	150.3	52.38	21.03	13.38	8.29	4.93	1.4
乌克兰	—	136.7	136.0	11.28	42.77	28.88	15.39	1.68	1.2
英国	201.7	224.2	215.9	36.23	38.11	18.14	6.54	0.99	1.9
中东	136.3	402.0	574.1	51.12	46.93	1.05	—	0.89	5.2
伊朗	39.1	121.0	182.9	42.11	55.04	0.61	—	2.24	1.6
沙特阿拉伯	38.7	116.4	167.6	59.24	40.76	—	—	—	1.5
非洲	141.4	276.1	344.4	40.12	21.82	30.73	0.87	6.45	3.1
南非	55.8	108.4	127.8	20.19	—	76.51	2.34	0.96	1.2
亚太	1168.3	2580.8	3801.8	31.17	10.60	49.88	3.25	5.10	34.3
澳大利亚	69.1	106.3	121.8	34.65	18.59	43.64	—	3.12	1.1
中国	416.5	967.3	1863.4	19.75	3.25	70.38	0.76	5.86	16.8
印度	102.5	295.1	404.4	31.78	8.94	51.43	1.00	6.85	3.6
日本	356.0	512.4	517.5	44.23	15.69	24.22	12.20	3.66	4.7
韩国	38.6	191.1	234.0	45.97	14.22	25.50	13.82	0.49	2.1
全世界	6646.5	9293.3	11099.3	35.61	23.76	28.63	5.60	6.39	100.0

世界的能源消耗以化石能源为主，1965～2007 年全球能源消费中，总量从 1965 年的 38 亿吨油当量增长到了 2007 年的 111 亿吨油当量，煤、石油和天然气的消费占总量的 90%左右，原油占总消费的 35%，煤炭和天然气的消费比例相当，约 25%左右。北美洲和中东地区能源的消费以原油为主，亚太地区能源消费中原煤所占的比例接近一半。在主要的高耗能国家中，美国的能源消费全球第一，占全球能源总消费的五分之一，其能源消耗以石油消耗为主，占其总能耗的 39.9%；中国的能耗全球第二，能源消耗以煤炭为主，占其总能耗的比例约 70%；俄罗斯的能耗全球第三，能源消耗以天然气为主。在全球范围内以煤炭为主要能源的国家还有印度和南非等。

根据 IEA 发布的《世界能源展望 2008》，未来全球的能耗还将持续增长，到 2030 年一次能源需求将比 2005 年增加 55%，年均增长率为 1.8%。能源需求将达到 177 亿吨油当量。届时，在所有的能源来源中，化石燃料仍将是最主要的来源。石油的需求比重可能会从 35%降到了 32%，但仍是最重要的燃料；煤炭和天然气的比例可能会适度增加。电力用量将翻一番，它在终端能源消费中的比例将从17%上升到22%。

中国是世界上最大的也是发展最快的发展中国家，持续的经济社会发展取得的辉煌成就离不开稳定的化石能源生产和供应。

中国拥有丰富的化石能源资源。其中，煤炭占主导地位。截止2006年煤炭保有资源量10345亿吨，剩余探明可采储量约占世界的13%，列世界第三位。已探明的石油、天然气资源储量相对不足，油页岩、煤层气等非常规化石能源储量潜力较大。中国拥有较为丰富的可再生能源资源。水力资源理论蕴藏量折合年发电量为6.19万亿千瓦·时，经济可开发年发电量约1.76万亿千瓦·时，相当于世界水力资源量的12%，列世界首位。

中国的能源供应体系以煤炭为主体，电力为中心，石油、天然气和可再生能源也有主干发展。能源生产总量32.5亿吨标准煤[3]。其中，原煤产量32.4亿吨，列世界第一位；原油产量2.03亿吨，列世界第五位；天然气产量迅速提高，从1980年的143亿立方米提高到2010年的967.6亿立方米；可再生能源量在一次能源结构中的比例逐步提高。电力发展迅速，发电量4.2万亿千瓦·时，列世界第二位。今后能源需求还将不断增长，构建稳定、经济、清洁、安全的能源供应体系面临着重大挑战。

1.2 煤炭在工业中的应用

煤炭是最重要的矿物燃料，它曾激发了工业革命，而正是由于工业革命的出现才造就了现代工业社会。历史上煤炭是第一种被大规模使用的矿物燃料，它现在还占全世界一次能源的23%。在发电行业中，煤炭还仍然作为主要的能源物质并发挥着重要作用。

然而，煤炭在作为主要的一次能源的同时，由于技术的落后，经常又被认为是一种主要的污染源。在环境保护和可持续发展要求日益提高的背景下，似乎注定了煤炭作为燃料的发展前景受限。有意思的是，在20世纪70年代发生石油危机和2004年以后国际石油价格快速增长的情况下，煤炭都再一次地成为具有吸引力的能源燃料。

世界煤炭储藏丰富，足够维持170年以上。煤炭的储藏量/开采量比值约是天然气的3倍，是石油的4倍多。可以预见今后煤炭的供应和价格波动比石油和天然气要小。由于煤炭含碳量高，煤炭的前途将依赖于其是否在大范围内可实现低碳化利用的洁净煤技术的发展。

2010年，世界上的煤炭产量（无烟煤和褐煤）总计达72.73亿吨。其中，中国是主要的生产国，生产了约32.4亿吨，占全球总量的48%（表1-9）。未来煤炭产量将伴随着中国、印度等一些亚洲发展中国家的电力需求量的增加而大幅度增长。

表 1-9　重要国家的煤炭产量/亿吨

国家	2003 年	2004 年	2005 年	2010 年	占比/%
中国	17.22	19.923	22.047	32.40	48.3
美国	9.723	10.089	10.265	9.846	14.8
印度	3.754	4.077	4.284	5.699	5.8
澳大利亚	3.515	3.661	3.788	4.239	6.3
俄罗斯	2.767	2.817	2.985	3.169	4.0
南非	2.379	2.434	2.444	2.538	3.8
德国	2.049	2.078	2.028	1.823	1.2
印度尼西亚	1.143	1.324	1.469	3.059	5.0
波兰	1.638	1.624	1.595	1.332	1.5
全世界	51.876	55.853	58.867	72.733	100.0

在发达国家中，煤主要用于发电，这是由煤相对于天然气的经济竞争力所决定的。但从环境角度来看，煤在燃烧过程中会释放大量的污染物，包括二氧化硫、氮氧化物、粉尘、烟尘、二氧化碳，以及汞、铅、砷等重金属。

煤炭作为最主要的燃料，在过去 40 年里所占的份额基本保持不变。在世界范围内，几乎 40%的电力是利用 60%的全球煤炭产量所创造的。许多国家高度依赖于煤炭发电，包括波兰（95%）、南非（93%）、澳大利亚（77%）、印度（78%）和中国（76%）。在煤炭资源丰富的美国，92%的国内煤炭产量被用在大型火力发电厂发电，以满足美国 51%的电力需求。煤炭除了用来发电外，还经常被用作多种工业燃料，如钢铁和水泥行业。

煤炭用于炼焦历史悠久，炼焦化学工业是煤炭化学工业的一个重要部分，主要加工方法是高温炼焦和化学产品回收。主要产品焦炭是高炉冶炼的燃料和还原剂，用于铸造、有色金属冶炼、制造水煤气；煤气可用于合成氨，也可用来制造电石，以获得有机合成工业的原料乙炔；化学产品经过回收，可提取焦油、氨、萘、硫化氢、粗苯等产品，并获得净焦炉煤气、煤焦油；粗苯精制加工和深度加工后，可以制取苯、甲苯、二甲苯、二硫化碳等，焦化产品广泛用于化学工业、医药工业、耐火材料工业和国防工业。净焦炉煤气可供民用和工业燃料用。煤气中的氨可用来制造硫酸铵、浓氨水、无水氨等。炼焦化学工业的产品已达数百种，中国的炼焦化学工业已能从焦炉煤气、焦油和粗苯中制取一百多种化学产品，是焦化产品生产、消费以及出口大国。

煤制合成氨也是煤炭的主要用途之一，合成氨工业是重要的化肥生产过程。合成氨过程可以煤炭、石油和天然气为原料。原料占了合成氨生产成本的约 75%，由于原料来源和价格的因素，不同国家和地区合成氨生产原料比例也不完全一致。通常合成氨装置经过适当改动以后，就可以适用天然气、煤（焦）、轻油和重油等其他原料。

中国合成氨原料组成中，气、油、煤比例大致为14%、22%和65%。煤炭价格的优势使其成为首选原料，在以无烟煤或焦炭为原料的工厂中大量采用了固定层间歇气化技术。先进煤气化技术改造需求仍然很大。

今后大规模高效洁净煤气化技术结合煤基一碳化工技术是煤炭高效转化的发展新方向。与合成氨一样，甲醇合成同样可以煤、焦炭、天然气以及重油为原料。然而从资源背景看，煤炭储量远大于石油和天然气储量，因此在发展洁净煤利用技术的背景下，在很长一段时间内煤将是甲醇生产最重要的原料。

甲醇不仅是重要的化工原料，而且还是性能优良的能源和车用燃料。甲醇与异丁烯反应得到的甲基叔丁基醚（MTBE)，是高辛烷值无铅汽油添加剂，亦可用作溶剂。在寻求汽油替代燃料的过程中，醇醚燃料具有重要的应用前景。可以预见，从甲醇出发生产煤基化学品是未来一碳化工发展的重要方向。

1.3 煤化工与煤转化利用技术

煤化工是通过煤转化利用技术用化学方法将煤炭转换为气体、液体和固体产品或半产品，而后进一步加工成化工、能源产品的工业。目前主要的煤转化利用技术有煤的燃烧、焦化、气化、液化以及煤基化学品等多个领域。

煤化工始于18世纪后半叶，19世纪形成了完整的体系。进入20世纪，许多以农林产品为原料的有机化学品多改为以煤为原料生产，煤化工成为化学工业的重要组成部分。第二次世界大战以后，石油化工发展迅速，很多化学品的生产又从以煤为原料转移到以石油、天然气为原料，从而削弱了煤化工在化学工业中的地位。目前，煤化工生产的环境问题日益突出、资源综合利用与开发也越来越被广泛重视。煤转化利用技术的研究开发重点转移到煤炭低碳化利用的洁净煤技术，如原料煤的净化、高效洁净燃烧、大规模先进气化、低碳化学品合成以及多联产技术。

1.3.1 燃烧和发电

燃烧过程是实现将煤中的化学能转换成热能的重要过程，是煤作为能源使用最早的和应用最广的转换技术。目前全球煤炭的84%直接用于燃烧，中国煤炭的84%也直接用于工业和民用燃料，其中50%用于燃煤发电。

在所有发电方式中，煤燃烧发电是历史最久的，也是最重要的一种。火力发电按其作用分单纯供电和既发电又供热。按原动机可分为汽轮机发电、燃气轮机发电、柴油机发电。按所用燃料可分为燃煤发电、燃油发电、燃气发电。为提高综合经济效益，火力发电应尽量靠近燃料基地进行。在大城市和工业区则应实施热电联供。

火力发电系统主要由燃烧系统（以锅炉为核心）、汽水系统（主要由各类泵、给水加热器、凝汽器、管道、水冷壁等组成）、电气系统（以汽轮发电机、主变压器等为主）、控制系统等组成。前二者产生高温高压蒸汽；电气系统实现由热能、机械能到电能的转变；控制系统保证各系统安全、合理、经济运行。

从世界范围内看，煤基发电技术有直接燃烧发电和气化发电两大技术路线和趋势。新的直接燃烧发电技术主要有超临界、超超临界、亚临界、循环流化床燃烧发电等几种。

1.3.1.1 传统的燃煤发电技术

在煤直接燃烧发电的整个能量转化过程中，汽轮机热效率的提高无疑是最关键的。为了提高汽轮机热效率，除了不断改进汽轮机本身的设计和制造技术，包括改进各级叶片的叶型设计（以减少流动损失）和降低阀门及进排气管损失以外，还应从热力学观点出发采取措施。

根据热力学原理，新蒸汽参数越高，热力循环的热效率也越高。早期汽轮机所用新蒸汽压力和温度都较低，热效率低于20%。随着单机功率的提高，20世纪30年代初新蒸汽压力已提高到3～4MPa，温度为400～450℃。随着高温材料的不断改进，蒸汽温度逐步提高到535℃，压力也提高到6～12.5MPa，个别的已达16MPa，热效率达30%以上。20世纪50年代初，已有采用新蒸汽温度为600℃的汽轮机，以后又有新蒸汽温度为650℃的汽轮机，即超临界发电机组以及高温度的超临界发电机组。

1.3.1.2 超临界发电

蒸汽轮机发电过程中的锅炉内是水，水的临界压力是22.115MPa（218atm），647.15K（374℃）。在这个压力和温度时，水和蒸汽的密度是相同的，称为水的临界点，炉内工质压力低于这个压力叫做亚临界锅炉，大于这个压力就是超临界锅炉，炉内蒸汽温度不低于593℃或蒸汽压力不低于31MPa称为超超临界锅炉。

超临界燃煤发电机组具有显著的节能和减排的效果，主要原因是其热效率比较高。国内第一个100万千瓦等级超临界机组[1]的设计参数为：主蒸汽压力26.25MPa，温度600℃，一次中间再热，发电煤耗约272g/(kW·h)，净效率达42.4%。对于这样一座汽轮发电机总功率为100万千瓦的电站，每年约需耗用标准煤230万吨。如果热效率绝对值能提高1%，每年可节约标准煤6万吨。超临界发电机组正是因为其热效率高，成为未来燃煤发电建设的主要方向。

1.3.1.3 燃气轮机-蒸汽轮机联合循环发电

传统的燃煤蒸汽轮机发电技术存在煤耗高、污染严重等问题，并越来越受到煤炭供应、环境容量、交通运输能力等多重因素约束，因此需要开发污染排放少、发电效率高并可形成规模化应用的洁净煤发电技术。

通常传统的燃煤蒸汽轮机发电过程在采用高参数的超临界技术提高发电效率的同时，对污染物采取的是“尾部处理”治理方式，即通过安装脱硫、除尘及脱硝等设施实现达标排放。清洁煤发电技术是以煤气化为起点，采取的是“先治理后发电”的污染物控制策略，目的在于更为有效地控制二氧化硫、氮氧化物、粉尘和汞

---

[1] 华能玉环电厂是我国第一个采用100万千瓦等级超临界机组的示范工程。

等主要污染物的排放。这一发电技术自1980年以后开始建设，称为燃气轮机-蒸汽轮机联合循环发电技术。

燃气轮机自身的发电效率不算很高，一般在30%～35%，但是产生的废热烟气温度高达450～550℃，可以通过余热锅炉回收热能转换蒸汽，驱动蒸汽轮机再发电，使整体发电效率可以达到45%～50%，一些大型机组甚至可以超过55%。从世界上已建成的整体煤气化联合循环（IGCC）示范电站来看，30万千瓦等级IGCC的净效率已达到了100万千瓦级超超临界机组的水平。

1.3.1.4 高参数超临界机组和联合循环发电技术的比较

上述两种发电技术路线各有优势，各具特色，两者的目的都在于为经济社会的可持续发展提供清洁、高效的电能。从目前看，超临界和超超临界燃煤发电技术相对成熟，已经实现了商业化利用，而煤气化发电尚处于从示范到商业化的过渡阶段。

采用联合循环发电技术潜在的优势相对比较多。

第一，联合循环发电技术设备的可用性和可靠性都比较高，燃气轮机功率密度大、体积小，综合利用率一般可以保持在90%；

第二，对于燃料的适应性比较强，高含氢低热值和气体含杂质较多的劣质燃料，也可用于燃气轮机，一些燃气轮机甚至使用原油和高硫渣油燃料；

第三，在于更为有效地控制主要污染物的排放。联合循环发电技术在应对二氧化碳减排问题时，比传统的燃烧发电技术具有更多的技术经济优势。

但是，燃气轮机进气压力比较大，越是发电效率高的机组燃料进气压力越高，采用联合循环系统存在与蒸汽轮机相同的水资源条件要求，系统比较复杂，投资也比较大，同时搬迁也比较困难。

1.3.2 焦化（coking）

煤炭焦化是煤炭化学工业的一个重要部分。焦化过程以煤为原料，在隔绝空气条件下，加热到950℃左右，经高温干馏生产焦炭，同时获得煤气、煤焦油，并回收苯、甲苯、二甲苯等芳烃和其他化工产品。焦化是应用最早且至今仍然是最重要的煤转化利用方法。

（1）焦炭。焦炭是炼焦过程最重要的产品，大多数国家的焦炭90%以上用于高炉炼铁，其次用于铸造与有色金属冶炼工业，少量用于制取碳化钙、二硫化碳、元素磷等。在钢铁企业中，焦粉还用作烧结的燃料。焦炭也可作为制备水煤气的原料来制取合成气。

（2）煤焦油。煤焦油是炼焦过程的重要产品，其产量约占装炉煤的3%～4%，其组成极为复杂，多数情况下是由焦油加工专门进行分离、提纯后加以利用。

（3）煤气和化学产品。氨的回收率约占装炉煤的0.2%～0.4%，常以硫酸铵、磷酸铵或浓氨水等形式作为最终产品。粗苯回收率约占煤的1%左右，苯、甲苯、二甲苯都是有机合成工业的原料。硫及硫氰化合物的回收，不仅在于经济效益，也是为了环境保护的需要。经过净化的煤气属中热值煤气，发热量为 17.5MJ/m^3 左右，每吨煤约产炼焦煤气 400m^3，其质量约占装炉煤的 16%～20%，是钢铁联合企业中的重要气体燃料，其主要成分是氢和甲烷，可分离出供化学合成用的氢气和代替天然气的甲烷。

焦化工业的发展受钢铁工业发展需求影响，也保证了钢铁产量的大幅增长。2006 年中国钢产量 4.227 亿吨，占世界 35%；铁产量 4.042 亿吨，占世界 47%；2007 年以后中国钢铁仍有较大增长。

焦化是传统煤化工的主要组成。在煤的非燃料利用中，炼焦用煤占 70%以上，数量最大。炼焦过程消费的煤仅次于直接或间接燃烧消费，而且随着对钢铁需求的保证，至少在今后 20～30 年内焦炭仍然是未来钢铁生产的主要原料。

焦化生产过程中产生严重的粉尘和废气污染，其中排放的粉尘粒径范围在 0.001～500μm；排放的废气有 SO_2，NO_x，H_2S，CO，NH_3 以及苯并芘、7,12-二甲基苯并蒽、3-甲基胆蒽等约 100 多种多环芳烃。在这些排放物中，苯并芘（BaP）和苯可溶物（BSO）等 22 种已被证实是致癌物。平均而言，每吨焦的气体排放量约为 430m^3，其中 H_2S 为 2100g，HCN 为 6.9g，烃类为 8400g，焦油车间排放萘为 1900g。

焦化工业的粉尘与废气主要来自于备煤、炼焦、化工产品回收与精制等生产过程。其中以焦炉加热、装煤、出焦、熄焦、筛焦过程污染最严重。

专家认为，对传统的多室式焦炉而言，提高劳动生产率和减轻环境污染的有效途径是尽量减少推焦次数，增加每孔炭化室的焦炭产量。因此，大容积焦炉，即炭化室的尺寸增加已经是炼焦技术发展和技术改造的方向。

1.3.3 煤的气化（gasification）

煤的气化是通过化学变化将固态物质直接转化为以气体物质为主的过程。气化过程发生的反应包括煤的热解、气化和燃烧反应。煤的热解是指煤从固相变为气、固、液三相产物的过程。煤的气化和燃烧反应则包括两种反应类型，即非均相气-固反应和均相的气相反应。

煤气化技术历经百余年发展，不同的气化工艺对原料的性质要求不同，因此在选择煤气化工艺时，考虑气化用煤的特性及其影响非常重要，没有最佳，只有更佳。气化用煤的性质主要包括煤的反应性、黏结性、结渣性、热稳定性、机械强度、粒度组成以及水分、灰分和硫分含量等。

目前世界主要煤气化工业化装置有固定床、流化床和气流床。视炉内气固状态和运动形式分类，固定床气化是以 10～50mm 的块煤为原料；流化床以小于 6mm 的碎煤为原料；气流床以小于 0.1mm 的粉煤为原料。为提高单炉能力、降低能耗和满足后续产品的需求，现代气化炉均在适当的压力（1.5～4.5MPa）下运行，相应地出现了增压固定床、增压流化床和增压气流床技术。

（1）固定床气化　在气化过程中，煤由气化炉顶部加入，气化剂由气化炉底部加入，煤料与气化剂逆流接触，相对于气体的上升速度而言，煤料下降速度很慢，甚至可视为固定不动，因此称之为固定床气化；而实际上，煤料在气化过程中是以很慢的速度向下移动的，比较准确地可称其为移动床气化。

（2）流化床气化　以粒度为0～10mm的小颗粒煤，在气化炉内悬浮分散在垂直上升的气流中，在沸腾状态进行气化反应，从而使得煤料层内温度均一，易于控制，可提高气化效率。

（3）气流床气化　是一种并流气化，用气化剂将粒度为100μm以下的煤粉带入气化炉内，也可将煤粉先制成水煤浆，然后用泵打入气化炉内。煤料在高于其灰熔点的温度下与气化剂发生燃烧反应和气化反应，灰渣以液态形式排出气化炉。

世界范围内1000t/d的大规模煤气化装置一般均采用加压气流床技术。

（4）熔浴床气化　它是将粉煤和气化剂以切线方向高速喷入一温度较高且高度稳定的熔池内，把一部分动能传给熔渣，使池内熔融物做螺旋状的旋转运动并气化。目前此气化工艺已不再发展。

以上均为地面气化，还有地下气化工艺。

煤炭气化技术广泛应用于下列领域：

（1）作为工业燃气　一般热值为4.6～5.6kJ/m^3的煤气，采用常压固定床气化炉、流化床气化炉均可制得。主要用于钢铁、机械、卫生、建材、轻纺、食品等部门，用以加热各种炉、窑，或直接加热产品或半成品。

（2）作为民用煤气　一般热值在12.6～14.6kJ/m^3，要求CO小于10%，除焦炉煤气外，用直接气化也可得到，采用鲁奇炉较为适用。与直接燃煤相比，民用煤气不仅可以明显提高用煤效率和减轻环境污染，而且大大方便人民生活。出于安全、环保及经济等因素的考虑，要求民用煤气中的H_2、CH_4及其他烃类可燃气体含量应尽量高，以提高煤气的热值；而CO有毒气体含量应尽量低。

（3）作为化工合成和燃料油合成原料气　随着合成气化工和碳一化学技术的发展，以煤气化制取合成气，进而直接合成各种化学品的路线已经成为现代煤化工的基础，主要包括合成氨、甲烷、甲醇、醋酐、二甲醚以及合成液体燃料等。

化工合成气对热值要求不高，主要对煤气中的CO、H_2等成分有要求，一般德士古气化炉、Shell气化炉较为合适。目前我国合成氨、甲醇产量的50%以上来自煤炭气化合成工艺。

（4）作为冶金还原气　煤气中的CO和H_2具有很强的还原作用。在冶金工业中，利用还原气可直接将铁矿石还原成海绵铁；在有色金属工业中，镍、铜、钨、镁等金属氧化物也可用还原气来冶炼。

（5）作为联合循环发电燃气　整体煤气化联合循环发电（简称IGCC）是指煤在加压下气化，产生的煤气经净化后燃烧，高温烟气驱动燃气轮机发电，再利用烟气余热产生高压过热蒸汽驱动蒸汽轮机发电。用于IGCC的煤气，对热值要求不高，但对煤气净化度，如粉尘及硫化物含量的要求很高。与IGCC配套的煤气化一般采用固定床加压气化（鲁奇炉）、气流床气化（德士古）、加压气流床气化

(Shell 气化炉)。加压流化床气化工艺产生的煤气热值 9.2～10.5MJ/m³ 左右。

(6) 作煤炭气化燃料电池　燃料电池是由 H_2、天然气或煤气等燃料（化学能）通过电化学反应直接转化为电的化学发电技术。目前主要有磷酸盐型（PAFC）、熔融碳酸盐型（MCFC）、固体氧化物型（SOFC）等。它们与高效煤气化结合的发电技术就是 IG-MCFC 和 IG-SOFC，其发电效率可达 53%。

(7) 煤炭气化制氢　氢气广泛用于电子、冶金、玻璃生产、化工合成、航空航天、煤炭直接液化及氢能电池等领域，目前世界上 96% 的氢气来源于化石燃料转化，其中煤炭气化制氢起着很重要的作用。一般是将煤炭转化成 CO 和 H_2，然后通过变换反应将 CO 转换成 H_2 和 H_2O，将富氢气体经过低温分离或变压吸附或膜分离技术，即可获得氢气。

(8) 煤炭液化的气源　不论煤炭直接液化还是间接液化，都离不开煤炭气化。煤炭液化需要煤炭气化制氢，可选的煤炭气化工艺包括固定床加压气化、加压流化床气化和加压气流床气化工艺。

目前，全世界现有商业化运行的大规模气化炉技术以鲁奇、德士古、壳牌等炉型最常用，主要生产 F-T 合成油、燃料气或甲醇。中国以固定床气化炉为主，近年来引进了加压鲁奇炉、德士古水煤浆气化炉，用于生产合成氨、甲醇或城市煤气，总体水平与国外有相当大的距离。尽管煤炭气化的发展受到石油、天然气的影响和制约，从长远的观点来看，煤的洁净、高效和方便利用离不开以煤为原料的能源工业。

以煤为原料、采用煤气化-合成氨技术是中国化肥生产的主要方式，目前中国有 800 多家中小型化肥厂采用水煤气工艺，共计约 4000 台气化炉，每年消费原料煤（或焦炭）4000 多万吨，合成氨产量约占全国产量的 60%。化肥用气化炉的炉型以 UGI 型和前苏联的流化床气化炉型为主，该类炉型老化、技术落后。加压鲁奇炉、德士古炉是近年来引进用于合成氨生产的主要炉型。

1.3.4　煤间接液化

煤间接液化是将煤首先气化成 CO 和 H_2，通过水汽变换反应转化为一定 H/C 比的合成气（$CO+H_2$），再通过催化合成（F-T 合成等）转化为烃类化合物。

煤间接液化合成油的关键技术是合成气转化反应，反应条件较为温和，典型反应条件为 250～350℃、3.0～5.0MPa。合成汽油产品的辛烷值不低于 90，合成柴油产品的十六烷值高达 75，且不含芳烃和硫、氮等污染物。但煤间接液化反应是一个强放热反应，每生成一个—CH_2—基团，就要失去一个水分子，因而在合成油的过程中能量损失较大。

煤间接液化的工业化生产始于 1955 年，并逐渐发展成 Sasol-1、Sasol-2、Sasol-3 生产工艺。近年来，为了解决 F-T 合成工艺技术问题，国内外对 F-T 合成烃类液体燃料技术的研究开发工作都集中于如何提高产品的选择性和降低成本方面，通过高效高选择性的催化剂开发、工艺流程简化及采用先进的气化技术等，对 F-T

合成技术及工艺进行改进，并开发成功了一系列先进 F-T 合成工艺，包括 SSPD（Sasol Phase Distillate）、SAS（Sasol Advance Synthol）、SMDS（Shell-Middle-Distillate-Synthesis）、MTG（Methanol-To-Gasoline）、MFT（Modified FT）等。

不管何种工艺，煤间接液化虽然比直接液化工艺条件相对温和，但增加了煤造气等一系列过程，合成的产品为烃类混合物，必须加大规模，分离提纯多种产品，才具有综合的经济优势，因而投资规模也十分巨大。

1.3.5 煤直接液化

煤直接液化是指将煤粉碎到一定粒度后，与供氢溶剂及催化剂等在一定温度、压力条件下直接作用，使煤加氢裂解形成小分子化合物的过程。煤直接液化的产品以汽油、柴油、航空煤油以及石脑油、丙烯等为主，产品市场潜力巨大，工艺、工程技术集中度高，是新型煤化工技术和产业发展的重要方向。煤液化可得到质量符合标准，含硫、氮很低的洁净发动机燃料，不改变发动机和输配、销售系统均可直接供给用户。

第二次世界大战期间，在德国曾实现过工业化生产。1973 年后，因石油危机，西方各国相继开发出煤液化工艺，并完成百吨/天级规模的中试。后来原油市场价格趋于稳定，煤液化产品无法同廉价的石油竞争，致使煤直接液化工艺至今鲜见商业化，但围绕改进这些工艺的应用基础研究却始终不断，主要集中在反应机理、煤岩显微组成对煤直接液化的影响、煤浆流变特性、溶剂作用及其性质对产品的影响、催化作用和新催化剂的开发、逆反应对液化的影响和抑制、降低液化的氢耗等方面。代表性的工艺有 H-COAL 和 HTI 工艺。

HTI 工艺最大特点是没有液化中间产物分离以提高液化产率。该工艺用于惰质组分含量高的神华煤的试验表明，在 17MPa、673～733K 的条件下，采用超细铁催化剂，无水无灰基煤液化率为 91%，蒸馏产品达 63%～68%。神华集团根据国内多年的研发成果，建成投产了世界上第一座百万吨级的煤直接液化装置。

1.3.6 煤基一碳化工

一碳化工是指以含有一个碳原子的化合物（例如 CO、CO_2、CH_4、CH_3OH、CH_2O、HCN 等）为原料，在催化剂作用下，通过各种工艺合成液体燃料和化学品的化学工业的总称，与之相对应的化学理论称之为一碳化学。

一碳化学化工的支柱反应是羰基合成、甲醇合成和 F-T 合成。一碳化学化工技术在近 20 余年取得了飞速发展。从现有的研究报道看，通过对一碳化学品的直接或间接转化几乎可囊括整个有机化学品领域。

由于工艺技术的复杂性，除个别工艺和在特定条件下的局部地区外，多数以煤为基础的一碳化工（简称煤基一碳化工）产品在现有的石油市场条件下尚不能与石油化工产品相竞争。然而，作为特殊情况下的替代技术，一碳化学化工技术的开发和储备是必不可少的。目前已工业化的一碳化工产品主要包括分别经合成气、甲醇、二氧化碳、氢氰酸、甲烷以及其他一碳化合物转化的化工产品，其中合成氨、乙炔和甲醇三大化工产品代表着早期一碳化工发展的主要成就。

在煤基合成气利用的技术研发上主要有以下 4 个方向。

1.3.6.1 羰基合成

羰基合成是在有机化合物分子内引入羰基或其他基团而转化成含氧化合物的一类反应。乙烯氢甲酰化反应和甲醇羰基化合成乙酸的反应是最重要的羰基合成技术。甲醇羰基化是目前工业合成乙酸的主要方法，世界市场 55%的乙酸、美国市场 98%的乙酸都是由该法生产的。

1.3.6.2 烃合成技术

由甲烷直接氧化制烃在 20 世纪 80 年代中叶达到鼎盛，90 年代初甲烷非氧化两步反应偶联悄然兴起，但这两种技术距工业化还有很长的路。目前合成气直接和间接制烃方法在世界范围内最受重视，即 F-T 烃合成法和甲醇合成烃法。

甲醇合成烃（MTO）是指以煤基或天然气基合成的甲醇为原料，借助类似催化裂化装置的流化床反应器，生产低碳烯烃的化工工艺技术。由于受原油价格、甲醇生产成本高等因素的影响，该技术在国际上实现工业化应用的进度受到影响，但采用中国科学院大连化学物理研究所历经 30 年研发的 DMTO-Ⅰ技术的世界首套 60 万吨/年装置于 2010 年 8 月在中国包头投料运行成功。

近十年来，随着低碳烯烃需求的日渐攀升，作为乙烯生产原料的石脑油、轻柴油等原料资源，也面临着越来越严重的短缺局面。从事 MTO 技术开发的专家认为，在煤或天然气合成甲醇、甲醇制低碳烯烃、低碳烯烃精制分离的整条生产链中，由甲醇生产低碳烯烃的 MTO 工艺是全过程的关键所在。

1.3.6.3 醇合成技术

甲醇合成是该研究方向的主攻目标。这一方面是由于甲醇是最基本的有机化工原料，由它出发可与不同的转化工艺结合合成许多重要的化学品，几乎可囊括整个有机化工领域。另一方面，甲醇也可直接用作车辆代用燃料，具有洁净、低 CO_2 排放和高辛烷值等优点。中国山西在研发和推广甲醇代用燃料方面已有数十年历史。

甲醇是重要的基础化工原料，其下游产品有醋酸、甲酸等有机酸类，醚、酯类各种含氧化合物，乙烯、丙烯等烯烃类，合成汽油、二甲醚等燃料类等。结合市场需求，发展国内市场紧缺，特别是可以替代石油化工产品的甲醇下游产品是未来大规模发展甲醇生产、提高市场竞争能力的重要方向。

作为车用发动机燃料和 LPG 替代品是促进二甲醚工业发展的主要因素。目前，二甲醚作为汽车燃料的研究和试验正在进行，因为涉及建设专门储运系统和发动机改造等问题，其试验和示范主要针对公交、出租类特殊车辆并限制在局部地区。目前尚缺乏运输、储存、燃烧等配套方法及装备的系列标准。

预计，二甲醚工业生产能力今后将以较快的速度发展，需要尽快完善储运和用户使用方法及装备的配套研究和建立标准体系，同时应加强对新建项目市场、规模和经济性对比等方面的研究论证。

1.3.6.4 CO_2 催化活化

二氧化碳是数量最大的温室气体，对全球的气候变化有重要影响。限制 CO_2 排放最有效的途径是降低化石燃料的使用，但对以化石能源为主的国家是不现实的，对这些国家更重要的是发展化石能源低碳化利用技术。甲醇合成是 CO_2 化学利用的首选途径，但关键问题是廉价 H_2 的制备和 CO_2 活化的催化剂开发。

从能源、资源和环境的整体考虑，目前煤基一碳化工产品的研发集中在合成油和几大基本有机化工产品方面，主要有乙烯、甲醇、二甲醚、碳酸二甲酯、苯和其他芳烃、乙酸、乙二醇等。转化途径可以分为直接转化和间接转化两种。直接转化是将合成气直接合成目的产物，间接转化是首先合成某种中间产物然后再将其转化成目的产物，最典型的例子是乙烯的合成和油品的合成。合成气可以直接合成乙烯和汽油，也可以通过甲醇或二甲醚脱水来合成。最近中国自主研发成功 CO 羰基合成酯加氢制取乙二醇的技术。除合成燃料外，煤基一碳化工在能源领域中的应用还包括制氢和燃料电池等方面。

1.3.7 煤转化利用集成技术

煤炭作为重要的资源，它的利用始终以高效和洁净为最终目的。20 世纪末提出的多联产概念是全球范围形成的对煤炭高效、洁净、经济利用方式的一种共识，是煤优化利用技术的一种集成。近年完成的“国家中长期科学和技术发展规划战略研究专题报告”针对煤炭利用方面存在的主要矛盾明确指出，“必须部署和重点研究以煤气化为基础的多联产技术”，走出一条具有中国特色煤炭洁净、高效开发与利用的道路。多联产一般指以先进发电、液体燃料和化学品合成为主要构成的煤炭利用系统。以煤气化为基础的多联产系统还应包括大规模煤气化和分离与净化。

先进的多联产系统能够从系统的整体出发，发挥各种生产技术路线的优越性，使生产过程耦合到一起，实现化学能-热能-电能的优化集成，从而达到整个系统的能源高利用效率、有效组分的最大程度转化和系统的低投资及运行成本，同时满足最小的全生命周期污染物排放。

在世界范围内研究发展了许多先进的洁净煤转化单元技术，但以气化、液体燃料合成、化学品制取、燃气发电为主的多联产概念提出的时间不长，基本都处于研发阶段。图 1-5 给出了以构效关系为基础的煤的主要利用方式，表 1-10 列出了几种煤转化工艺的热效率。目前世界上唯一运营的煤多联产系统是南非 Sasol，其成功之处在于联产高价值石蜡等化学品，这表明联产高价值化学品是解决煤多联产系统经济性的有效手段。

以煤气化为核心的多联产系统是综合解决我国 21 世纪能源领域面临的能源供应、液体燃料短缺、环境污染、温室气体排放和农村能源结构调整五大问题的重要途径。目前国内已初步开发了以煤热解和循环流化床燃烧技术为主要内容的半焦燃烧发电，干馏制煤气、热、焦油联产系统。清华大学、中科院过程所、煤炭科学研究总院从不同角度提出了适合我国国情的煤基多联产系统方案。天脊煤化工集团、兖矿集团也分别提出了基于企业特征的多联产概念。结合从煤中提取有机化工原料特别是芳香化学品在21世纪变得日益重要的趋势，作者和同事们提出了包括先进炼焦技术在内并以焦炉煤气为核心和气化煤气为基础的多联产系统方案，并正在实施。图1-6给出了各种多联产的模式[4]。

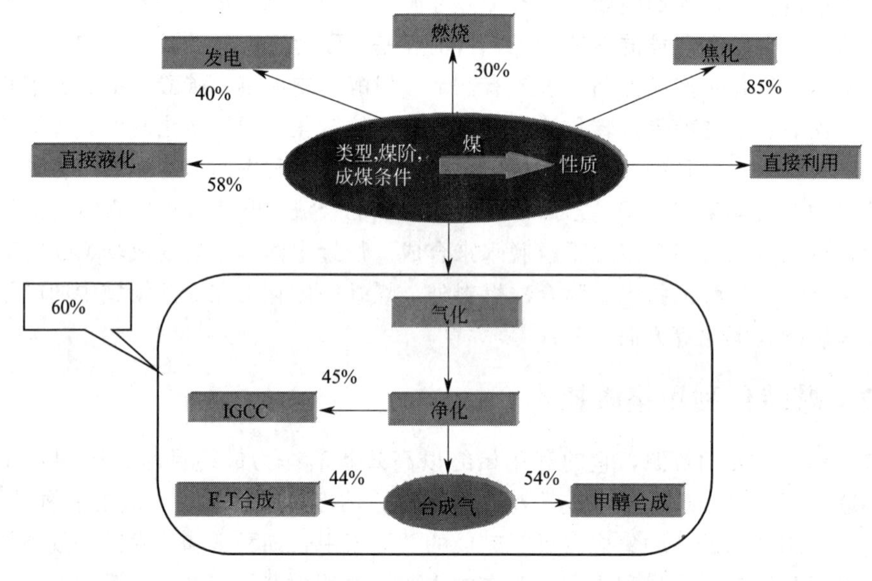

图1-5　煤的主要利用方式

表1-10　几种煤转化工艺的相对热效率比较（质量比）

项目	低温干馏	加氢液化	煤气化甲醇合成(Texaco)	煤气化F-T合成(Texaco)
原煤	100	100	100	100
热效率/%	约85	约58	约54	约44
焦炭	60			
重油	—	23		
柴油	8	21		9
汽油	6			13
LPG	1			5
甲烷等	（制氢过程）			
甲醇			65	

多联产系统的实质是煤在转化为电和车用燃料等洁净二次能源的过程中，实现化学能-热能-电能优化利用的集成系统。单一的燃煤发电是将煤的化学能转换为热能再转换为电能，最高能效40%左右；煤气化联合循环发电（IGCC）是将煤的化学能转换为化学能及热能再转换为电能，最高能效45%左右；先进的多联产系统是将煤部分气化（高挥发分煤，提取其中轻质油品和化学品）或全部气化（低挥发分煤）制得合成气/可燃气体，合成气经催化转化制得液体燃料，可燃气体经燃气轮机或燃料电池发电，同时将可燃气体的余热回收推动蒸汽轮机发电，是将煤化学

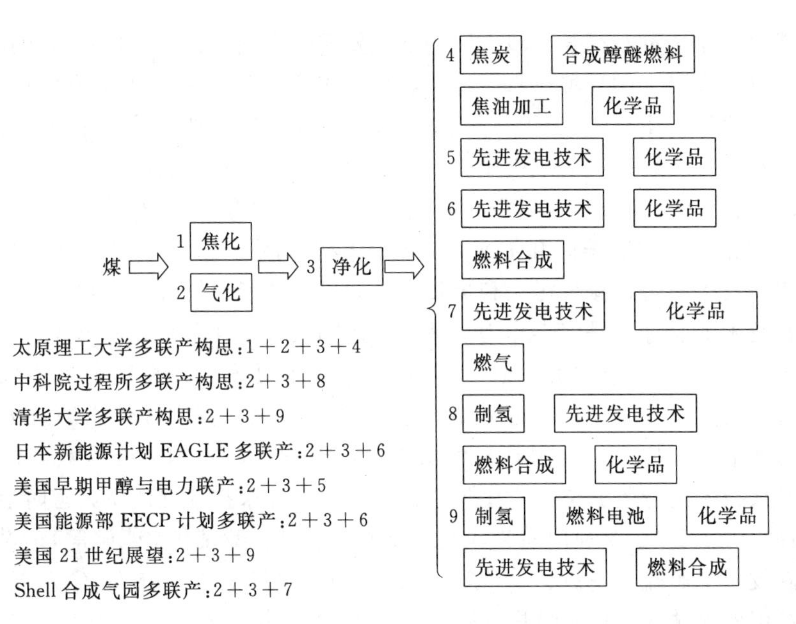

图 1-6　煤基多联产模式构成单元

能经洁净的化学能再转换为电能，最高能效可达 60%左右。由此可见，煤中化学能经由高能级的化学能转换为电能要比经由低能级的热能转换为电能有着更高的能源转换效率。因此，在 Williams2000 年世界能源评估报告中指出，电、热、气、甲醇单产与四联产的经济对比，联产投资可减少 37%，单位能价下降 27%，煤耗下降 9.1%。

科学研究和试验验证表明，由 IGCC 和液体燃料合成的煤多联产系统具有更大的优越性，不仅可以达到更高的污染物控制水平，而且可以合理地解决 IGCC 电站的调峰问题。我国目前在 IGCC、合成油和合成替代燃料方面已具备了一定的技术基础，实现发电与合成的多联产工业化装置在不远的将来很有可能。此外，煤基多联产不仅通过电力系统与化工流程的有机结合实现煤炭转化过程中化学能和物理能的综合梯级利用，而且也可以为能源系统 CO_2 减排提供契机。

1.4 洁净煤技术及其范畴

由于技术的落后，煤是不洁净能源，其造成的污染贯穿于开采、运输、储存和利用转化的全过程。就开采而言，产生大量酸性涌水、温室气体 CH_4 以及固体废物煤矸石。矸石堆自燃还会排放出大量污染气体、液体。煤的长途运输造成煤尘的逸散。储存过程不仅占用大面积土地，而且随着煤氧化、风化和自燃，也会产生环境污染，尤其是大气的污染。煤的燃烧利用排放到大气中的烟尘、SO_2、粉尘、烟气和炉渣是造成城市空气环境质量下降的主要原因。

虽然煤炭是一种在很长一段时间内的主要矿物燃料资源，但使用煤炭比用石油或者天然气存在更大的环境挑战。煤炭燃烧不仅会产生 SO_2、NO_x 等污染性气体，而且还会产生砷、汞、铅甚至铀等微量重金属环境污染。如果采用先进燃烧利用技术和处理措施，则可以大大减少排放，降低污染，实现清洁利用。

洁净煤技术（Clean Coal Technology，CCT）最早由美国学者于 1985 年提出[5]，主要是为了解决美国和加拿大边境的酸雨问题。洁净煤技术是指在煤炭开发和利用过程中，旨在减少污染和提高效率的煤炭加工、燃烧、转化和污染控制等一系列新技术的总称，是使煤作为一种能源达到最大限度利用，使释放的污染控制在最低水平，从而实现煤的高效、洁净利用目的的技术[6]。按照美国能源部化石能源办公室的定义[7]：洁净煤技术属于技术创新范畴，比现今使用的技术更具环保性。为使洁净煤技术的应用具有可操作性，作者[8]根据国内外多数同行的共识曾将洁净煤技术进行了分类，主要包括：煤的洁净开采技术（地质灾害防治、矿区和周边环境保护等）；煤利用前的预处理技术（选煤、型煤和水煤浆等）；煤利用的环境控制技术（脱硫、脱氮、除尘等）；先进的煤炭发电技术（IGCC、PFBC 等）；提高煤利用效率技术（先进燃烧方式、能源新材料等）；煤炭转化技术（先进的热解气化技术、直接和间接液化技术、燃料电池等）；煤系废弃物处理和利用技术（煤矸石、煤泥、煤粉、炉渣等）。此外，煤层气的开发及利用和 CO_2 固定与利用技术亦可归入洁净煤技术。

实际上，洁净煤技术涵盖了煤炭从开采到终结的洁净生产和洁净消费的全过程，所以，以英国为首的一些学者更喜欢使用 Cleaner Coal Technology 一词来表达洁净煤技术[9,10]。作者认为，“新一代煤化工技术和洁净煤利用技术”是“洁净煤技术”的外延，包含在“洁净煤技术”的范畴中。

美国率先提出 CCT 后，1986 年正式推行“洁净煤技术示范计划”。日本早在 1980 年就成立了“新能源工业技术综合开发机构”（NEDO），从事洁净煤技术和新能源的研究开发。1993 年，日本在该机构中组建了“洁净煤技术中心”(CCTC)[11]，推出了“新阳光计划”[12]，1999 年又制定了“21 世纪煤炭技术战略”，计划在 2030 年前实现煤作为燃料的完全洁净化[13]。1990 年，欧盟的前身欧共体也制定了“热计划”或“兆卡计划”（Thermic Program），欧盟则将洁净煤技术列为未来能源计划的重要内容。

参考文献

[1] 王丽慧，吴喜平．分布式能源系统运行效果受负荷稳定性的影响．建筑节能，2007，35（191）：48-51.
[2] BP，Statistical Review of World Energy，2006-2011.
[3] 2011 年统计年鉴.
[4] 谢克昌．煤化工发展与规划．北京：化学工业出版社，2005. 76.
[5] The Office of Fossil Energy，U. S. Department of Energy http：//www. fe. doe. gov/coal _ power/cct / cct _ original. shtml.
[6] 范维唐．发展具有中国特色的洁净煤技术［J］．中国煤炭，1995，1（1）：11-15.
[7] The Office of Fossil Energy，U. S. Department of Energy，What are Clean Coal Technologies? http：//

www. fe. doe. gov/coal _ power/cct/.
[8] 谢克昌. 煤的优化利用技术及其开发中的科学问题 [J]. 煤炭转化，1994，17 (3)：1-8.
[9] IEA Coal Research-The Clean Coal Centre，Guide To Cleaner Coal Technology Related Websites，http：//www. dti. gov. uk/cct/pub/ps282. pdf，March 2001.
[10] The UK Department of Trade and Industry's，Cleaner Coal Technologies and the Clean Development Mechanism，http：//www. carnot-online. org/Document _ Library/Microsoft _ Word _-_ kmexreport1v3. pdf，The Information Services Group，IEA Coal Research - The Clean Coal Centre. .
[11] 马治斌，秦爱新，付增祥等. 洁净煤技术发展动向 [J]，煤，1996，6 (5)：12-15.
[12] 孙孝仁. 洁净煤技术发展概述. 科技情报开发与经济 [J]，1997，No. 3：12-14.
[13] 史斗，郑华卫. 21 世纪的能源科技 [J]. 科学新闻，2002，No. 3：25.

第2章 煤的物理和化学性质

煤炭大约形成于（2.9～3.6）亿年前的石炭纪时期。当石炭纪时期的植物死亡后，落入缺氧的沼泽或泥浆地带，或被沉积物掩埋。由于缺氧，它们只有部分腐烂，形成如同海绵般的含碳丰富的物质并首先逐渐变成泥煤。在热和地质压力的共同作用下，泥煤逐渐硬化成为煤炭。在成煤过程中，植物中的碳成分以及植物在光合作用中所获得的太阳能都最终汇集于煤炭之中。

目前已确定，生成煤的原始物质是石炭纪和与其相临近的地质年代最繁茂的植物和生长在湖泊沼泽中死后堆积起来的微生物、浮游生物等的残骸。就其化学组成来讲，这些物质主要由纤维素、某些碳水化合物和树脂以及蜡类所组成。成煤物质在地热和压力的作用下，经过漫长的变质最后形成了煤。这种变化过程称为“煤化过程”，而不同的煤种在很大程度上是它们之间的“变质程度”不同引起的。

煤化阶段首先形成泥炭，然后褐煤，随之次烟煤、烟煤最后是无烟煤。表2-1中列出了从植物到无烟煤的有机元素变化，从中可以看出从泥炭到无烟煤阶段的碳化过程。

表2-1 各种燃料的元素组成与碳化程度的关系/%

煤种	C_{daf}	H_{daf}	O_{daf}	N	S	发热量/(MJ/kg)
木材	35～50	5.0～6.0	30～50	0.5～1.5	0～0.3	17.0～21.2
泥炭	55～62	5.3～6.5	27～34	1.5～2	0.5～1	9.5～15.0
年轻褐煤	60～70	5.5～6.6	20～23	0.5～2	0.5～1	23.0～27.2
年老褐煤	70～76.5	4.5～6.0	15～30	0.5～2	0.5～1	
长焰煤	77～81	4.5～6.0	10～15	1～2	0.5～2	32.0～33.8
气煤	79～85	5.4～6.8	8～12	1～2	0.5～2	33.0～34.7
肥煤	82～89	4.8～6.0	4～9	1～2	0.5～2	34.0～36.0
焦煤	86.5～91	4.5～5.5	3.5～6.5	1～2	0.5～2	34.0～36.0
瘦煤	88～92.5	4.3～5.0	3～5	1～2	0.5～2	35.1～36.5
贫煤	88～92.7	4.0～4.7	2～5	1～2	0.5～2	35.1～36.5
年轻无烟煤	89～93	3.2～4.0	2～4	<1	<1	33.4～36.5
典型无烟煤	93～95	2.0～3.2	2～3	<1	<1	
年老无烟煤	95～98	0.8～2.0	1～2	<1	<1	
焦炭						30.0～32.0

植物中含有大量的水分，约50%左右，干基发热量17.0～21.2MJ/kg[1,2]，

主要化学组成是多环高氧含量的纤维素和木质素。在煤化过程中纤维素与木质素中的氧形成水和二氧化碳而被排出，因此，干基无灰基的氧含量逐渐从木材的30%～50%，降低到褐煤的20%～30%，随着碳化的深入，进一步降低到烟煤的10%～20%，最终达到无烟煤的5%～10%，同时使残余物中的碳浓度越来越大，发热量也从9.5MJ/kg达到35.0MJ/kg。

2.1 煤的基本化学特征

2.1.1 煤的物理性质

煤的物理性质是煤的一定化学组成和分子结构的外部表现。它是由成煤的原始物质及其聚积条件、转化变质、煤化程度和风化、氧化程度等因素所决定，包括颜色、光泽、密度和容重、硬度、脆度、断口及导电性等。其中，除了密度和导电性需要在实验室测定外，其他根据肉眼观察就可以确定。煤的物理性质可以作为初步评价煤质的依据，并用以研究煤的成因、变质机理和解决煤层对比等地质问题。

2.1.1.1 颜色

煤的颜色是指新鲜煤表面的自然色彩，是煤对不同波长的光波吸收的结果。呈褐色-黑色，一般随煤化程度的提高而逐渐加深。

2.1.1.2 光泽

煤的光泽是指煤的表面在普通光下的反光能力。一般呈沥青、玻璃和金属光泽。煤化程度越高，光泽越强；矿物质含量越多，光泽越暗；风化、氧化程度越深，光泽也越暗，直到完全消失。

2.1.1.3 粉色

指将煤研成粉末的颜色或煤在抹上釉的瓷板上刻划时留下的痕迹，所以又称为条痕色，呈浅棕色-黑色。一般是煤化程度越高，粉色越深。

2.1.1.4 密度和容重

煤的相对密度是不包括孔隙在内的一定体积的煤的质量与同温度、同体积的水的质量之比。煤的容重又称煤的体重或假密度，它是包括孔隙在内的一定体积的煤的质量与同温度、同体积的水的质量之比。煤的容重是计算煤层储量的重要指标。褐煤的容重一般为1.05～1.2，烟煤为1.2～1.4，无烟煤变化范围较大，为1.35～1.8。煤岩组成、煤化程度、煤中矿物质的成分和含量是影响密度和容重的主要因素。在矿物质含量相同的情况下，煤的密度随煤化程度的加深而增大。

2.1.1.5 硬度

煤的硬度是指煤抵抗外来机械作用的能力。根据外来机械力作用方式的不同，可进一步将煤的硬度分为刻划硬度、压痕硬度和抗磨硬度三类。煤的硬度与煤化程度有关，褐煤和焦煤的硬度最小，约2～2.5；无烟煤的硬度最大，接近4。

2.1.1.6 脆度

煤的脆度是煤受外力作用而破碎的程度。成煤的原始物质、煤岩成分、煤化程度等都对煤的脆度有影响。在不同变质程度的煤中，长焰煤和气煤的脆度较小，肥煤、焦煤和瘦煤的脆度最大，无烟煤的脆度最小。

2.1.1.7 断口

断口是指煤受外力打击后形成断面的形状。在煤中常见的断口有贝壳状断口、参差状断口等。煤的原始物质组成和煤化程度不同，断口形状各异。

2.1.1.8 导电性

煤的导电性是指煤传导电流的能力，通常用电阻率来表示。褐煤电阻率低。褐煤向烟煤过渡时，电阻率剧增。烟煤是不良导体，随着煤化程度增高，电阻率减小，至无烟煤时急剧下降，而具良好的导电性。

2.1.2 元素组成

煤中的有机质主要是由碳、氢、氧、氮和硫等元素组成，其中碳、氢、氧的总和占煤中有机质的95%以上。这些元素在煤有机质中的含量与煤的成因类型、煤岩组成和煤化程度有关。因此，通过元素分析了解煤中有机质的元素组成是煤质分析与研究的重要内容。当然，从元素分析数据还不能说明煤的有机质是什么样的化合物，也不能充分确定煤的性质，但是利用元素分析的数据并配合其他工艺性质指标，可以了解煤的某些性质。例如，可以计算煤的发热量、理论燃烧温度和燃烧产物的组成，也可以估算炼焦化学产品的产率，还可以作为煤分类的辅助指标等。

2.1.2.1 碳

碳是煤中有机质的主要组成元素。在煤的结构单元中，它构成了稠环芳烃的骨架。在炼焦时，它是形成焦炭的主要物质基础。在煤燃烧时，它是发热量的主要来源。理论上完全燃烧时放出的热量为32.8kJ/kg。

碳的含量随着煤化度的升高而有规律地增加。在同一种煤中，各种显微组分的碳含量也不一样，一般惰质组C_{daf}最高，镜质组次之，壳质组最低。碳含量与挥发分之间存在负相关关系，因此碳含量也可以作为表征煤化度的分类指标。在某些情况下，碳含量对煤化度的表征比挥发分更准确。

2.1.2.2 氢

氢是煤中第二个非常重要的元素。氢元素占腐植煤有机质的质量分数一般小于7%。但因其相对原子质量最小，故原子百分数与碳在同一数量级。氢是组成煤大分子骨架和侧链的重要元素。与碳相比，氢元素具有较强的反应能力，单位质量的燃烧热也更大，理论上完全燃烧时放出的热量为12.1MJ/kg。

氢含量与煤的煤化度也密切相关，随着煤化度增高，氢含量逐渐下降。在中变质烟煤之后这种规律更为明显。在气煤、气肥煤阶段，氢含量能达到6.5%；到高变质烟煤阶段，氢含量甚至下降到1%以下。各种显微组分的氢含量也有明显差别，对于同一种煤化度的煤，壳质组H_{daf}最大，镜质组次之，惰质组最低。

从中变质烟煤到无烟煤，氢含量与碳含量之间有较好的相关关系，可以通过线性回归得到经验方程：

$$H_{daf}=26.10-0.241C_{daf} \quad \text{对于中变质烟煤} \tag{2-1}$$

$$H_{daf}=44.73-0.448C_{daf} \quad \text{对于无烟煤} \tag{2-2}$$

2.1.2.3 氧

氧是煤中第三个重要的元素。有机氧在煤中主要以羧基（—COOH）、羟基（—OH）、羰基（$>C=O$）、甲氧基（$—OCH_3$）和醚（—C—O—C—）形态存在，也有些氧与碳骨架结合成杂环。氧在煤中存在的总量和形态直接影响煤的性质。煤中有机氧含量随煤化度增高而明显减少。泥炭干燥无灰基氧含量 O_{daf} 为15%～30%，到烟煤阶段为2%～15%，无烟煤为1%～3%。在研究煤的煤化度演变过程时，经常用O/C和H/C原子比来描述煤元素组成的变化以及煤的脱羧、脱水和脱甲基反应。

氧的反应能力很强，在煤的加工利用过程中起着较大的作用。如低煤化度煤液化时，因为含氧量高，会消耗大量的氢，生成水；在炼焦过程中，当氧化使煤氧含量增加时，会导致煤的黏结性降低，甚至消失；煤燃烧时，煤中氧不参与燃烧，却约束本来可燃的元素如碳和氢；对煤制取芳香羧酸和腐植酸类物质而言，氧含量高的煤是较好的原料。

各种显微组分氧含量的相对关系与煤的煤化度有关。对于中等变质程度的烟煤，镜质组 O_{daf} 最高，惰质组次之，壳质组最低；对于高变质烟煤和无烟煤，仍然是镜质组 O_{daf} 最高，但壳质组的 O_{daf} 略高于惰质组。

与氢元素相似，煤中的氧含量与碳含量也有一定的相关关系（但对无烟煤，氧与碳的负相关关系不明显）：

$$O_{daf}=85.0-0.9C_{daf} \quad \text{对于烟煤} \tag{2-3}$$

$$O_{daf}=80.38-0.84C_{daf} \quad \text{对于褐煤和长焰煤} \tag{2-4}$$

2.1.2.4 氮

煤中氮的含量较少，一般约为0.5%～3.0%。氮是煤中唯一的完全以有机状态存在的元素。煤中有机氮化物被认为是比较稳定的杂环和复杂的非环结构的化合物。其来源可能是动植物的脂肪、蛋白质等成分。植物中的植物碱、叶绿素和其他组织的环状结构中都有氮，而且相当稳定，在煤化过程中不发生变化，成为煤中保留的氮化物。在泥炭和褐煤中发现了以蛋白质形态存在的氮，但仅在泥炭和褐煤中发现，而在烟煤中几乎没有发现。煤中氮含量随煤化度的加深而趋向减少，但规律性到高变质烟煤阶段以后才比较明显。在各种显微组分中，氮含量的相对关系也没有规律性。作者的研究表明，氮在镜质组中以吡咯和吡啶、在壳质组中以氨基和吡啶、在惰质组中以氨基和吡咯形式存在。在煤的转化过程中，煤中的氮可生成胺类、含氮杂环、含氮多环化合物和氰化物等。煤燃烧和气化时，氮转化为污染环境的 NO_x。煤液化时，需要消耗部分氢才能使产品中的氮含量降到最低限度。煤炼焦时，一部分氮转化为 N_2、NH_3、HCN 和其他一些有机氮化物逸出，其他的氮进入煤焦油或残留在焦炭中。炼焦化学产品中氨的产率与煤中氮含量及其存在形态有关。煤焦油中的含氮化合物有吡啶类和喹啉类，而在焦炭中则以某些结构复杂的含氮化合物形态存在。

对于我国的大多数煤来说，煤中的氮与氢含量存在如下的关系：

$$N_{daf}=0.3H_{daf} \tag{2-5}$$

按此式氮含量的计算值与测量值之差一般在±0.3%以内。

2.1.2.5　硫

煤中的硫通常以有机硫和无机硫的状态存在，主要存在形式列于表 2-2 。有机硫是指与煤有机结构相结合的硫，其组成结构非常复杂。有机硫主要来自成煤植物和微生物的蛋白质。植物的总含硫量一般都小于 0.5%。所以，硫分在 0.5%以下的大多数煤，一般都以有机硫为主。有机硫与煤中有机质共生，结为一体，分布均匀，不易清除。作者的研究结果表明，煤的三种基本显微组分中硫的赋存形态基本相同，均主要为噻吩、硫醇和硫醚。煤中无机硫大部分来自矿物质中各种含硫化合物，主要有硫化物硫和少量硫酸盐硫，偶尔也有元素硫存在。硫化物硫以硫铁矿为主，多呈分散状赋存于煤中。高硫煤的硫含量中，硫化物硫所占比例较大。硫酸盐硫以石膏为主，也有少量硫酸亚铁等，我国煤中硫酸盐硫含量大多小于 0.1%。

煤中的硫按可燃性可分为可燃硫和不可燃硫，按干馏过程中的挥发性又可分为挥发硫和固定硫。煤中硫的形态及其相互关系列于表 2-2 。煤中各种形态硫的总和称为全硫，含量高低不等（0.1%～10%）。硫含量多少与成煤时的沉积环境有关。一般来说，我国北部产地的煤含硫量较低，往南则逐渐升高。

表 2-2　煤中硫的赋存形态及其分类

分类		名称		化学式	分布
无机硫 S_I	不可燃硫	硫酸盐硫 S_S	石膏	$CaSO_4 \cdot 2H_2O$	在煤中分布不均匀
			硫酸亚铁	$FeSO_4 \cdot 7H_2O$	
	可燃硫	元素硫 S_E			
		硫化物硫 S_P	黄铁矿	FeS_2,正方晶系	
			白铁矿	FeS_2,斜方晶系	
			磁铁矿	Fe_7S_8	
			方铅石	PbS	
有机硫 S_O		硫醇		$R—SH$	在煤中分布均匀
		硫醚类	硫醚	$R_1—S—R_2$	
			二硫化物	$R_1—S—S—R_2$	
			双硫醚	$R_1—S—CH_2—S—R_2$	
		硫杂环	噻吩		
			硫醌		
		其他	硫酮		

煤中的硫对于炼焦、气化、燃烧和储运都十分有害，因此硫含量是评价煤质的重要指标之一。煤在炼焦时，约60%的硫进入焦炭，硫的存在使生铁具有热脆性；煤气化时，由硫产生的硫化氢不仅腐蚀设备，而且易使催化剂中毒，影响操作和产品质量；煤燃烧时，煤中硫转化为二氧化硫排入大气，腐蚀金属设备和设施，污染环境，造成公害；硫铁矿硫含量高的煤，在堆放时易于氧化和自燃，使煤的灰分增加，热值降低。世界上高硫煤的储量占有一定比例，因此寻求高效经济的脱硫方法和回收利用硫的途径，具有重大意义。

2.1.3 工业分析

2.1.3.1 水分

煤中的水分按其在煤中存在的状态，可以分为外在水分、内在水分和化合水三种。

外在水分：煤的外在水分（free moisture；surface moisture）是指煤在开采、运输、储存和洗选过程中，附着在煤的颗粒表面以及大毛细孔（直径大于10^{-5}cm）中的水分，用符号M_f（%）表示。外在水分以机械的方式与煤相结合，仅与外界条件有关，而与煤质本身无关，其蒸汽压与常态水的蒸汽压相等，较易蒸发。当煤在室温下的空气中放置时，外在水分不断蒸发，直至与空气的相对湿度达到平衡时为止。此时失去的水分就是外在水分。含有外在水分的煤称为收到煤，失去外在水分的煤称为空气干燥煤。

内在水分：煤的内在水分（inherent moisture；moisture in air-dried coal）是指吸附或凝聚在煤颗粒内部表面的毛细管或空隙（直径小于10^{-5}cm）中的水分，表示为M_{inh}或M_{ad}（%）。内在水分以物理化学方式与煤相结合，与煤种的本质特征有关（表2-3），内表面积越大，小毛细孔越多，内在水分亦越高。内在水的蒸汽压小于常态水的蒸汽压，较难蒸发，加热至105～110℃时才能蒸发，失去内在水分的煤称为干燥煤。将空气干燥煤样加热至105～110℃时所失去的水分即为内在水分。煤的内在水分还与外界条件有关，一定的湿度和温度下，内在水分可以达到最大值。此时的内在水分即称为最高内在水分M_{hc}（moisture holding capacity）。

煤的外在水分与内在水分的总和称为煤的全水分M_t（total moisture）。

表2-3 不同煤种的内在水分含量/%

煤种	泥炭	褐煤	烟煤						无烟煤
			长焰煤	气煤	肥煤	焦煤	瘦煤	贫煤	
M_{ad}	12～45	5～25.4	0.9～8.7	0.6～4.9	0.5～3.2	0.4～2.6	0.3～1.6	约0.6	0.1～4.0

化合水：煤中的化合水（water of constitution）是指以化学方式与矿物质结合的，在全水分测定后仍保留下来的水分，即通常所说的结晶水或化合水，它们以化学方式与无机物相结合。化合水含量不大，而且必须在高温下才能失去。例如，石膏（$CaSO_4 \cdot 2H_2O$）在163℃时分解失去结晶水，高岭土（$Al_2O_3 \cdot 2SiO_2 \cdot$

$2H_2O$）在 450～600℃方才失去结合水。在煤的工业分析中，一般不考虑化合水。

煤中水分的多少在一定程度上反映了煤质状况。低煤化度煤结构疏松，结构中极性官能团多，内部毛细管发达，内表面积大，因此具备了赋存水分的条件。例如褐煤的外在水分和内在水分均可达 20%以上。随着煤化度的提高，两种水分都在减少。在肥煤与焦煤变质阶段，内在水分达到最小值（小于 1%）。到高变质的无烟煤阶段，由于煤粒内部的裂隙增加，内在水分又有所增加，可达到 4%左右。

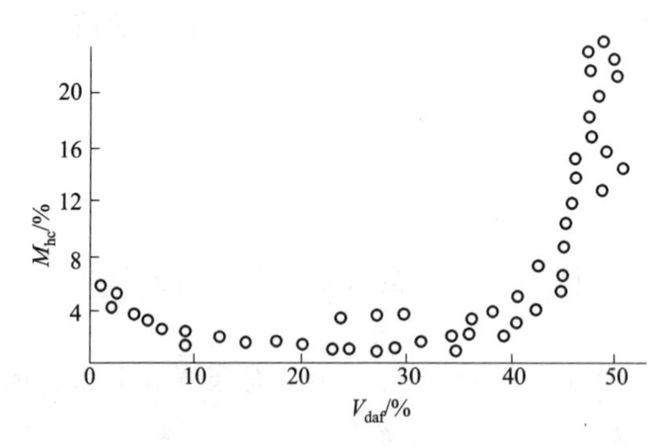

图 2-1 煤的最高内在水分 M_{hc} 与挥发分 V_{daf} 的关系

煤的最高内在水分与煤化度的关系基本与内在水分相同，具有明显的规律性（图 2-1）。当挥发分 V_{daf} 为 25%±5%时，M_{hc} 小于 1%，达到最小值。经风化后煤的内在水分增加，所以煤内在水分的大小，也是衡量煤风化程度的标志之一。煤中的化合水虽与煤的煤化度没有关系，但化合水多，说明含化合水的矿物质多，因而间接影响了煤质。

对于烟煤和无烟煤常常采用空气干燥法测定煤中的水分，即在 105～110℃下烘干煤样，通过计算其失重来计算水分含量，对于褐煤的水分测定需要在氮气气氛中进行干燥。除了干燥法之外，水分的测定还可以采用微波干燥法和甲苯蒸馏法，但微波干燥法对于无烟煤水分不适用，甲苯蒸馏法对于低煤化程度的煤样，如褐煤比较合适，但操作步骤繁琐，在国家标准中已经被摒弃。

一般说来，水分是煤中基本有害无利的无机物质。这是因为：在运输时，煤的水分增加了运输负荷；对煤进行机械加工时，煤中水分过多将造成粉碎、筛分困难，降低生产效率，损坏设备；炼焦时，煤中水分的蒸发需消耗热量，增加焦炉能耗，延长了结焦时间，降低了焦炉生产能力。水分过大时，还会损坏焦炉，使焦炉使用年限缩短。此外，炼焦煤中的各种水分，包括热解水全部转入焦化剩余氨水，增大了焦化废水处理的负荷；气化与燃烧时，煤中的水分降低了煤的有效发热量，但气化时对调节碳氢比有好处。

2.1.3.2 灰分

煤在作为燃料或加工转化的原料时，几乎都是利用其中的有机质。因此煤中的矿物质或灰分一向被认为是有害的废物。煤的灰分是指煤中所有可燃物质完全燃烧时，煤中矿物质在一定温度下经过一系列分解、化合等剩下的残渣，用符号 A_{ad}（%）来表示。传统的灰分测定分缓慢灰化法和快速灰化法两种，具体步骤略有不同，但其要点都是称取一定量的空气干燥煤样，放入马弗炉中加热至（815±10)℃，并灼烧至恒重，以残留物的质量占煤样质量的百分数作为灰分产率。近代仪器分析也可采用放射同位素射线法、反射 X 射线法等方法测定。灰分是煤在规定操作下的变化产物，由氧化物和相应的盐类组成，既不是煤中固有的，更不能看成是矿物质的含量，称为灰分产率更确切些。

煤中灰分与煤中矿物质有密切的关系。煤中矿物质是除水分外所有的无机物质的总称，主要成分一般有黏土、高岭石、黄铁矿和方解石等。

煤中的矿物质一般有三个来源：原生矿物质、次生矿物质和外来矿物质。原生矿物质指存在于成煤植物中的矿物质，主要是碱金属和碱土金属的盐类。原生矿物质参与煤的分子结构，与有机质紧密结合在一起，在煤中呈细分散分布，很难用机械方法洗选脱除。这类矿物质含量较少，一般仅为1%～2%。次生矿物质指成煤过程中，由外界混入煤层中的矿物质，以多种形态嵌布于煤中。如煤中的高岭土、方解石、黄铁矿、石黄、长石、云母等。外来矿物质指在采煤过程中混入煤中的顶、底板和夹矸层中的矸石，其主要成分 SiO_2、Al_2O_3、$CaCO_3$、$CaSO_4$ 和 FeS 等。

煤中矿物质与灰分的含量不同，但是两者之间存在一定的关系。可以采用以下经验公式从煤灰分计算煤中矿物质的含量：

$$M_M = 1.08A + 0.55S_t \tag{2-6}$$

$$M_M = 1.10A + 0.5S_p \tag{2-7}$$

$$M_M = 1.13A + 0.47S_p + 0.5Cl \tag{2-8}$$

式中 M_M——煤中矿物质含量，%；

A——煤中灰分，%；

S_t——煤中全硫含量，%；

S_p——煤中硫化铁硫含量，%；

Cl——煤中氯的含量，%。

煤中矿物质的含量也可以直接测定。国际标准化组织曾提出一个标准方法(ISO-602)，其要点是：煤样用盐酸和氢氟酸处理，部分脱除矿物质，而在此条件下煤中有机质不受影响，算出经酸处理后煤的质量损失，并将部分脱除矿物质的煤灰化以测定未溶解的那部分矿物质。

还有一种等离子体低温灰化法可以测定矿物质的含量。方法原理是，氧气通过射频时放电，形成活化气体等离子体，在约150℃流过煤样时，煤中的有机质因氧化而失去，矿物质除失去结晶水外基本无变化。此法还可用来校正煤的各项分析结果，将数据换算到干燥无矿物质基准。

煤高温燃烧时，大部分矿物质发生多种化学反应，与未发生变化的那部分矿物质一起转变为灰分。这些化学反应主要如下。

黏土、石膏等失去化合水：

$$SiO_2 \cdot Al_2O_3 \cdot 2H_2O \longrightarrow SiO_2 \cdot Al_2O_3 + 2H_2O \tag{2-9}$$

$$CaSO_4 \cdot 2H_2O \longrightarrow CaSO_4 + 2H_2O \tag{2-10}$$

碳酸盐矿物受热分解，放出 CO_2：

$$CaCO_3 \longrightarrow CaO + CO_2 \tag{2-11}$$

$$FeCO_3 \longrightarrow FeO+CO_2 \tag{2-12}$$

氧化亚铁氧化生成氧化铁：

$$4FeO+O_2 \longrightarrow 2Fe_2O_3 \tag{2-13}$$

硫化物矿物质氧化分解反应放出 SO_2，SO_2 部分被煤中的 $CaCO_3$ 或 CaO 吸收：

$$4FeS_2+11O_2 \longrightarrow 2Fe_2O_3+8SO_2 \tag{2-14}$$

$$2CaCO_3+2SO_2+O_2 \longrightarrow 2CaSO_4+2CO_2 \tag{2-15}$$

或

$$2CaO+2SO_2+O_2 \longrightarrow 2CaSO_4 \tag{2-16}$$

煤中的氯有30%～36%以有机氯的形式存在，在高温灰化时易分解而生成HCl或 Cl_2；煤中的未结合硫以 SO_2 形式失去；煤中的碱金属氧化物以及Hg在700℃以上部分挥发。

按照煤中矿物质在煤高温燃烧时发生的化学反应，煤灰分主要是由金属和非金属的氧化物和盐类组成。在工业生产中，煤灰是煤用作锅炉燃料和气化原料时得到的大量灰渣。煤灰和煤灰分的化学组成基本一致，其主要成分是 SiO_2、Al_2O_3、CaO、MgO，它们之和占煤灰的95%以上，还有少量 K_2O、Na_2O、SO_3、P_2O_5 及一些微量元素的化合物。我国煤灰主要成分的一般范围列于表2-4。

表2-4 我国煤灰主要成分含量的一般范围/%

成分	褐煤		硬煤	
	最低	最高	最低	最高
SiO_2	10	60	15	>80
Al_2O_3	5	35	8	50
Fe_2O_3	4	25	1	65
CaO	5	40	0.5	35
MgO	0.1	3	<0.1	5
TiO_2	0.2	4	0.1	6
SO_3	0.6	35	<0.1	15
P_2O_5	0.04	2.5	0.01	5
KNaO	0.09	10	<0.1	10

无论是将煤作为能源还是作为原材料的来源，煤中的矿物质或灰分一般都是不利的。煤经过适当加工处理以排除矸石和矿物质，对降低煤炭灰分的加工处理后再利用有着多方面重要的意义，具体的影响如下。

(1) 对炼焦和炼铁的影响　炼焦煤灰分高，造成焦炭灰分高，炼铁时就要多消耗焦炭和作为助熔剂的石灰石。一般认为，炼焦煤灰分每降低1%，可使炼出焦炭的灰分降低1.33%。焦炭灰分每增加1%，焦炭消耗量增加2%～2.66%，石灰石消耗量增加4%，高炉产量降低2.6%～3.9%。如果再加上因灰分增加而带来的含硫量增加，那后果就更为严重了。所以，炼焦用煤的灰分一般不应＞10％。

（2）对燃烧和气化的影响　煤中的灰分高，造成灰渣量增加，势必带走一部分潜热（碳）和显热，使热效率降低。动力用煤的灰分每增加1％，大约使煤耗量增加2.0％～2.5％。煤灰的熔融温度低，易引起电厂锅炉挂渣、结垢和沾污，易造成干法排灰的移动床气化炉结渣。对干法排渣的气化炉，煤灰熔融温度高有利，对液态排渣的气化炉则相反，煤灰熔融温度低和流动性好有利。煤灰的熔融性对气化工艺的选择有时起着决定性影响。另外，某些灰分，如碱金属和碱土金属化合物对煤气化有催化作用。

（3）对直接液化的影响　直接液化一般要求煤的灰分＜10％，黄铁矿对加氢有催化作用，因此它的存在是有利的。这一点与炼焦、气化和燃烧不同。

2.1.3.3　挥发分

煤在规定条件下隔绝空气加热后挥发性有机物质的产率称为挥发分，简记符号V。事实上，煤在该条件下产生的挥发物既包括了煤的有机质热解气态产物，还包括煤中水分产生的水蒸气以及碳酸盐矿物质分解出的CO_2等。因此，挥发分属于煤挥发物的一部分，但并不等同于挥发物。因为挥发分不是煤中固有的，而是在特定温度下热解的产物，所以确切地说应称为挥发分产率。

挥发分是煤分类的重要指标。煤的挥发分反映了煤的变质程度，挥发分由大到小，煤的变质程度由低到高。如泥炭的挥发分高达70％，褐煤一般为40％～60％，烟煤一般为10％～50％，高变质的无烟煤则小于10％。煤的挥发分和煤岩组成有关，角质类的挥发分最高，镜煤、亮煤次之，丝碳最低。所以煤的挥发分是煤分类最重要的指标。

煤的挥发分不仅是炼焦、气化要考虑的一个指标，也是动力用煤的一个重要指标，是动力煤按发热量计价的一个辅助指标。

2.1.3.4　固定碳

煤中去掉水分、灰分、挥发分，剩下的就是固定碳。煤的固定碳与挥发分一样，也是表征煤的变质程度的一个指标，随变质程度的增高而增高。固定碳是煤的发热量的重要来源，所以固定碳也常常作为煤分类的一个指标。

固定碳计算公式：

$$FC_{ad}=100-(M_{ad}+A_{ad}+V_{ad}) \tag{2-17}$$

2.1.4　煤的岩相学特征

煤是一种有机岩石，可以通过研究岩石的方法来研究煤的颜色、光泽、断口、裂隙、硬度等，还可以利用显微镜来观察识别煤的颜色（透光色和反光色）、形态、物理结构和突起等显微组分结构特点指标。阐明煤的成因和成煤过程中的变化对煤质的影响，更合理地进行煤的分类，并了解认识煤岩成分物理、化学和工艺性质，对指导煤的合理利用和工艺加工有重要意义。

根据颜色、光泽、断口、裂隙、硬度等性质的不同，用肉眼可将煤层中的煤分为镜煤、亮煤、暗煤和丝炭四种宏观煤岩成分（lithotype of coal），它们是煤中宏观可见的基本单位。实际上，在煤层中宏观煤岩成分的自然共生组合使烟煤和无烟煤又有光亮煤、半亮煤、半暗煤和暗淡煤等类型之分。

煤的有机显微组分（maceral）（图 2-2），是指煤在显微镜下能够区分和辨识的基本组成成分。在显微镜下能观察到的煤中由植物有机质转变而成的组分和煤中的矿物质。

煤中最主要的显微组分是镜质组（vitrnite），含量约为 60%～80%，其基本成分来源于植物的茎、叶等木质纤维组织，在泥炭化阶段经凝胶化作用后，形成了各种凝胶体，因此又称为凝胶化组分。镜质组在透射光下呈橙红色至棕红色，随变质程度增高颜色逐渐加深；在反光油浸镜下，呈深灰色至浅灰色，随变质程度增高颜色逐渐变浅，无突起；到接近无烟煤变质阶段时，透光镜下已变得不透明，反光镜下则变成亮白色。随变质程度增高，非均质性逐渐增强。

图 2-2　煤的有机显微组分

左：镜质组；中：壳质组；右：惰质组

惰质组（intertinite）也是煤中常见的一种显微组分，但在煤中的含量比镜质组少，含量约为 10%～20%。它是由植物的木质纤维组织转化而来的，在泥炭化作用后形成的。惰质组在透射光下呈黑色不透明，反射光下呈亮白至黄白色，并有较高突起。随变质程度增高，惰质组变化不甚明显。

壳质组（exinite）来源于植物的皮壳组织和分泌物，以及与这些物质相关的次生物质，即孢子、角质、树皮、树脂及渗出沥青等。在反光油浸镜下呈灰黑色至黑灰色，具有中、高突起，在同变质煤中反射率最低；在透光镜下呈柠檬黄、橘黄或红色，轮廓清楚，形态特殊，具有明显的荧光效应；在蓝光激发下的反光荧光色为浅绿色、亮黄色、橘黄色、橙灰褐色和褐色，其荧光强度随变质程度的差异和组分不同而强弱不一。壳质组镜下颜色特征变化很大：在低变质阶段，反光油浸镜下为灰黑色；到中变质阶段，当挥发分为 28%左右时，呈暗灰色；挥发分为 22%左右时，呈白灰色而不易与镜质组区分，突起也逐渐与镜质组分趋于一致。透射光下，在低变质阶段呈金黄色至金褐色，随变质程度增加变成淡红色，到中变质阶段则呈与镜质组相似的红色，荧光性也随变质程度增加而消失。

关于煤岩有机显微组分的分类，有许多分类方案，名词术语也不尽一致。归纳起来可分为两种类型，一类侧重于成因研究，组分划分较细，常用透光显微镜观察；另一类侧重于工艺性质及其应用的研究，组分划分得较为简明，常用反光显微镜观察。

镜质组、壳质组及惰质组三类显微组分在成煤过程中的变化是很不一致的，如图 2-2 所示。隋质组在泥炭化阶段就发生了剧烈的变化，在以后的煤化阶段中变化很少；壳质组分由于对生物化学作用很稳定，所以在泥炭化阶段很少变化，只有深度变质作用时变化才较大；唯有凝胶化组分在整个成煤过程中都是比较有规律的渐进变化。总的趋势是当煤的变质程度提高后三类显微组分的相似性越来越明显。

煤中不同显微组分在煤的转化过程中起的作用不同，镜质组和稳定组在加热过程中能够熔融并产生活性键成分，是有黏结性的活性组分；惰性组和矿物杂质在加热过程中不能熔融，被视为无黏结性的惰性组分。采用显微热台对煤显微组分微粒进行热解，通过在线拍摄的显微图片能够直观揭示出煤粒热解时呈现的两个阶段——脱挥发分和半焦收缩。半焦收缩过程由缓慢收缩、过渡收缩和快速收缩三个阶段构成，活化能、指前因子及速率常数皆随三个阶段依次增大，其原因在于各段的化学键断裂种类及其键能、生成的自由基碎片及缩聚反应存在不同特点。就半焦收缩而言，镜质组的速率常数大于惰质组；变质程度较低的煤及其显微组分的速率常数大于变质程度较高煤及其对应显微组分，即前者显示出较强的半焦收缩反应性。

有机显微组分结构与气化反应性也存在一定的相关关系，脱灰后显微组分焦样的气化反应活性随煤阶升高而降低，各显微组分气化活性从高到低顺序为：惰质组、镜质组、稳定组。显微组分富集物焦样与 CO_2 和水蒸气的气化反应活性从高到低顺序均为：镜质组、稳定组、惰质组。不同煤阶煤的同一显微组分的气化反应性也存在差异，同时，显微组分在热解过程中的各组分间存在相互作用。

有研究结果表明，煤粉的燃烧性与煤岩显微组分的燃烧特性也密切相关。稳定组、镜质组燃烧形成的残炭燃尽性好，而惰质组形成的残炭很难燃尽。同时，显微组分性质对液化反应性也有影响[3]，在煤液化过程中煤中惰质组的转化率和油收率比其他组分低，不同显微组分的最佳液化条件存在差异。其中影响惰质组反应性的因素较为复杂，而煤中活性显微组分与惰性成分在液化过程中的相互关系、显微组分在液化反应过程中的协同效应及其表征都是值得进一步研究的内容。

2.1.5 煤阶

2.1.5.1 煤的类型和煤化程度的关系

从化学的观点来看，在煤化过程中原始物料有机官能团上的氧和氢从芳香碳网络骨架上脱去，并以 H_2O、CO_2、CH_4 等多种气体分子形式从煤基中逸出，是造成碳含量随煤化过程发生有规律变化的重要原因，因而碳含量时常可作为确定煤化程度的指标。源自化学组成各异的原始成煤物质的显微组分在煤化阶段所起的变化是完全不同的，因此原始物料不同的煤即使经受相同的变质作用，它们的性质也是有很大差别的，在同一个煤层中可以观察到有明显区别的几类煤。同样地，含有同样的原始成煤物质或是相同的煤岩显微组分的煤，由于经受的变质作用的差异，最终的煤产物也是不相同的。所以，确定各种煤的性质的最重要的因素是煤的类型（type）和煤化程度（rank）这两个紧密结合的参量。煤的类型是由煤岩组分（主要有机显微组分的含量和形态）所决定的；煤化程度主要是煤的变质作用所达到的程度。煤的本性取决于这两种因素，即反映各种不同的显微组分的比例和组成煤的类型，反映地球化学和地质学因素的变质作用。从褐煤开始，特别是烟煤阶段，这两个因素是煤的属性的决定因素。

2.1.5.2 镜质组反射率（reflectance of vitrinite）

煤的镜质组反射率是表征煤化度的重要指标。各种煤岩显微组分的反射率均随煤化度加深而增大，反映了煤的内部由芳香稠环化合物组成的核的缩聚程度在增长，碳原子的密度在增大。但各煤岩显微组分的反射率随煤化度变化的速度有差别，其中以镜质组的变化快而且规律性强。同时镜质组又是煤的主要组分，颗粒较大而表面均匀，其反射率易于测定。而且，镜质组反射率与表征煤化度的其他指标（如挥发分、碳含量）不同，它不受煤的岩相组成变化的影响，因此是较理想的煤化度指标，尤其适用于烟煤阶段。

镜质组物质表面反射光强度与入射光强度的百分比称镜质组反射率，它是利用光电效应原理，在反射光显微镜下，采用波长 546.5nm 的光线垂直入射，再从被测物体表面反射出来，通过光电倍增管，将光能转变为电能进行测量，并在同样条件下与标准的反射率相比较而获得样品的反射率。测反射率的介质有空气和油两种，分别以最大反射率和随机反射率表示之。由于镜质组受温度和作用时间的双重制约，故随机反射率值的变化不仅可反映热成熟度，而且还可反映油气属性。

由于煤的镜质组随机反射率（R_r）直方图可以清楚地反映出不同组型活性组分分布情况，平均随机反射率 $R_{r.m}$ 大体上反映活性组分的总体质量，所以选取镜质组平均随机反射率 $R_{r.m}$，随机反射率 R_r 直方图作为炼焦配煤参数。而煤中的惰性组分，在焦化过程中促使焦炭结构生成孔隙和裂纹，降低焦炭强度，对焦化有不利的影响；但也有有利的一面，如在焦化过程中它能吸附活性组分放出的气体和液体，参与焦炭结构的形成，因此惰性组分也是不可缺少的。惰性组分含量过多或过少都不利于形成优质焦炭，因此惰性组分含量是炼焦配煤的又一个参数。

2.2 煤种的分类指标

2.2.1 自由膨胀序数

煤的自由膨胀序数是煤在燃料层中燃烧气化时其黏结性的指标，是国际硬煤分类的指标，也常用作衡量煤风化程度的指标。

自由膨胀序数反映的是煤的熔融情况、胶质期间析气情况和胶质体的透气性。煤在胶质体阶段的膨胀是由于热解生成的气体逸出造成的。由于胶质体透气性低，这些气体逸出不够快，因而局部形成有很高内压力的气泡使黏性的胶质体膨胀。生成脱气的孔后气体压力逐渐降低。这种现象在单个煤粒、松散的煤料及煤砖中都可观察到。对于单个煤粒，同时生成脱气孔时，其膨胀的主要影响因素是放出气体与颗粒内部扩散之比值，煤岩微成分的组成和尺寸的差别也有作用。

测定过程中将1g煤样放入特制的坩埚中，按规定方法进行加热，所得焦块与一组标准焦块侧型相比较，根据近似的序号得出序数。

2.2.2 烟煤黏结指数 $G_{R.I.}$（罗加指数）

罗加指数（$G_{R.I.}$），是波兰煤化学家罗加教授1949年提出的测试烟煤黏结能力的指标。现已为国际硬煤分类方案所采用。我国1985年颁发了烟煤罗加指数测试的国家标准（GB 5549—85），但在我国现行煤的分类中，$G_{R.I.}$不作为分类指标。$G_{R.I.}$实质上是煤样在规定条件下炼得焦煤的耐磨强度指数，它表明煤样黏结惰性物质（无烟煤）的能力。$G_{R.I.}$越大，煤的黏结性越强。一般而言，$G_{R.I.}<5$，煤不具黏结力；$G_{R.I.}$在5～20，煤黏结性很差或不具有黏结性；$G_{R.I.}$在20～45，煤黏结性比较差；$G_{R.I.}$在45～80，煤黏结性良好；$G_{R.I.}$在80～90，煤黏结性很强。

衡量煤黏结力的一种方法，是用1g煤样与5g标准无烟煤均匀混合，于850℃焦化，所得焦块于特定转鼓中破碎，以下式计算得出结果，该结果是国际硬煤分类的指标之一。

$$G_{R.I.}=\frac{\frac{1}{2}(Q_1+Q_4)+Q_2-Q_3}{3Q}\times 100 \tag{2-18}$$

式中 Q——焦化后的焦炭总质量，g；

Q_1——第一次转鼓实验前大于1mm的焦炭质量，g；

Q_2——第一次转鼓实验后大于1mm的焦炭质量，g；

Q_3——第二次转鼓实验后大于1mm的焦炭质量，g；

Q_4——第三次转鼓实验后大于1mm的焦炭质量，g。

罗加指数表征煤的黏结力的优点是煤样量少，方法简便易行。它的缺点是，规范性也很强，对标准无烟煤的要求很严。罗加指数区分强黏煤灵敏度不够。中国煤分类常采用黏结指数G来取代罗加指数。

煤的黏结指数是参考罗加指数测定原理提出的，是表征烟煤黏结性的一种指标。测定时是将一定质量的试验煤样和专用无烟煤样在规定的条件下混合，快速加热成焦，所得焦块在一定规格的转鼓内进行强度检验，以焦块的耐磨强度，即抗破坏力的大小来表示煤样的黏结能力[1]。黏结指数是判别煤的黏结性、结焦性的一个

---

[1] GB 5447—1997，烟煤黏结指数测定方法。

关键指标，是我国现行煤的分类国家标准（GB 5751—86）中代表烟煤黏结力的主要分类指标之一。

测试要点是：将1g煤样与5g标准无烟煤混合均匀，在规定条件下焦化，然后把所得焦渣在特定的转鼓中转磨两次，测试焦渣的耐磨强度，规定为煤的黏结指数，其计算公式如下：

$$G=10+\frac{30m_1+70m_2}{m} \tag{2-19}$$

当测得的$G<18$时，需要重新测试，此时煤样和标准无烟煤样的比例为3∶3，即3g煤样和3g无烟煤，其余与上同，计算公式如下：

$$G=\frac{30m_1+70m_2}{5m} \tag{2-20}$$

式中　m_1——第一次转鼓试验后过筛，其中大于10mm的焦渣质量，g；

m_2——第二次转鼓试验后过筛，其中大于10mm的焦渣质量，g；

m——焦化后焦渣总质量，g。

2.2.3　胶质层厚度

煤的胶质层指数又称煤的胶质层最大厚度，或Y值，是我国煤的现行分类中区分强黏结性的肥煤、气肥煤的一个指标。

它的测试原理是不同结焦性的煤在干馏过程中胶质层的厚度、收缩情况和膨胀曲线不同。烟煤在干馏条件下加热到一定的温度范围时，表面逐层热分解，形成胶体状态，再逐渐固结成焦炭，这既是烟煤的一种特性，也是烟煤分类的一种指标。一般用胶质层测定仪测定，以毫米表示，可由0到30mm以上。例如主焦煤的胶质层厚度是18～26mm，肥煤>25mm等。

它的测试要点是测试胶质层的最大厚度Y值、最终收缩度X值和体积曲线，来表征煤的结焦性。其中，胶质层的最大厚度应用得最广。最大厚度是通过测试胶质层的上部层面高度和下部层面高度得出的（一般出现在520～630℃），最终收缩度X值是曲线终点与零点线间的距离。最大厚度、最终收缩度和体积曲线都是通过胶质层指数测试仪上的记录转筒和记录笔记录下来的。

同一煤样胶质层指数平行测试结果的允许误差为：

胶质层的最大厚度≤20mm，误差1mm；

胶质层的最大厚度>20mm，误差2mm；

最终收缩度，误差3mm。

胶质层指数表征煤的结焦性的最大优点是最大厚度有可加性。这种可加性可以从单煤最大厚度计算到配煤最大厚度，可以估算配煤炼焦最大厚度的较佳方案。在地质勘探中可以通过加权平均计算出几个煤层的综合最大厚度。它的缺点一是规范性强，煤样粒度、升温速度、压力、煤杯材料、炉转耐火材料等都能影响测试结果；二是用样量大，一次平行测试需要煤样200g，在地质勘探中常常由于煤芯煤样数量不足而无法测试；三是胶质层指数能反映胶质层的最大厚度，但不能反映出胶质层的质量。

2.2.4 奥亚膨胀度

煤的奥亚膨胀度（b 值,%），是 1926～1929 年由奥蒂伯尔特创立的，1933 年又为亚纽所改进，现在西欧各国广泛采用。在国标分类中，与葛金焦性并列作为硬煤分亚组的两种方法之一。我国 1985 年以国标 GB 5450—85 发布，并与胶质层厚度 Y 值并列作为我国煤炭现行分类中区分肥煤的指标之一。

煤的奥亚膨胀度的测试要点是将煤样制成一定规格的煤笔，置入一根标准口径的膨胀管内，按规定的升温速度加热，压在煤笔上的压杆记录煤样在管内的体积变化，以体积曲线膨胀上升的最大距离占煤笔原始长度的百分数，表示煤的膨胀度（b 值）的大小。

2.2.5 透光率

年轻煤的透光率（P_{m}，%）是我国煤的现行分类标准中用以区分褐煤和长焰煤的主要指标。

年轻煤的透光率，即年轻煤与混合酸（硝酸：磷酸：水＝1：1：9）在规定条件下生成的溶液，对一定波长的光的透光率。实际中，透光率是根据年轻煤与混合酸反应生成的溶液由黄到红的颜色，用目视比色法测试的。褐煤透光率低，溶液通常成棕色；长焰煤透光率高，溶液成浅黄色。混合酸中的磷酸主要起隐蔽三价铁对比色液颜色的干扰。

2.2.6 发热量

煤的发热量又称为煤的热值，即单位质量的煤完全燃烧所发出的热量。

煤作为动力燃料，主要是利用其发热量，故发热量是煤按热值计价的基础指标。发热量越高，其经济价值越大。同时发热量也是计算热平衡、热效率和煤耗的依据，以及锅炉设计的参数。

煤的发热量可以用来表征煤的变质程度（煤化度），这里所说的煤的发热量，是指用 1.4 比重液分选后的浮煤的发热量（或灰分不超过 10%的原煤的发热量）。成煤时代最晚、煤化程度最低的泥炭发热量最低，一般为 20.9～25.1MJ/kg，成煤早于泥炭的褐煤发热量增高到 25～31MJ/kg，烟煤发热量继续增高，到焦煤和瘦煤时，碳含量虽然增加了，但由于挥发分的减少，特别是其中氢含量比烟煤低得多，有的低于 1%，相当于烟煤的 1/6，所以发热量最高的煤还是烟煤中的某些煤种。

鉴于低煤化度煤的发热量随煤化度的变化较大，一些国家常用煤的恒湿无灰基高位发热量作为区分低煤化度煤类别的指标。我国采用煤的恒湿无灰基高位发热量来划分褐煤和长焰煤。

2.2.6.1 煤的弹筒发热量

煤的弹筒发热量（Q_b）是热量计的弹筒内单位质量的煤样，在过量高压（2.5～3.5MPa）氧中燃烧后产生的热量（燃烧产物的最终温度规定为25℃）。

由于煤样是在高压氧气的弹筒里燃烧的，因此发生了煤在空气中燃烧时不能进行的热化学反应。如：煤中氮以及充氧气前弹筒内空气中的氮，在空气中燃烧时，一般呈气态氮逸出，而在弹筒中燃烧时却生成 N_2O_5 或 NO_2 等氮氧化合物。这些氮氧化合物溶于弹筒水中生成硝酸，这一化学反应是放热反应。另外，煤中可燃硫在空气中燃烧时生成 SO_2 气体逸出，而在弹筒中燃烧时却氧化成 SO_3，SO_3 溶于弹筒水中生成硫酸。SO_2、SO_3 以及 H_2SO_4 溶于水生成硫酸水化物都是放热反应。所以，煤的弹筒发热量要高于煤在空气中、工业锅炉中燃烧时实际产生的热量。为此，实际中要把弹筒发热量折算成符合煤在空气中燃烧的发热量。

煤的弹筒发热量的测试要点见 GB 213—87。

2.2.6.2 煤的高位发热量

煤的高位发热量（Q_{gr}），即煤在空气中大气压条件下燃烧后所产生的热量。实际上是由实验室中测得的煤的弹筒发热量减去硫酸和硝酸生成热后得到的热量。

应该指出的是，煤的弹筒发热量是在恒容（弹筒内煤样燃烧室容积不变）条件下测得的，所以又叫恒容弹筒发热量。由恒容弹筒发热量折算出来的高位发热量又称为恒容高位发热量。而煤在空气中大气压下燃烧的条件是恒压的（大气压不变），其高位发热量是恒压高位发热量。恒容高位发热量和恒压高位发热量两者之间是有差别的。一般恒容高位发热量比恒压高位发热量低 8.4～20.9J/g。

煤的高位发热量计算公式为：

$$Q_{gr,ad}=Q_{b,ad}-94.1S_{b,ad}-aQ_{b,ad} \tag{2-21}$$

式中 $Q_{gr,ad}$——分析煤样的高位发热量，J/g；

$Q_{b,ad}$——分析煤样的弹筒发热量，J/g；

$S_{b,ad}$——由弹筒洗液测得的煤的硫含量，%；当全硫（S_t）含量小于4%，或发热量大于14600J/g时，可用 S_t 数据代替 S_b 数据；

94.1——煤中每1%（0.01g）硫的校正值，J/g；

a——硝酸校正系数，当 $Q_{b,ad}\leqslant 16700$J/g 时，取 $a=0.001$；当 $16700\text{J/g}<Q_{b,ad}\leqslant 25100$J/g 时，取 $a=0.0012$；当 $Q_{b,ad}>25100$J/g 时，取 $a=0.0016$。

2.2.6.3 煤的低位发热量

煤的低位发热量（Q_{net}）是指煤在空气中大气压条件下燃烧后产生的热量，扣除煤中水分（煤中有机质中的氢燃烧后生成的氧化水，以及煤中的游离水和化合水）的汽化热（蒸发热），剩下的实际可以使用的热量。

同样，实际上由恒容高位发热量算出的低位发热量，也叫恒容低位发热量，它与在空气中大气压条件下燃烧时的恒压低位热量之间也有较小的差别。

2.2.6.4 煤的恒湿无灰基高位发热量

恒湿是指温度3℃、相对湿度96%时，测得的煤样的水分（或叫最高内在水分）。煤的恒湿无灰基高位发热量（Q_{maf}）实际中是不存在的，是指煤在恒湿条件下测得的恒容高位发热量，除去灰分影响后算出来的发热量。

恒湿无灰基高位发热量是低煤化度煤分类的一个指标。

2.3 煤的分类

煤在使用前，需要依据用途、工艺性质和质量进行分类，以区别不同煤的近似特性和显著差异。可以根据煤的元素组成进行煤的分类，转化过程中可以依据煤的变质程度和工艺性质分类。

2.3.1 硬煤国际分类

国际硬煤（包括烟煤和无烟煤）分类以挥发分、黏结性和结焦性为指标[1]，分为62个煤类。对褐煤以水分和焦油产率为指标分为30个小类[2]。其中，硬煤和褐煤分界线[3]为高位发热量小于24MJ/kg、镜质组平均随机反射率小于0.6%。对中等煤化程度和高煤化程度的硬煤则选用镜质组随机反射率、自由膨胀序数、挥发分产率、惰性组含量、高位发热量和反射率分布特征等6个指标进行分类。

表2-5 国际硬煤分类类别

类别	V_{daf}/%	$Q_{gr,maf}$/(MJ/kg)	类别	V_{daf}/%	$Q_{gr,maf}$/(MJ/kg)
0	0～3	—	5	28～33	—
1A	3～6.5	—	6	33～41(参考)	>32.426
1B	6.5～10	—	7	33～44(参考)	>30.125～32.426
2	10～14	—	8	33～50(参考)	>25.5224～30.125
3	14～20	—	9	33～50(参考)	>23.8488～25.5224
4	20～28	—			

硬煤分成如表2-5所示十大类后，再以煤的黏结性指数（自由膨胀序数或罗加指数）分成0～3共四个组别，组别划分见表2-6。

表2-6 国际硬煤分类组别

组别	自由膨胀序数	罗加指数	黏结程度
0	0～1/2	0～5	不黏结至微黏结
1	1～2	>5～20	弱黏结
2	5/2～4	>20～45	中等黏结
3	>4	>45	中等至强黏结

[1] 1956年联合国欧洲经济委员会（ECE）煤炭委员会在国际煤分类会议上提出。

[2] 1974年国际标准化组织（ISO）第27技术委员会（TC27）以ISO2950号标准颁布实施。

[3] 1985年2月，联合国欧洲经济委员会的国际煤分类会议上确定。

组别为 0 的煤，其黏结程度为不黏结至微黏结，其自由膨胀数在 0～1/2，罗加指数在 0～5 之间；组别为 1 的煤，其黏结程度为弱黏结，其自由膨胀数在 1～2 之间，罗加指数在 5～20 之间；组别为 2 的煤，其黏结程度为中等黏结，其自由膨胀数在 5/2～4 之间，罗加指数在 20～45 之间；组别为 3 的煤，其黏结程度为中等至强黏结，其自由膨胀数大于 4，罗加指数大于 45。再按煤的结焦性（奥亚膨胀度或葛金试验焦性）划分成 0～5 共六个亚组。亚组划分见表 2-7。

表 2-7　国际硬煤分类亚组别

亚组别	奥亚膨胀度	葛金焦型	结焦程度
0	不软化	A	不结焦
1	只收缩	B～D	极弱结焦
2	<0～0	E～G	弱结焦
3	>0～50	G1～G4	中等结焦
4	>60～140	G5～G8	强结焦
5	>140	>G8	极强结焦

2.3.2　我国煤的分类

最初，中国煤炭分类[❶]以挥发分 V（%）和胶质层最大厚度 Y（mm）两个指标为参数进行分类。随后，1986 年发布的《中国煤炭分类国家标准》（GB 5751—86）又增加了黏结指数 G，奥亚膨胀度 b（%），透光率 P_m（%）和恒湿无灰基高位发热量（MJ/kg）等指标，将煤分为 14 类，即无烟煤、贫煤、贫瘦煤、瘦煤、焦煤、1/3 焦煤、肥煤、气肥煤、气煤、1/2 中黏煤、弱黏煤、不黏煤、长焰煤和褐煤。

新的分类国家标准对各类煤的若干特征表述如下。

2.3.2.1　无烟煤（WY）

无烟煤挥发分低，固定碳高，密度大，纯煤真密度最高可达 1.90g/cm^3，燃点高，燃烧时不冒烟。对这类煤，可分为：01 号为老年无烟煤；02 号为典型无烟煤；03 号为年轻无烟煤。无烟煤主要是民用和制造合成氨的造气原料，低灰、低硫和可磨性好的无烟煤不仅可以做高炉喷吹及烧结铁矿石用的燃料，而且还可以制造各种碳素材料，如炭电极、阳极糊和活性炭的原料，某些优质无烟煤制成航空用型煤可用于飞机发动机和车辆马达的保温。

2.3.2.2　贫煤（PM）

贫煤是变质程度最高的一种烟煤，不黏结或微弱黏结，在层状炼焦炉中不结焦，燃烧时火焰短，耐烧，主要是发电燃料，也可作民用和工业锅炉的掺烧煤。

---

❶　20 世纪 50 年代以来，中国煤产量和消耗量迅速增加，为了合理利用煤炭资源，1952～1953 年提出东北区和华北区两个炼焦煤分类方案。1956 年又制定了统一的中国煤（以炼焦煤为主）分类方案，1958 年经国家技术委员会向全国推荐试行。

2.3.2.3 贫瘦煤（PS）

贫瘦煤属黏结性较弱的高变质、低挥发分烟煤，结焦性比典型瘦煤差，单独炼焦时，生成的焦粉甚少。如在炼焦配煤中配入一定比例的这种煤，也能起到瘦化作用，这种煤也可作发电、民用及锅炉燃料。

2.3.2.4 瘦煤（SM）

瘦煤属低挥发分的中等黏结性的炼焦用煤，在焦化过程中能产生相当数量的焦质体。单独炼焦时，能得到块度大、裂纹少、抗碎强度高的焦炭，但这种焦炭的耐磨强度稍差，作为炼焦配煤使用，效果较好。这种煤也可作发电和一般锅炉等燃料，或可供铁路机车掺烧使用。

2.3.2.5 焦煤（JM）

焦煤属中等或低挥发分的以及中等黏结或强黏结性的烟煤，加热时产生热稳定性很高的胶质体，如用来单独炼焦，能获得块度大、裂纹少、抗碎强度高的焦炭。这种焦煤的耐磨强度也很高。但单独炼焦时，由于膨胀压力大，易造成推焦困难，一般作为炼焦配煤用，效果较好。

2.3.2.6 1/3 焦煤（1/3JM）

1/3 焦煤为中高挥发分的强黏结性煤，是介于焦煤、肥煤和气煤之间的过渡煤种，单独炼焦时能生成熔融性良好、强度较高的焦炭，炼焦时这种煤的配入量可在较宽范围内波动，都能获得强度较高的焦炭，1/3 焦煤也是良好的炼焦配煤用的基础煤。

2.3.2.7 肥煤（FM）

肥煤为中等及中高挥发分的强黏结性的烟煤，加热时能产生大量的胶质体。肥煤单独炼焦时，能生成熔融性好、强度高的焦炭，其耐磨强度也比焦煤炼出的焦炭好，因而是炼焦配煤中的基础煤。但单独炼焦时，焦炭上有较多的横裂纹，而且焦根部分常有蜂焦。

2.3.2.8 气肥煤（QF）

气肥煤为一种挥发分和胶质体厚度都很高的强黏结性肥煤，有人称之为“液肥煤”。这种煤的结焦性介于肥煤和气煤之间。单独炼焦时能产生大量气体和液体化学产品。气肥煤最适于高温干馏制煤气，也可用于配煤炼焦，以增加化学产品产率。

2.3.2.9 气煤（QM）

气煤为一种变质程度较低的炼焦煤。加热时能产生较多的挥发分和较多的焦油。胶质体的热稳定性低于肥煤，也能单独炼焦，但焦炭的抗碎强度和耐磨强度均稍差于其他炼焦煤，而且焦炭多呈长条而较易碎，且有较多的纵裂纹。在配煤炼焦时多配入气煤，可增加气化率和化学产品回收率，气煤也可以通过高温干馏制造城市煤气。

2.3.2.10 1/2 中黏煤（1/2ZN）

1/2 中黏煤为一种中等黏结性的中高挥发分烟煤。这种煤有一部分在单煤炼焦时能生成一定强度的焦炭，可作为配煤炼焦的煤种；黏结性较弱的另一部分单独炼焦时，生成的焦炭强度差，粉焦率高。因此，1/2 中黏煤可作为气化用煤或动力用煤，在配煤炼焦中也可适量配入。

2.3.2.11 弱黏煤（RN）

弱黏煤为一种黏结性较弱的低变质到中等变质程度的烟煤，加热时，产生的胶质体较少，炼焦时，有的能生成强度很差的小块焦，有的只有少部分能结成碎屑焦，粉焦率很高。因此，这种煤多适于作气化原料和电厂、机车及锅炉的燃料煤。

2.3.2.12 不黏煤（BN）

不黏煤多是在成煤初期就已经受到相当氧化作用的低变质到中等变质程度的烟煤，加热时基本上不产生胶质体。这种煤的水分大，有的还含有一定量的次生腐植酸；含氧量有的高达10%以上。不黏煤主要用作气化和发电用煤，也作为动力和民用燃料。

2.3.2.13 长焰煤（CY）

长焰煤为变质程度最低的烟煤，从无黏结性到弱黏结性的均有，最年轻的长焰煤还含有一定数量的腐植酸，贮存时易风化碎裂。煤化度较高的长焰煤加热时还能产生一定数量的胶质体，形成细小的长条形焦炭，但焦炭强度甚差，粉焦率也相当高。因此，长焰煤一般作气化、发电和机车等燃料用煤。

2.3.2.14 褐煤（HM）

褐煤分为两小类：透光率 PM＞30%～50%的年老褐煤和 PM≤30%的年轻褐煤。褐煤的特点是水分大，密度小，不黏结，含有不同数量的腐植酸。煤中含氧量常高达15%～30%，化学反应性强，热稳定性差，块煤加热时破碎严重，存放在空气中易风化变质、碎裂成小块乃至粉末状。发热量低，煤灰熔点也大都较低，煤灰中常含较多的氧化钙和较低的三氧化二铝。因此，褐煤多作为发电燃料，也可作气化原料和锅炉燃料。有的褐煤可用来制造磺化煤或活性炭，有的可作为提取褐煤蜡的原料。另外，年轻褐煤也适用于制作腐植酸铵等有机肥料，用于农田和果园，能促进增产。

对煤转化，尤其是气化和燃烧有关的工艺指标有自由膨胀指数、罗加指数、胶质层厚度、哈德格罗夫研磨性指数、反应活性和热稳定性等。

2.4 影响煤转化的特性

2.4.1 反应活性

煤的反应性又叫反应活性，是指在一定温度条件下，煤与不同的气体介质（CO_2、O_2 和水蒸气）相互作用的反应能力。反应性强的煤，在气化燃烧过程中，反应速度快、效率高。我国测定反应性的方法是在高温下煤或焦炭还原 CO_2 的性能，以 CO_2 还原率表示煤或焦炭在燃烧、气化和冶金中的重要指标。具体测定方法见 GB 220—89。

对采用流化床和气流床等高效的新型气化技术，煤的反应性强弱直接影响到煤在气化炉中反应的快慢、完成程度、耗煤量、耗氧量及煤气中的有效成分等。高反应性的煤可以在生产能力基本稳定的情况下，使气化炉可以在较低温度下操作，从而避免灰分结渣和破坏煤的气化过程。在流化燃烧新技术中，煤的反应性强弱与其燃烧速度也有密切关系。因此，反应性是煤气化和燃烧的重要特性指标。

以 CO_2 的还原率表示煤对 CO_2 的化学反应性。将 CO_2 的还原率（α，%）与相应的测定温度绘成曲线，如图 2-3 所示。

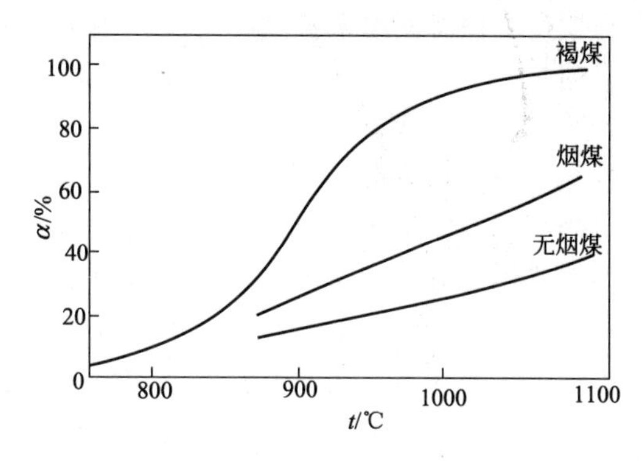

图 2-3 煤对二氧化碳的化学反应性

图 2-3 中煤的反应性随反应温度的升高而增强，各种煤的反应性随煤化程度的加深而减弱。因为 C 和 CO_2 反应不仅在燃料的外表面进行，而且也在燃料内部微细孔隙的毛细管壁上进行，孔隙率越高，反应的表面积越大。不同煤化度煤及其干馏所得残炭或焦炭的气孔率、化学结构不同，因此其反应性也不同。褐煤的反应性最强，但当温度较高（900℃以上）时，反应性增强减慢。无烟煤的反应性最弱，但在较高温度时，随温度升高其反应性显著增强。煤的灰分组成与数量对其反应性也有明显的影响。碱金属和碱土金属对碳与 CO_2 的反应起着催化作用，使煤、焦的反应性提高并降低焦炭反应后强度。

煤的反应性与煤的变质程度、孔隙结构、无机成分和煤岩特性有关，一般变质程度越深的反应性越低，空隙结构越发达反应活性越高，无机成分对煤的反应性有的有促进作用，有的有抑制作用。选择合适的催化剂可以提高煤的反应活性，煤中丝炭组分含量越高活性越好。

煤的反应性直接关系到煤的气化燃烧过程的效率，是选择合理工艺过程及操作过程的主要依据之一。反应活性随温度的提高而增大，理论上说在高温下煤的反应活性都很高，对气化燃烧速度已不起控制作用，因而在高温气化、燃烧可以使用各种牌号的煤。但是生产研究实践告诉我们，反应活性对反应的效率存在一定的影响。在气流床的燃烧、气化设备中，当温度较低时，煤的反应活性更起着决定性作用。

煤的反应活性可直接以反应速度、活化能等方式表示，也可直接用气化剂与煤接触反应时的分解率和还原率来表示。用水蒸气时即称水蒸气分解率或水蒸气活性；用二氧化碳时用二氧化碳还原成一氧化碳的百分比表示，或称二氧化碳活性。水蒸气活性和二氧化碳活性都随温度的提高而增加，两者具有良好的相关关系，通常采用二氧化碳还原率的方法来测定煤的反应活性。

2.4.2 热稳定性

煤的热稳定性是指煤在高温燃烧或气化过程中对热的稳定程度，也就是煤块在高温作用下保持其原来粒度的性质。热稳定性好的煤，在燃烧或气化过程中能以其原来的粒度燃烧或气化掉而不碎成小块，或破碎较少；热稳定性差的煤在燃烧或气化过程中则迅速裂成小块或煤粉。这样，轻则炉内结渣，增加炉内阻力和带出物，降低燃烧或气化效率，重则破坏整个气化过程，甚至造成停炉事故。因此，热稳定性直接关系到固定床气化、燃烧等能否顺利进行及关系到带出的粉尘量。

造成煤的热稳定性不良的原因很多，对于无烟煤和半焦而言与内含结晶水的作用有关，对于烟煤和褐煤而言是挥发分的数量和胶质体的质和量的关系。

测定煤的热稳定性的方法依据煤受热时形态变化的定性和定量分析来进行。

各种气化炉和工业锅炉对煤的粒度有不同的要求，因此测定煤热稳定性的方法也有所不同，但最常用的是6～13mm级块煤热稳定性的测定方法（GB 1573）。该法取6～13mm粒度的煤样约500cm^3，称其质量并装入5个100mL的坩埚中。在(900±15)℃的箱形电炉中加热30min后取出冷却、称重、筛分，所得大于6mm的残焦占各级残焦质量之和的百分数为热稳定性指标TS_{+6}。所得6～3mm及小于3mm的残焦质量的百分数为热稳定性的辅助指标：$TS_{3\sim6}$，TS_{-3}。TS_{+6}指标数值越大，表明其热稳定性越好。

2.4.3 机械强度

煤的机械强度指煤对外力作用时的抵抗能力，包括煤的抗碎强度、耐磨强度和抗压强度等物理性质。试验方法有落下试验法、转鼓试验法、耐压试验法等，应用比较广泛的是落下试验法。

落下试验法是根据煤块在运输、装卸和入炉过程中落下和互相撞击而破碎等特点拟定的。落下试样方法有两种。一种是铁箱落下试验，方法是用60～100mm的块煤25kg，放在特制的活底铁箱中。在离地2m高处让煤样从带活门的箱底自由落到地面的钢板上，用25mm方孔筛筛分，将大于25mm的煤样再进行落下和筛分，重复三次后称出大于25mm的煤样的质量。以煤样的质量占原来煤样质量的百分率作为煤炭的落下强度。

另一种落下试验是10块试验法。用10块60～100mm的煤样，逐一从2m高自由落下到15mm厚的钢板上。

以上两种落下试验的结果是一致的，完全可以互相比较并能满足生产要求。其中铁箱落下试验精确些，而10块试验法则简单易行。用落下试验鉴定煤的机械强度的分级标准如表2-8所示。

表2-8　煤的机械强度分级

级别	机械强度	>25mm粒度所占比例/%	级别	机械强度	>25mm粒度所占比例/%
1	高强度煤	>65	3	低强度煤	>30～50
2	中强度煤	>50～65	4	特低强度煤	<30

多数情况下要求气化和燃烧用煤为均匀的块煤。机械强度低的煤投入气化炉时

容易碎成小块和粉末，从而使料柱透气性变差影响气化炉的正常操作。

煤的机械强度与煤化度、煤岩组成、矿物质含量以及风化等因素有关。高煤化度和低煤化度煤的机械强度较大，而中等煤化度的肥煤、焦煤机械强度最小。宏观煤岩成分中丝炭的机械强度最小，镜煤次之，暗煤最坚韧。矿物质含量高的煤机械强度较大。煤经风化后机械强度将降低。

中国大多数无烟煤的机械强度好，一般为60％～92％。但也有一些煤成片状、粒状，煤质松软，机械强度差，一般为40％～20％，甚至20％以下。

2.4.4 结渣性

煤的结渣性实际上是指煤中矿物质在高温燃烧或气化过程中，煤灰软化、熔融而结渣的性能。在气化过程中煤灰的结渣会影响正常操作，降低气化效率，结渣严重时将会导致停产。因此，必须选择不易结渣或只轻度结渣的煤炭作为气化原料。由于煤灰熔点并不能完全反映煤在气化炉中的结渣情况，因而要用煤的结渣性来判断气化过程中煤灰结渣的难易程度。

煤的结渣性的测定方法（GB 1572）是将3～6mm粒度的煤样装入特制的气化装置中，用同样粒度的木炭引燃。以空气作为气化介质，在三种不同的鼓风强度下使试样气化（燃烧）。待试样燃尽熄灭后停止鼓风，取出灰渣称量，经过筛分后测定其中大于6mm灰渣质量占灰渣总质量的百分数作为结渣性指标。煤的结渣性与煤中矿物质含量和组成有关。矿物质高的煤较易结渣，矿物质中钙、铁等低熔点氧化物容易结渣，而SiO_2、Al_2O_3等高熔点氧化物含量高则不易结渣。

2.4.5 熔融性和灰黏度

煤灰是煤中矿物质燃烧后生成的各种金属和非金属氧化物以及硫酸盐等复杂的混合物，它们没有一个固定的熔化温度，而只是一个较宽的熔化温度范围，并且这些煤灰成分在一定温度下能形成共熔体，这种共熔体在熔化状态时有熔解煤灰中其他高熔点物质的能力，并改变了熔体成分和熔化温度。煤灰的这种熔融特性习惯上称为煤灰熔点。

煤灰的熔融性取决于煤灰的组成。煤灰成分十分复杂，主要有SiO_2、Al_2O_3、Fe_2O_3、CaO、MgO和SO_3等。煤灰主要成分的含量波动很大，根据煤灰成分可以大致推测煤中矿物质的组成，初步判断灰熔点的高低。一般情况下煤灰中Al_2O_3和SiO_2含量的比例越大，其熔化温度越高；而Fe_2O_3、CaO和MgO等碱性成分的比例越大，则熔化温度越低。煤灰熔点也可根据其组成用经验公式进行计算。

煤灰熔点是气化与燃烧用煤的一个重要工艺指标，对于固体排渣的气化炉或锅炉，结渣是生产中的一个严重问题。灰熔点低的煤容易结渣，这将降低气化炉煤气的质量或给锅炉燃烧带来困难，影响正常操作，甚至造成停炉事故。因此，对这类气化炉与锅炉应使用灰熔点高的原料煤。但对液态排渣的气化炉或锅炉，则希望原料煤的灰熔点低，熔融灰渣的黏度小，流动性好并且对耐火材料或金属无腐蚀作用。

测定煤灰熔融性常用方法是角锥法（GB 219）。测定方法是将煤灰与糊精混匀后在模中制成一定尺寸的三角锥体，将三角锥体放入灰熔点测定炉中在一定的气氛下，以一定的加热速度升温，观察灰锥在受热过程中的形态变化，确定它的三个特征熔融温度：变形温度（T_1），软化温度（T_2）和熔化温度（T_3）。当灰锥受热后尖端开始熔化，开始弯曲或变圆时，该温度即为变形温度；当继续加热锥尖弯曲至触及托板，或变成球形，或变成高度小于等于底长的半球形时，此时的温度为软化温度；当灰锥完全熔化、有较大流动性展开成薄层（≤1.5mm）时，此时温度为流动温度。工业上一般选软化温度 T_2 作为衡量煤灰熔融性的主要指标。按照煤灰熔融温度的高低可将煤灰分为四种类型（如表 2-9 所示）。灰熔点测试时的气氛对结果有影响，一般应模拟工业条件在弱还原性气氛中进行。

表 2-9　灰熔点分级

级别	灰熔点(ST)/℃	级别	灰熔点(ST)/℃
难熔灰分	＞1500	低熔灰分	＞1100～1250
高熔灰分	＞1250～1500	易熔灰分	＜1100

煤灰黏度是指煤灰在高温熔融状态下流动时的内摩擦系数。煤灰在高温下达到熔化温度后即呈流体，整个流体可假设由多层组成。煤灰流动时两个相对的液层之间存在相互作用的内摩擦，其摩擦系数即为煤灰黏度 η。煤灰黏度可用牛顿摩擦定律推算。可应用钢丝扭矩式黏度计测定煤灰的黏度。煤灰黏度是气化用煤和动力用煤的重要指标。对液态排渣的气化炉和燃烧炉来说，了解煤灰流动性可选择合宜的原料和燃料煤、助熔剂和确定排渣温度，可正确指导气化和燃烧的生产工艺和炉型设计。

用煤灰黏度 η 可以较好评定灰渣的流动性，灰黏度小流动性好可以正常液态排渣。灰渣黏度大其流动性则差，当煤灰黏度达到 100Pa·s 时，熔渣在重力作用下将停止流动。我国煤灰黏度一般在 5～25Pa·s，在生产上对固定床的液态排渣气化炉，煤灰黏度应小于 5Pa·s；粉煤气化炉的灰渣黏度应小于 25Pa·s；对液态排渣锅炉为保证操作顺利，要求煤灰黏度为 5～10Pa·s，最高不能超过 25Pa·s；而对灰熔点高、灰黏度大的煤则适用于各种类型气化和燃烧用的固定床、流化床的固态排渣炉。

煤灰黏度的大小主要取决于煤中矿物质组成及成分间的相互作用。一般来说，随灰渣成分中 SiO_2 和 Al_2O_3 含量高，灰渣黏度大；而 Fe_2O_3、CaO、MgO 或 Na_2O 等增加，煤灰黏度则降低。生产中可采用加入助熔剂和配煤等方法改变灰渣黏度，以适应气化或燃烧的需要。

2.5 煤的特性对转化的适应性

煤的工业用途非常广泛，归纳起来主要是冶金、化工和动力三个方面。各工业部门对所用的煤都有特定的质量要求和技术标准，简要介绍如下。

2.5.1 炼焦用煤

炼焦是将煤放在干馏炉中加热，随着温度的升高（最终达到1000℃左右），煤中有机质逐渐分解，其中，挥发性物质呈气态或蒸气状态逸出，成为煤气和煤焦油，残留下的不挥发性产物就是焦炭。焦炭在炼铁炉中起着还原、熔化矿石、提供热能、支撑炉料、保持炉料透气性能良好的作用。因此，炼焦用煤的质量要求是以能得到机械强度高、块度均匀、灰分和硫分低的优质冶金焦为目的。国家对冶金焦用煤有专门的质量标准。

2.5.2 气化用煤

煤的气化是以氧、水、二氧化碳、氢等为气体介质，经过热化学处理过程，把煤转变为各种用途的煤气。煤气化所得的气体产物可作工业和民用燃料以及化工合成原料。常用的制气方法有两种：

① 固定床气化法　目前国内主要用无烟煤和焦炭作气化原料，制造合成氨原料气。要求作为原料煤的固定碳FC＞80%，灰分A＜25%，硫分≤2%，要求粒度要均匀（25～75mm，或19～50mm，或13～25mm），机械强度＞65%，热稳定性＞60%，灰熔点T_2＞1250℃，挥发分V不高于9%，化学反应性越强越好。

② 沸腾层气化法　对原料煤的质量要求是：化学反应性要大于60%，不黏结或弱黏结，灰分A＜25%，硫分＜2%，水分M＜10%，灰熔点T_2＞1200℃，粒度＜10mm，主要使用褐煤、长焰煤和弱黏煤等。

2.5.3 炼油用煤

一般以褐煤、长焰煤为主，弱黏煤和气煤也可以使用，其要求取决于炼油方法。

① 低温干馏法　是将煤置于550℃左右的温度下进行干馏，以制取低温焦油，同时还可以得到半焦和低温焦炉煤气。煤种为褐煤、长焰煤、不黏煤或弱黏煤、气煤。对原料煤的质量要求是：焦油产率T_f＞7%，胶质层厚度Y值＜9mm，热稳定性＞40%，粒度6～13mm，最好为20～80mm。

② 加氢液化法　是将煤、催化剂和重油混合在一起，在高温高压下使煤中有机质破坏，与氢作用转化成低分子液态或气态产物，进一步加工可得到汽油、柴油等燃料。原料煤主要为褐煤、长焰煤及气煤。要求煤的碳氢比＜16，挥发分V＞35%，灰分A＜5%，煤岩的丝炭含量＜2%。

2.5.4 燃料用煤

任何一种煤都可以作为工业和民用的燃料。不同工业部门对燃料用煤的质量要求不一样。蒸汽机车用煤要求较高，国家规定是：挥发分V≥20%，灰分A≤

24%，灰熔点 T_2≥1200℃，硫分≤1%，低位发热量 20.9～25.1MJ/kg 以上。发电厂一般应尽量用灰分 A>30%的劣质煤，少数大型锅炉可用灰分 A 为 20%左右的煤。为了将优质煤用于冶金和化学工业，近年来，我国在开展低热值煤的应用方面取得了较快的进展，不少发热量仅有 8.4MJ/kg 左右的劣质煤和煤矸石也能用于一般工厂，有的发电厂已掺烧煤矸石达 30%。

煤的其他用途还很多。如，褐煤和氧化煤可以生产腐植酸类肥料；从褐煤中可以提取褐煤蜡供电气、印刷、精密铸造、化工等部门使用；用优质无烟煤可以制造碳化硅、碳粒砂、人造刚玉、人造石墨、电极、电石和供高炉喷吹或作铸造燃料；用煤沥青制成的碳素纤维，其抗拉强度比钢材大千倍，且质量轻、耐高温，是发展太空技术的重要材料；用煤沥青还可以制成针状焦，生产新型的电炉电极，可提高电炉炼钢的生产效率等。总之，随着现代科学技术的不断进步，煤炭的综合利用技术也在迅速发展，煤炭的综合利用领域必将继续扩大。

参 考 文 献

[1] 孙军，邹玲．木质燃料发热量的研究 [J]．可再生能源，2003，6：10-11.

[2] 肖瑞瑞，李鹏，陈雪莉，于广锁．生物质气流床气化的热解前处理工艺 [J]．太阳能学报，2010，31 (2)：228-232.

[3] 夏筱红，秦勇，凌开成．煤中显微组分液化反应性研究进展，煤炭转化，2007，30 (1)：73-77.

第3章 煤的热分解

热分解（pyrolysis）是指通过隔绝空气加热将样品转变为另一种或几种物质的化学过程。热分解的结果常常伴随着相对分子质量的降低，但也可能通过各种分子间的反应而使相对分子质量增加（交联反应，通常情况下为热解反应的伴随反应）。

煤的热解在煤科学和煤的利用技术中是至关重要的研究和开发对象。煤的热解及其分析技术已经被用作探测煤结构的工具。同时煤热解本身也是煤转化的一种途径和得到煤液化产物的一种辅助方法。煤的热解是液化、燃烧和气化等过程的第一步，在这些过程中煤种的选择、特定煤种所能达到的燃烧效率和煤热解产物性质的预测都是至关重要的问题。可见，对以上过程的优化和深化在于对煤热解过程的认识。

3.1 煤热解的化学基础

煤在隔绝空气条件下加热时，煤的有机质随温度升高发生一系列变化，形成气态（煤气）、液态（焦油）和固态（半焦或焦炭）产物。通常，煤的热分解过程大致分为三个阶段。

第一阶段为干燥脱气阶段，煤经历从室温到热分解温度。这一阶段煤的外形基本无变化。褐煤在200℃以上发生脱羧基反应，约300℃开始热解反应；烟煤和无烟煤在这一温度范围一般不发生变化。脱水主要发生在120℃前，CH_4、CO_2 和 N_2 等气体的脱除大致在200℃完成。

第二阶段，至约600℃。这一阶段以解聚和分解反应为主。生成和排出大量挥发物（煤气和焦油），在450℃左右排出的焦油量最大，在450～600℃气体析出量最多。煤气成分主要包括气态烃和 CO_2、CO 等，有较高的热值；焦油主要是成分复杂的芳香和稠环芳香化合物。烟煤约350℃开始软化，随后是熔融、黏结，到600℃结成半焦。半焦与原煤相比，一部分物理指标如芳香层片的平均尺寸和氦密度等变化不大，这表明半焦生成过程中缩聚反应还不太明显。烟煤（尤其是中等变质程度烟煤）在这一阶段经历了软化、熔融、流动和膨胀直到固化，出现了一系列特殊现象，并形成气、液、固三相共存的胶质体。液相中有液晶（中间相）存在。胶质体的数量和质量决定了煤的黏结性和成焦性的好坏。

第三阶段，600～1000℃。在这一阶段，半焦变成焦炭，以缩聚反应为主。析出的焦油量极少，挥发分主要是煤气，故又称二次脱气阶段。煤气主要成分是 H_2 和少量 CH_4。从半焦到焦炭，一方面析出大量煤气，另一方面焦炭本身的密度增加，体积收缩，导致生成许多裂纹，形成碎块。焦炭的块度和强度与收缩情况有直接关系。如果最终温度提高到 1500℃以上则为石墨化阶段，用于生产石墨碳素制品。

3.1.1 热解理论

由于煤结构的复杂性，特别是煤的热解涉及焦、油、气三相，因此，对该过程定量描述一直是一个难题，其关键是理论模型的合理性。早期的理论研究主要是建立热解过程的基本化学反应、计算气体产物和描述传热传质过程。随着研究手段的进步，出现了新的理论模型，如一级化学动力学模型和化学反应群动力学模型等。由于提出的热解反应越来越多，这些模型也就越来越复杂，形成了许多不同的热解理论，这些热解理论大致可分为两种类型：经典理论和新近提出的解聚理论。经典理论[1,2]考虑了释放的挥发分进入残样的二次缩聚。在解聚理论[3,4]中煤则被看做是交联的大分子固体，热解被确切地看做是解聚过程。与以上两种热解理论相对应，目前对热解过程较为简便的研究途径有通过检测产物及失重量推测反应过程的热重在线色谱法[5]和通过模型化合物热解判断机理的模型化合物法[6]。

影响热解反应性的因素很多，煤的类型、煤阶、粒径、热解介质、加热速率、热解终温和反应器等都是其中的重要因素。关于热解反应器就涉及固定床反应器、流化床反应器、气流床反应器、丝网反应器和居里点反应器等。以往的研究多限于原煤或镜质组，方法也比较单一，使得对热解过程的认识存在一定的局限性。

早期的理论研究主要是建立热分解的基本化学反应和传热传质过程。van Krevelen[7]依据化学测定，提出了煤粉分解的系列化学反应过程，计算了各化学过程的特性系数。Nusselt[8]给出了一个简单的球体传热模型，但也仅描述了热分解时煤颗粒的能量过程。Badzioch[9]对热解过程的化学动力学进行了研究，计算了煤粉热分解的主要气体产物。随着实验手段的进步，对煤热解有了新的了解，最新的理论模型也就应运而生。Kabayashi 等[10]用一个一级化学动力学方程计算了煤热解过程中的重量损失曲线；Pitt[11]则用一组由平行或独立的化学动力学方程描述了热解过程；Anthong[12]等用高斯函数计算了 Pitt 模型中各个步骤的活化能；Suuberg[13]认为煤热解可能首先是一个自由基过程，这一过程由结构内的弱键断裂所引发。Given[14]根据他的煤结构模型，估计煤的热解包括以下 4 个步骤：低温（400～500℃）脱除羟基；某些氢化芳香结构的脱氢反应；在次甲基桥处分子断裂；脂环断裂。Wiser 等[15]假定了一系列热解过程，从形成芳香簇的键的热裂解产生两个自由基开始，这些自由基通过碎片内的原子重排或与其他自由基碰撞达到稳定。

Suuberg[16]还利用已知的键能导出煤热解的活化能为 146.293kJ/mol，指前因子值在 10^{10}～$10^{13}s^{-1}$范围之内。Suuberg 等的模型假设煤热解的产物是由煤的两种或两种以上的固态结构分解而来，与 Pitt-Anthong 模型相比，它同样是以一组一级化学动力学方程计算反应速率。Gavalas 等[17]对煤热解的化学反应机理做了较详细的研究，以实验为基础，确认煤的热解过程由 14 个化学反应群、50 余个反应式组成，提出了相应繁杂的化学动力学模型，这也是迄今为止最为复杂和详细的模型。

目前比较活跃的研究方法主要有两种，一种是检测热解过程的产物及相应的失重量，通过推断产物的形成及反应的量来推测反应过程，研究装置为热重在线色谱。这种方法的优点是简单易行，产物分析容易，缺点是推测的成分较多。由于热分析设备的限制，传热传质同样会使问题复杂化，甚至有时得出错误结论。另一种方法就是直接以模型化合物为热解物，较精确地确定煤热解机理。这种方法对热解模型的建立和校正确实是前述方法不可替代的。但由于煤复杂体系的非线性，对其中的各个单独过程不能拆开解释，只有将其放回原系统中才能真正反映出煤在热解中的表现。因此，这种方法的局限性也非常明显。如何定量、准确地描述热解过程是目前关于煤热解研究的重要内容之一。

综观煤反应性的研究历史和现状，尽管在世界范围内已做了很多努力，但客观地说，煤的热解反应机理仍不完全清楚，这与未充分考虑到显微组分组成及它们的相互作用的影响不无关系；煤中矿物质或 CaO 等添加物对显微组分热解反应性影响研究的缺乏，直接影响到煤的洁净转化和利用。煤中官能团的热解反应能力直接关系到全煤的热解反应性，通过在线反应分析联用装置有可能避开复杂的反应机理而获得对煤热解反应性的较为充分的认识。作者的团队也正是基于上述看法开始对煤的热解反应性进行深入的探索研究的。

3.1.2 煤在热解过程中的化学反应

由于煤的不均一性和分子结构的复杂性，加之其他作用（如矿物质对热解的催化作用），使得煤的热解化学反应非常复杂，彻底了解反应的细节十分困难。从煤的热解进程中不同分解阶段的元素组成、化学特征和物理性质的变化出发，对热解过程进行考察，可以发现，煤热解的化学反应总的讲可分为裂解和缩聚两大类反应。这其中包括了煤中有机质的裂解、裂解产物中相对分子质量较小部分的挥发、裂解残留物的缩聚、挥发产物在逸出过程中的分解及化合、缩聚产物的进一步分解和再缩聚等过程。从煤的分子结构看，可认为热解过程是基本结构单元周围的侧链、桥键和官能团等对热不稳定成分的不断裂解，形成低分子化合物并逸出；基本结构单元的缩合芳香核部分对热保持稳定并互相缩聚形成固体产品（半焦或焦炭）。

3.1.2.1 有机化合物的热裂解规律

有机化合物对热的稳定性，主要决定于分子中化学键键能的大小。煤中典型有机化合物化学键能热稳定性的一般规律是：缩合芳烃＞芳香烃＞环烷烃＞烯烃＞烷烃；芳环上侧链越长，侧链越不稳定；芳环数越多，无共轭结构的侧链越不稳定；缩合多环芳烃的环数越多，其热稳定性越大。

煤的热分解过程也遵循一般有机化合物的热裂解规律，按照其反应特点和在热解过程中所处的阶段，一般划分为煤的裂解反应、二次反应和缩聚反应。

3.1.2.2 煤热解中的裂解反应

煤在受热温度升高到一定程度时其结构中相应的化学键会发生断裂，这种直接发生于煤分子的分解反应是煤热解过程中首先发生的，通常称之为一次热解。一次热解主要包括以下几种裂解反应。

桥键断裂生成自由基：煤的结构单元中的桥键是煤结构中最薄弱的环节，受热很容易裂解生成自由基碎片。煤受热升温时自由基的浓度随加热温度升高。

脂肪侧链裂解：煤中的脂肪侧链受热易裂解，生成气态烃，如CH_4、C_2H_6和C_2H_4等。

含氧官能团裂解：煤中含氧官能团的热稳定性顺序为：—OH＞C═O＞—COOH＞—OCH_3。羟基不易脱除，到700～800℃以上和有大量氢存在时可生成H_2O。羰基可在400℃左右裂解生成CO。羧基在温度高于200℃时即可分解生成CO_2。另外，含氧杂环在500℃以上也有可能开环裂解，放出CO。

低分子化合物裂解：煤中脂肪结构的低分子化合物在受热时也可以分解生成气态烃类。

3.1.2.3 煤热解中的二次反应

一次热解产物的挥发性成分在析出过程中如果受到更高温的作用（像在焦炉中那样），就会继续分解产生二次裂解反应。主要的二次裂解反应有：

直接裂解反应

$$C_2H_6 \xrightarrow{-H_2} C_2H_4 \xrightarrow{-CH_4} C \tag{3-1}$$

$$C_6H_5C_2H_5 \longrightarrow C_6H_6 + C_2H_4 \tag{3-2}$$

芳构化反应

$$C_6H_{12} \longrightarrow C_6H_6 + 3H_2 \tag{3-3}$$

$$C_{14}H_{12}\,(\text{9,10-二氢蒽}) \longrightarrow C_{14}H_{10}\,(\text{蒽}) + H_2 \tag{3-4}$$

加氢反应

$$C_6H_5OH + H_2 \longrightarrow C_6H_6 + H_2O \tag{3-5}$$

$$C_6H_5CH_3 + H_2 \longrightarrow C_6H_6 + CH_4 \tag{3-6}$$

缩合反应

$$C_6H_6 + C_4H_6 \longrightarrow C_{10}H_8 + 2H_2 \tag{3-7}$$

3.1.2.4 煤热解中的缩聚反应

煤热解的前期以裂解反应为主，后期则以缩聚反应为主。首先是胶质体固化过程的缩聚反应，主要包括热解生成的自由基之间的结合、液相产物分子间的缩聚、液相与固相之间的缩聚和固相内部的缩聚等，这些反应基本在550～600℃前完成，结果生成半焦。然后是从半焦到焦炭的缩聚反应，反应特点是芳香结构脱氢缩聚，芳香层面增加，可能包括苯、萘、联苯和乙烯等小分子与稠环芳香结构的缩合，也可能包括多环芳烃之间缩合。半焦到焦炭的变化过程中，在500～600℃煤的各项物理性质指标如密度、反射率、电导率、特征X射线衍射峰强度和芳香晶核尺寸等有所增加但变化都不大；在700℃左右这些指标产生明显跳跃，以后随温度升高继续增加。

3.1.3 煤热解动力学

煤热解动力学的研究内容包括煤在热解过程中的反应种类、反应历程、反应产物、反应速度、反应控制因素以及反应动力学常数。这些方面的研究是煤科学的基础，也是煤洁净利用的基础。煤的热解动力学研究主要包括两方面的内容：胶质体反应动力学和脱挥发分动力学。

3.1.3.1 胶质体反应动力学

van Krevelen 等[18]根据煤的热解阶段的划分，提出了胶质体（metaplast）理论，对大量的实验结果进行了定量描述。该理论首先假设焦炭的形成由三个依次相连的反应表示：

$$\text{结焦性煤} \xrightarrow{k_1, E_1} \text{胶质体} \tag{3-8}$$

$$\text{胶质体} \xrightarrow{k_2, E_2} \text{半焦} + \text{一次气体} \tag{3-9}$$

$$\text{半焦} \xrightarrow{k_3, E_3} \text{焦炭} + \text{二次气体} \tag{3-10}$$

式中　$k_{1\sim3}$——反应速度常数，s^{-1}；

　　$E_{1\sim3}$——活化能，kJ/mol。

反应(3-8)是解聚反应，该反应生成不稳定的中间相，即所谓胶质体。反应(3-9)为裂解缩聚反应，在该过程中焦油蒸发，非芳香基团脱落，最后形成半焦。反应(3-10)是缩聚脱气反应，假定这三个反应是一级反应，则相应的上面三个反应可用以下三个动力学方程式描述：

$$-\frac{\mathrm{d}[\text{结焦性煤}]}{\mathrm{d}t} = k_1[\text{结焦性煤}] \tag{3-11}$$

$$-\frac{\mathrm{d}[\text{胶质体}]}{\mathrm{d}t} = k_1[\text{结焦性煤}] - k_2[\text{胶质体}] \tag{3-12}$$

$$\frac{\mathrm{d}[\text{气体}]}{\mathrm{d}t} = \frac{\mathrm{d}[\text{一次气体}]}{\mathrm{d}t} + \frac{\mathrm{d}[\text{二次气体}]}{\mathrm{d}t} = k_2[\text{胶质体}] + k_3[\text{半焦}] \tag{3-13}$$

许多实验的数据表明，在炼焦过程中，k_1 和 k_2 几乎相等，故可以认为 $k_1 = k_2 = k$。在引入 $t=0$ 时的边界条件和一些经验性的近似条件后，上述微分方程可以得到如下解：

$$[\text{结焦性煤}] = [\text{结焦性煤}]_0 \mathrm{e}^{-\bar{k}t} \tag{3-14}$$

$$[\text{胶质体}]=[\text{结焦性煤}]_0\bar{k}t\mathrm{e}^{-\bar{k}t} \tag{3-15}$$

$$[\text{气体}]\approx[\text{结焦性煤}]_0[1-(\bar{k}t+1)\mathrm{e}^{-\bar{k}t}] \tag{3-16}$$

式中 $\bar{k}$——经过修正后的速率常数 k。

实验表明，该动力学理论与结焦性煤在加热时用实验方法观察到的一些现象相当吻合。此外，反应活化能 E 可用以下公式求得：

$$\ln k=-\frac{E}{RT}+b \tag{3-17}$$

所得到的煤热解活化能 E_1 为 209～251kJ/mol，与聚丙烯和聚苯乙烯等聚合物裂解的活化能相近，大致相当于—CH_2—CH_2—的键能。一般来说，煤开始热解阶段 E 值小而 k 值大；随着温度的升高，热解加深，则 E 值增大 k 值减小。反应(3-8)、(3-9)、(3-10) 三个依次相连的反应，其反应速度 $k_1>k_2>k_3$。煤热解平均表观活化能随煤化度的升高而增大。一般气煤活化能为 148kJ/mol，而焦煤的活化能为 224kJ/mol。

3.1.3.2 脱挥发分动力学

用热失重法研究脱挥发分速度也是煤热解动力学的重要方面。煤受热分解，挥发物析出并离开反应系统，其质量损失可以用热天平测定，进行煤热解脱挥发分动力学研究。

(1) 等温热解

快速将煤加热至预定温度 T，保持恒温，测量失重，从失重曲线在各点的切线可以求出 $-\mathrm{d}W/\mathrm{d}t$，直至恒重。温度 T 下的最终失重，一般要在失重趋于平稳后数小时后才能测得。不同温度下典型的失重曲线和总失重如图 3-1 所示。图中的三条失重曲线对应的温度从上到下依次降低。在反应开始时累积失重与时间呈直线关系，经过一段转折，逐渐达到平衡。平衡值大小与煤种和加热温度有关。达到平衡的时间一般在 20～25h 以上。首先必须假定分解速率等同于挥发物析出的速率，根据失重曲线的形状推断这些反应总合起来可以按照表观一级反应来处理，其反应速率常数可以通过下式计算：

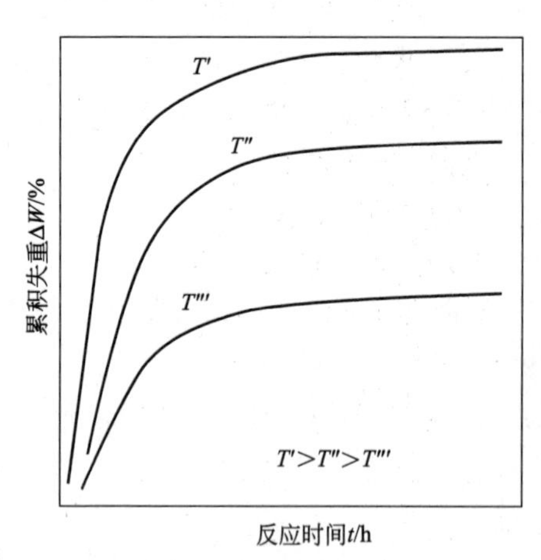

图 3-1 不同温度下的等温失重示意曲线

$$k=\frac{1}{t}\ln\frac{1}{1-x} \tag{3-18}$$

式中 x——对应于反应时间 t 时的失重量与最大失重的比值。

按照一级反应求算得到的表观活化能只有 20kJ/mol 左右。其原因是反应的起始阶段煤粒实际上处于急剧升温阶段，使煤粒微孔内产生了暂时的压力梯度，过程由扩散控制而不是反应速度控制，此时的活化能实际上是扩散活化能。由此可见热解速度（反应速度）和脱挥发分速度（反应与扩散的总速度）是两个不完全相同的概念。在等温热解过程中，可以有许多反应同时发生。对于煤的热解会造成一次热解脱气和二次缩聚脱气的重叠，故根据脱除的气体来建立本征动力学方程体系非常困难。等温脱挥发分过程究竟是扩散控制还是由挥发物的生成控制尚无定论。但有大量数据表明，由于环境的不同，两种过程都有可能是主要的析出机理。

（2）程序升温热解

在等温法实验过程中，同一种样品多次实验间的差异难免影响实验结果的准确性，且实验值反映的是所选温度范围内的平均值，不易反映整个过程的情况。与等温法相比，非等温法具有许多优点：实验量小；可以消除因样品的差异而引起的实验误差；可以消除因温度范围选择不当而造成的实验数据的不可比性；可以避免将试样在一瞬间升到规定温度 T 所发生的问题。另外，在原则上程序升温法可从一条失重速率曲线算出所有动力学参数；可以避免许多等温条件热解带来的不便，因此，该法已得到广泛使用。但此法也要假定分解速率等同于挥发物析出速率。对于某一反应或反应序列，气体析出速率与浓度的关系为：

$$\frac{dx}{dt}=k_0 e^{\frac{-E}{RT}}(1-x)^n \tag{3-19}$$

$$x=\frac{W_0-W_i}{W_0-W_f}=\frac{\Delta W_i}{\Delta W_f} \tag{3-20}$$

式中 x——煤热解转化率，%；

n——反应级数；

E——活化能，kJ/mol；

R——气体常数，kJ/(mol·K)；

k_0——指前因子，s^{-1}；

W_0——试样起始质量，g；

W_i，ΔW_i——试样在热解过程中某一时刻的质量和失重，g；

W_f，ΔW_f——试样在热解终点的残余质量和失重，g。

关于反应级数 n 有许多不尽相同的讨论。煤的热失重或脱挥发分速率因煤种、升温速度、压力和气氛等条件而异，还没有统一的动力学方程。对于线性升温过程，Coast-Redfern 采用了一种比较简明的方法。

设温度 T 与时间 t 有线性关系：

$$T=T_0+\lambda t \tag{3-21}$$

式中 λ——升温速率，K/s。

联立式(3-19) 和式(3-21) 可以得到如下近似解：

当 $n=1$：

$$\ln\left(-\frac{\ln(1-x)}{T^2}\right)=\ln\left[\frac{k_0 R}{\lambda E}\left(1-\frac{2RT}{E}\right)\right]-\frac{E}{RT} \tag{3-22}$$

当 $n\neq1$：

$$\ln\left(\frac{1-(1-x)^{1-n}}{T^2(1-n)}\right)=\ln\left[\frac{k_0R}{\lambda E}\left(1-\frac{2RT}{E}\right)\right]-\frac{E}{RT} \tag{3-23}$$

由于E值很大，故$2RT/E$项可以近似取零。如果反应级数选取正确，上式左端项对温度倒数$1/T$作图，当为直线，由此直线的斜率和截距可以分别求得活化能E和指前因子k_0。

3.1.4 煤热解产物

煤热解产物是一种极其复杂的混合物。其主要成分是环状芳烃，从单环到含有20个以上的环的化合物，含氧的、含氮的或含硫的杂环化合物都有。在环系中存在少量脂氢和部分氢化饱和的芳香结构，杂原子一般最多只有一个。芳族结构和杂环结构以非取代和取代两种形式存在。主要的取代基是甲基、乙基或羟基。在低沸点馏分中存在少量长脂肪侧链，但它们在高沸点馏分中趋于消失。含4个环以上的分子通常被缩合，但也有可能因缩合程度不完全而以环链结构存在的情况。

3.2 影响煤热解的因素

3.2.1 煤化程度的影响

煤化程度是煤热解过程最主要的影响因素之一。从表3-1可以看出，随煤化程度的增加，热解开始的温度逐渐升高。另外，热解产物的组成和热解反应活性也与煤化程度有关，一般来说年轻煤热解产物中煤气和焦油产率及热解反应活性都要比年老煤高。

表3-1 不同煤种的开始热解温度

煤种	泥炭	褐煤	烟煤	无烟煤
开始热解温度/℃	190～200	230～260	300～390	390～400

根据煤化学理论，煤的结焦性可用煤的煤化程度指标（挥发分V_{daf}等）和黏结性指标（胶质层的最终收缩度X、胶质层厚度Y、黏结指数G等）来反映，因而在焦化生产中构成了$V_{daf}-X$、Y，$V_{daf}-G$等炼焦配煤法。煤岩学观点认为煤化程度和煤的显微组成是决定煤的结焦性好坏的主要因素。煤的煤化程度由煤中镜质组的平均随机反射率（$R_{r,m}$）决定，$R_{r,m}$越大，煤的煤化程度越高。$R_{r,m}$不受煤的显微组成影响，而煤化参数V_{daf}不仅与煤化程度有关，而且与显微组成有关，因此$R_{r,m}$比V_{daf}更能准确地反映煤的煤化程度。煤中不同显微组分在煤的结焦过程中起的作用不同，镜质组和稳定组在加热过程中能够熔融并产生活性键成分，被视为有黏结性的活性组分；惰性组和矿物杂质在加热过程中不能熔融，被视为无黏结性的惰性组分。活性组分以镜质组为主，稳定组较少，它的性质是非均一的。不同组型（据Schapiro）的活性组分结焦性不同，V_{11}（R_{max}为1.1%～1.19%）、V_{12}（R_{max}为1.2%～1.29%）的活性组分结焦性最好。由于煤的镜质组随机反射率（R_r）直方图可以清楚地反映出不同组型活性组分分布情况，平均随机反射率$R_{r,m}$能大体上

反映活性组分的总体质量，所以选取镜质组平均随机反射率 $R_{r,m}$、随机反射率 R_r 直方图作为炼焦配煤参数。而煤中的惰性组分，在焦化过程中促使焦炭结构生成孔隙和裂纹，降低焦炭强度，对焦化有不利的影响；但也有有利的一面，如在焦化过程中它能吸附活性组分放出的气体和液体，参与焦炭结构的形成，因此惰性组分也是不可缺少的，只是要适量，故惰性组分含量是炼焦配煤的另一个参数。

3.2.2 煤粒径的影响

如果煤粒热解是化学反应控制，热解速度将与颗粒粒度或颗粒孔结构无关。Badzioch[19] 观察到 20μm 和 60μm 两种粒度有同样的热分解速度；Howard 等[20] 用常规粒度的粉煤样（50%＜35μm，80%＜74μm）比较其热解速率，也未发现有粒度大小的影响。同样，Wiser[21] 将 60～74μm 及 246～417μm 煤样进行失重实验，在失重曲线上也未见区别。图 3-2 为谢克昌用差热天平对一种中国煤的热解特性分

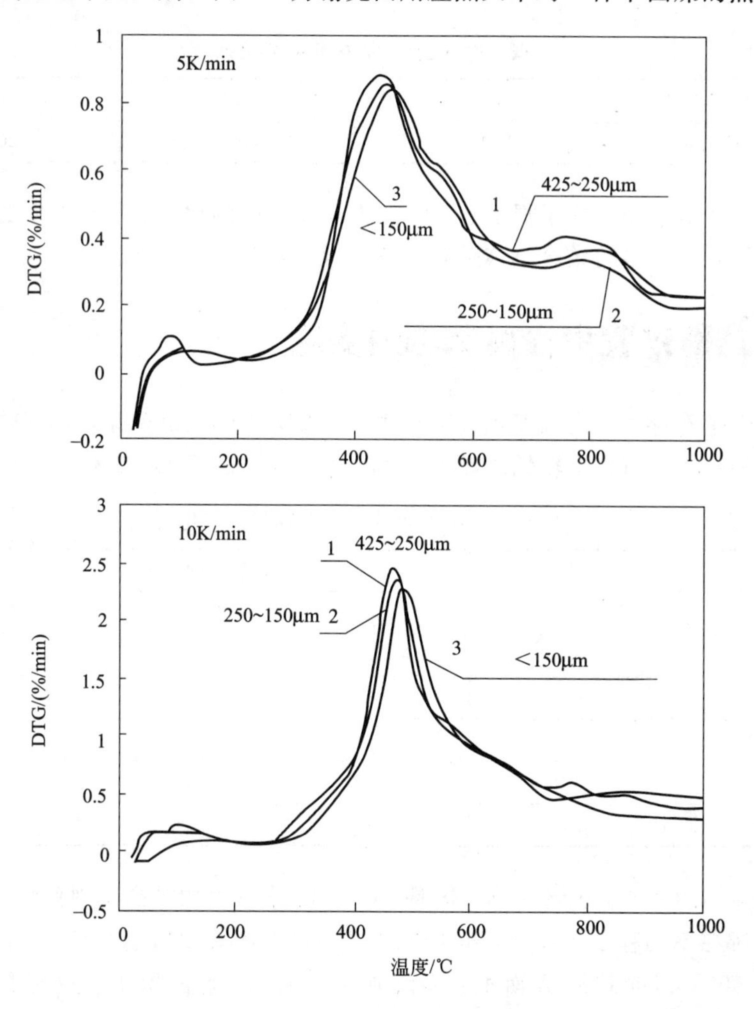

图 3-2 大同煤的热分解失重率分析

析，同样说明煤颗粒对热解速率影响有限。

3.2.3 传热的影响

如果传热阻力主要发生在颗粒和其周围之间，则在升温过程中颗粒的温度是均匀的，而且升温速度随粒度的增加而减小。在此条件下，升温过程中热解速度随粒度减小而增大，但当加热速度超过某数值之后，升温过程中反应的量是可以忽略的。对小于某种粒度的煤样，热解速度实际上是化学控制，而不依赖于加热速度和颗粒大小。Badzioch[22]的计算表明，转折点约在粒径为 100μm 处。当传热速度完全受控于颗粒内部的极端情况时，热解速度受化学控制和传热控制的转折点与颗粒大小有关。小于此粒度时，颗粒中心温度近似等于其表面温度。Koch[23]等的研究表明，脱挥发物速率从一级反应控制转移到传热控制后，粒度是加热速率的函数（参见表 3-2）。

表 3-2 粒度与加热速率的关系

加热速率/(℃/s)	100	1000	10000
临界直径/μm	2000	500	200

此外，升温速率、终了温度、反应压力以及煤样的化学处理都对煤的热解过程有明显的影响，作者将结合具体热解过程在后续的章节中讨论。

3.3 热解过程中表面结构的变化

煤的热解在煤着火之前发生，热解过程中煤表面结构的变化直接影响着煤的燃烧状况。Maria[24]研究了较低温度下煤热解过程中比表面积的变化，结果见表 3-3。

表 3-3 热解过程中煤比表面积的变化

温度/℃	失重率/%	比表面积/(m^2/g)		
		N_2,77K	CO_2,195K	CO_2,298K
350	4.6	<1	21	118
375	8.2	<1	22	127
400	13.0	<1	27	147
500	22.4	2.4	233	304
600	24.9	10	206	383

从表中可以看出：无论是 N_2 还是 CO_2，随着温度的升高和热解的不断进行，比表面积都在不同程度地增加，但 CO_2 表面积增加的幅度远远大于 N_2 表面积的增加量。在 500℃以前 CO_2 表面积不断增加的同时 N_2 表面积几乎没有变化，结合 N_2 仅能探测到中孔及大孔，而 CO_2 则可以探测到煤中微孔结构的事实可以看出，

开始升温热解时由于挥发分的析出，形成了大量的微孔结构，但大孔及中孔却没有太大变化，温度进一步升高后，挥发分的析出更为剧烈，不但开辟了新的微孔结构，同时将原来微孔进一步扩展为中孔及大孔，使 N_2 和 CO_2 表面积均不断增加。同时 Maria 还研究了高挥发分煤样的热解情况。在热解一开始，CO_2 表面积不断增加的同时，N_2 表面积却在减少。他认为出现这种情况的原因在于高挥发分含量使热解开始时反应就比较剧烈，在小孔形成的同时，出现了大孔的崩溃，因而造成两种方法所测得的表面积具有不同的变化趋势。

还有研究工作对中国的四种煤热解时的孔结构变化作了报道。在500℃以前，孔容与孔表面积没有大的变化，与 Maria 的结论相符；当热解温度在500～700℃时，煤中挥发分大量析出，如 C_nH_{2n}、CO 和 CO_2 等，它们主要来自煤粒内部，因而导致孔容积与孔面积都有所增加；700℃以后由于煤的可塑性以及焦油的析出，减少和堵塞了部分孔隙，使表面积和孔体积均减少；800℃以上，析出均为较轻物质如 H_2 等，它们的析出留下很多小孔，使表面积迅速增加。

热解过程中，随着挥发分的析出，煤中孔系不断发达，尤其是形成了大量的微孔结构。微孔形成的同时，使内表面和粗糙度都有所增加，其分形维数也因此而增大。对维多利亚褐煤在热解过程中分形维数的变化进行的研究工作显示[25]，在不同气氛和处理条件下，分形维数的变化略有不同，其共同的趋势就是低温区分形维数变化不大，当温度升高后，分形维数有明显的增加。在 N_2 气氛下，分形维数的增加不太明显。对酸洗后的煤样，其分形维数一直稳定在2左右，说明酸洗的作用使煤表面光滑，形成欧氏平面。

3.4 煤热分解的工业应用：焦炭的生产

经济建设和改善人民生活状况引发了对基础材料的巨大需求。钢铁等材料的高需求，拉动了焦炭的生产与增长。煤的高温炭化是高炉炼铁、机械铸造最主要的辅助产业。受资源和环境保护的压力，日本、欧美等发达国家炼焦能力处于收缩状态。但是，我国的大规模焦化生产仍需持续一段时间。焦化产业面临产业调整，焦炭质量、生产自动化水平、进一步减少环境污染都必须尽快加强。

3.4.1 炼焦用煤的性质指标要求

首先，炼焦用煤需要较好的结焦性煤种。结焦性与煤中的挥发分相关，所以，煤的挥发分高低与焦炭和化学产品产率密切相关。可选的炼焦煤种有气煤、肥煤、焦煤、瘦煤等，也可通过配煤技术利用弱黏煤、褐煤进行炼焦。挥发分指标也是配煤煤种组成的重要选择依据，一般要求配煤挥发分与中变质量程度烟煤接近。

其次，炼焦用煤需用洗选的精煤。炼焦用煤的灰分、硫分也是评价炼焦用煤的重要指标。灰分对煤的黏结性和结焦性都有不利影响，而硫分的影响主要体现为转入焦炭中的硫会恶化高炉操作，降低生铁质量。通常，炼焦用煤对灰分、硫分的要求往往较动力煤和民用煤更为严格。但在生产高硫焦时，可以适当使用高硫煤。

另外，胶质层指数、黏结指数、奥亚膨胀度是评价炼焦煤最常用的黏结性指标。这3个指标是中国烟煤分类的主要指标，其规范性很强，对煤样粒度、试验条件和操作过程的测试结果均影响显著。此外，煤镜质体反射率及其分布图由于能够有效地鉴别混煤，常作为炼焦煤性质评价的必要检测指标。

3.4.2 炼焦过程

煤在焦炉中主要受到来自两侧炉墙的高温作用，从炉墙到炭化室中心方向，煤料逐层经过干燥、脱水、脱除吸附气体、热分解、胶质体的产生和固化、半焦形成和收缩等阶段，最终形成焦炭。实际生产过程中，各阶段之间互相交错、难以截然分开。

① 干燥脱附阶段：120℃以前放出外在水分和内在水分，200℃以前析出吸附于煤孔隙中的气体。

② 热解开始阶段：这一阶段的起始温度随煤变质程度而异，一般在200～300℃发生，主要产生化合水和CO_2、CO和CH_4等气态产物，并有微量焦油析出。

③ 胶质体产生和固化阶段：大部分黏结性烟煤在350～450℃大量析出焦油和气体。几乎全部焦油在这一温度下产生，释放的气体以CH_4及其同系物为主，并有少量不饱和烃C_nH_m和H_2、CO、CO_2等。这些液体、气体和残余的煤粒一起形成胶质体状态。进一步加热，胶质体热解更加激烈，析出大量挥发物，黏结性烟煤熔融、相互黏结，固化为半焦。

④ 半焦收缩和焦炭形成：500℃左右黏结性烟煤经胶质体状态，散状煤粒熔融、相互黏结而形成半焦。温度继续升高，700℃之前，半焦内释放出的挥发物以H_2和CH_4为主，并使半焦收缩产生裂纹，称为半焦收缩阶段。700～950℃半焦进一步热分解，析出少量以H_2为主要成分的气体，半焦进一步收缩，使其变紧变硬，裂纹增大，最终形成焦炭。

3.4.2.1 水平室式炼焦用炉

炼焦用炉有土焦和机焦之分。土焦炉主要有蜂窝炉、萍乡炉、部分无回收改良炼焦工艺和土法炼焦。这类工艺在一定的历史条件下为推动经济发展都有过贡献。但由于它们技术水平落后，资源利用率低，污染环境严重，均已被淘汰。

水平室式炼焦工艺（又称为机焦）的开发成功是焦化工艺技术发展史上的一个里程碑，历经200余年的改进已发展到顶峰时期。焦炉由炉顶、燃烧室和炭化室、蓄热室、斜道区、烟道等部分组成。按装煤方式焦炉可分为顶装式和捣固式，煤气由炉底喷入（下喷式）或从斜道区供入，加热用煤气可以用高炉煤气、发生炉煤气，也可直接燃烧剩余焦炉煤气。

图3-3为双联下喷式捣固焦炉的纵剖面图。表3-4中给出了典型焦炉的尺寸和参数。

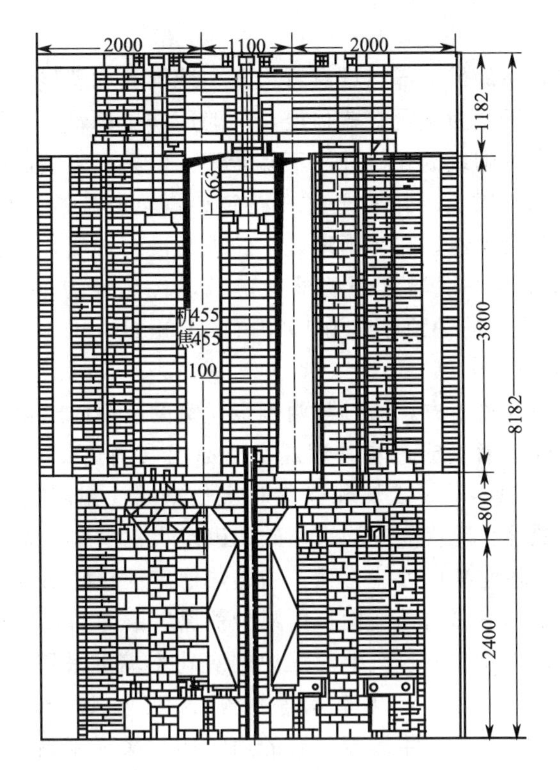

图 3-3　一种捣固焦炉的纵剖面图

表 3-4　典型焦炉的尺寸和参数

项　目	1	2	3	4	5	6	7	8
装煤方式	捣固	顶装	顶装	顶装	捣固	顶装	顶装	捣固
炭化室有效容积/m^3	76.25	48	37.6～38.5	35.4	44.7	26.8	23.9～26.6	27.2
煤饼体积/m^3	—	—	—	—	40.26	—	—	24.67
炭化室全长/m	18.56	16.96	15.98	15.98	15.98	14.08	14.08	14.08
炭化室有效长/m	17.77	16.1	15.14	15.14	15.22	13.28	13.28	13.28
煤饼长/m	—	—	—	—	15.21	—	—	13.15
炭化室全高/m	7.54	6.98	6	5.5	5.55	5	4.3	4.3
炭化室有效高/m	—	6.63	5.65	5.2	—	4.7	4	—
煤饼高/m	7.09	—	—	—	5.33	—	—	4.0～4.1
炭化室平均宽/mm	603	450	450	450	554	430	450	500
煤饼宽/mm	—	—	—	—	500	—	—	450
炭化室锥度	50	50	60	70	20	50	50	10
炭化室中心距/m	1.65	1.4	1.3	1.35	1.35	1.143	1.143	1.2
结焦时间/h	25.2	19	19	18	25.5	16.7	18	22.5
代表炉型	从德国引进 7.63m 焦炉	JNX70	JN60，JNX60-87，从日本引进宝钢 M 型	JN55	JNDK55	JN50-81	JN43，JNX43-80，JNK43-98	JNDK43-D(F)

（1）炉顶

炉顶位于焦炉炉体的最上部。设有看火孔、装煤孔和从炭化室导出荒煤气用的上升管孔等。炉顶最下层为炭化室盖顶层，一般用硅砖砌筑，以保证整个炭化室膨胀一致，也有用黏土砖砌筑的，这种砖不易断裂，但易产生表面裂纹。为减少炉顶散热，在炭化室顶盖层以上采用黏土砖、红砖和隔热砖砌筑。炉顶表面一般铺红砖，以增加炉顶面的耐磨性。在多雨地区，炉顶面设有坡度，以便排水。炉顶厚度按保证炉体强度和降低炉顶温度的要求确定，现代焦炉炉顶厚度一般为 1000～1700mm，中国大型焦炉的炉顶厚度为 1000～1250mm。

（2）燃烧室和炭化室

燃烧室是煤气燃烧的地方，通过与两侧炭化室的隔墙向炭化室提供热量。装炉煤在炭化室内经高温干馏变成焦炭。燃烧室墙面温度高达 1300～1400℃，而炭化室墙面温度约 1000～1150℃，装煤和出焦时炭化室墙面温度变化剧烈，且装煤中的盐类对炉墙有腐蚀性。现代焦炉均采用硅砖砌筑炭化室墙。硅砖具有荷重软化点高、导热性能好、抗酸性渣侵蚀能力强、高温热稳定性能好和无残余收缩等优良性能。砌筑炭化室的硅砖采用勾舌结构，以减少荒煤气窜漏和增加砌体强度；所用的砖型有丁字砖、酒瓶砖和宝塔砖。中国焦炉的炭化室墙多采用丁字砖，20 世纪 80 年代以后则多采用宝塔砖。炭化室墙厚一般为 90～100mm，中国多为 95～105mm。为防止焦炉炉头砖产生裂缝，有的焦炉的炉头采用高铝砖或黏土砖砌筑，并设置直缝以消除应力，中国焦炉多采用这种结构。

燃烧室分成许多立火道，立火道的形式因焦炉炉型不同而异。立火道由立火道本体和立火道顶部两部分组成。煤气在立火道本体内燃烧。立火道顶是立火道盖顶以上部分。从立火道盖顶砖的下表面到炭化室盖顶砖下表面之间的距离，称加热水平高度，它是炉体结构中的一个重要尺寸。如果该尺寸太小，炉顶空间温度就会过高，致使炉顶产生过多的沉积炭；反之，则炉顶空间温度过低，将出现焦饼上部受热不足，因而影响焦炭质量。另外，炉顶空间温度过高或过低，都会对炼焦化学产品质量产生不利影响。炭化室的主要尺寸有长、宽、高、锥度和中心距。焦炉的生产能力随炭化室长度和高度的增加而成比例地增加。捣固焦炉与顶装炉不同，其锥度较小，只有 0～200mm。

（3）蓄热室

为了回收利用焦炉燃烧废气的热量预热贫煤气和空气，在焦炉炉体下部设置蓄热室。现代焦炉均采用横蓄热室，以便单独调节。蓄热室有宽蓄热室和窄蓄热室两种。宽蓄热室是每个炭化室下设一个，窄蓄热墙一般用硅砖砌筑，有些国家用黏土砖或半硅砖代替硅砖砌筑温度较低的蓄热室下部。在蓄热室中放置格子砖，以充分回收废气中的热量。格子砖要反复承受急冷急热的温度变化，故采用黏土质或半硅质材料制造。现代焦炉的格子砖一般采用异形薄壁结构，以增加蓄热面积和提高蓄热效率。蓄热室下部有小烟道，其作用是向蓄热室交替导入冷煤气和空气，或排出废气。小烟道中交替变换的上升气流（被预热的煤气或空气）和下降气流温度差别大，为了承受温度的急剧变化，并防止气体对小烟道的腐蚀，需在小烟道内衬以黏土砖。

（4）斜道区

斜道区是位于燃烧室和蓄热室之间的通道。不同类型焦炉的斜道区结构有很大差异。斜道区布置着数量众多的通道（斜道、水平砖煤气道和垂直砖煤气道等），它们彼此距离很近，并且上升气流和下降气流之间压差较大，容易漏气，所以斜道区设计要合理，以保证炉体严密。为了吸收焦炉横向产生的膨胀，在斜道区各砖层均留膨胀缝。膨胀缝之间设置滑动缝，以利于膨胀之间的砖层受热自由滑动。斜道区承受焦炉上部的巨大重量，同时处于1100～1300℃的高温区，所以也用硅砖砌筑。

3.4.2.2 水平室式炼焦的优点和局限性

经过长期的开发，水平室式炼焦形成了一些特点，具体如下。

① 炭化室、燃烧室分别采用间接加热技术，能回收优质煤气和化学产品，资源利用率高。

② 采用双联火道废气循环、高低灯头、分段燃烧及下喷回炉煤气等技术，使全炉高向、长向加热均匀性好，可进一步提高产品质量。

③ 采用蓄热室结构及其内装薄壁多孔格子砖，可增加换热面积，提高入炉空气温度，进而提高热效率。

④ 采用合理的炭化室宽度及薄壁高密度硅砖炭化室墙，使传热加速，生产效率提高。

但水平室式炼焦工艺在装煤孔、上升管、炉门及装煤出焦过程中会引起严重的泄漏污染，这是水平室式炼焦炉的致命弱点，在发达国家正在被逐步淘汰。

3.4.2.3 提高焦炭质量的措施

高炉大型化和富氧喷煤因其巨大的经济效益和社会效益已经成为世界范围内的大趋势，这对焦炭质量提出了更高的要求。

影响焦炭质量的因素较多且遍布于炼焦生产的各个环节，提高焦炭质量的技术措施就是对炼焦生产环节进行改进和完善。

（1）合理选择炼焦煤基地和配煤方案

炼焦煤的性质是决定焦炭质量的基本因素，选择适当的炼焦煤及其配比是提高焦炭质量的首要措施。随着煤炭供应的市场化，使得焦化厂选择优质炼焦煤、合理调整配煤比成为可能。如在部分炉组上采用适当多配低灰、低硫、强黏结性煤的方法炼制优质焦炭（灰分<10.5%）。

（2）煤料捣固

将炼焦煤在炉外捣固，使其堆积密度提高到950～1150kg/m^3，一般可使焦炭M40提高1～6个百分点，M10改善2～4个百分点，CSR提高1～6个百分点。在保证焦炭质量的情况下，采用煤料捣固还可以多配15%～20%的弱黏结性气煤及气肥煤。

（3）型煤压块

将炼焦装炉煤的一部分进行压块成型，与散状煤料混合装炉炼焦，通过提高装炉煤散密度来改善焦炭质量。一般情况下，焦炭质量在一定范围内随型煤配入量的增加而提高，如果保持焦炭机械强度不变，则可增加 10%～15%甚至更多的弱黏结性煤的用量。

(4) 煤调湿技术

煤调湿技术是将炼焦煤料在装炉前除掉一部分水分，保持装炉煤水分稳定且相对较低（一般为 6%左右）。这项技术因其具有显著的节能、环保和经济效益，以及提高焦炭质量等优势而受到普遍重视，在日本已得到迅速发展。第二代煤调湿技术以干熄焦发电机抽出的蒸汽为热源，在多管回转式干燥机内采用蒸汽与湿煤间接换热。第三代煤调湿技术在流化床内用焦炉烟道气与湿煤直接换热。煤调湿工艺可使焦炉生产能力提高 7.7%，装炉煤散密度提高 4%～7%。

(5) 选择粉碎

根据炼焦煤中煤种和岩相组成在硬度上的差异，按不同粉碎度的要求，将粉碎和筛分（或风力分离）结合，使煤料粒度更加均匀。由于煤粒分离方法上的差异，选择粉碎又可分为机械选择粉碎和风力选择粉碎。风力选择粉碎不仅在生产能力、投资、能耗、运行等方面显著优于机械选择粉碎，还可以分离出大颗粒煤及密度大的惰性组分和灰分高的煤，使之粉碎得更细。我国炼焦煤中难粉碎的气煤配比较高，风力选择粉碎工艺非常适应这一煤质特点。

(6) 配添加物

在装炉煤中配入适量的黏结剂和抗裂剂等非煤添加物改善结焦性能。配黏结剂工艺适用于低流动度的弱黏结性煤料，有改善焦炭机械强度和焦炭反应性的功效；配抗裂剂工艺适用于高流动度的高挥发性煤料，可增大焦炭块度、改善焦炭气孔结构、提高焦炭机械强度。

(7) 配煤技术

在焦化生产中，大多数企业由于煤源广，煤质复杂且波动大，影响了焦炭质量，特别是有些供煤企业，把不同煤种混配后供给焦化厂，由于混配比例时而改变，煤质波动更大，造成焦炭质量不稳定。煤化参数（如挥发分 V_{daf}、黏结指数 G 等）不能准确地反映煤料的煤质变化情况，而煤岩参数（$R_{r,m}$，R_r 直方图）能较准确地反映煤料的煤质变化情况。

3.4.3 焦化技术的改进和发展方向

3.4.3.1 煤预热技术

采用预热煤炼焦可大幅度提高焦炉的生产能力、扩大炼焦用煤的范围和降低炼焦耗热，提高弱黏煤的黏结性等。在克服炼焦过程中煤料膨胀对炭化室墙的影响后，可作为新的焦化技术采用。

3.4.3.2 捣固炼焦

捣固炼焦的突出优点是由于堆积密度增加使煤的黏结性和结焦性改善，从而在同样煤质的条件下提高焦炭质量，或在一定的焦炭质量前提下减少优质强黏结煤的配比，提高弱黏结性煤的配比。采用捣固炼焦技术可弥补优质煤不足的缺陷。

捣固焦炉与顶装焦炉在炼焦工艺流程上的最大区别在于装煤方式。捣固焦炉的煤料事先用捣固机捣成体积略小于炭化室的煤饼后，从机侧装入炭化室。捣固焦炉按捣固煤饼的制作工艺可分为固定煤塔式捣固焦炉、捣固装煤推焦机式捣固焦炉及这两种方式相结合的捣固焦炉。

3.4.3.3 干法熄焦和新型湿法熄焦

干法熄焦（CDQ，简称干熄焦）是采用惰性气体熄灭赤热焦炭的熄焦方法，具有节能、提高焦炭质量和环保三大优点。与湿法熄焦相比，焦炭的M40[1]提高3～8个百分点，M10改善0.3～0.8个百分点。干熄焦可降低高炉焦比，有利于高炉炉况顺行和提高高炉的生产能力，对采用富氧喷吹技术的大型高炉效果更加显著。一般认为，大型高炉采用干熄焦炭可降低焦比2%，提高高炉生产能力1%；干熄焦技术还可在焦炭质量相同的情况下，降低强黏结性焦、肥煤配比，降低炼焦成本。

新型湿法熄焦工艺实际上是对传统湿法熄焦的喷洒方式、喷洒量、喷嘴及控制方式的改进，达到熄后焦炭水分低且稳定均匀的目的。新型湿法熄焦可使焦炭水分稳定在2%～4%，比原湿法熄焦的焦炭水分至少降低2个百分点。目前在世界上比较成熟的新型湿法熄焦工艺有美钢联开发的低水分熄焦工艺和德国的稳定熄焦工艺，前者已在我国得到了广泛应用。

3.4.3.4 适当延长结焦时间

降低结焦速度或进行适当焖炉都可以延长结焦时间。生产实践表明，对于黏结性较好的煤，适当降低结焦速度，延长结焦时间，可以提高焦炭的机械强度。焦饼成熟再经一段时间焖炉后，可使焦炭粒度更加均匀，焦炭质量得到提高。我国6m焦炉的结焦时间就是基于上述生产经验确定的，结焦时间延长1h，M40提高了1个百分点。

3.4.3.5 焦炉大型化，增加焦炉炭化室高度和宽度

焦炉大型化可增加炭化室容积，在生产同等规模焦炭的情况下，可以大大减少出炉次数，减少阵发性的污染，改善炼焦生产环境。增加焦炉炭化室宽度，具有提高装炉煤散密度、改善焦饼水平收缩、提高焦炭的机械强度、平均块度及扩大煤源等优点。表3-5列出了大容积焦炉的基本参数。

焦炉大型化还有利于提高焦炉的自动化水平，通过降低能耗，提高劳动生产

---

[1] M40，表示焦炭质量中冷态机械强度指标的抗碎强度大小，测定方法：将粒度大于60mm的焦炭装入转鼓中，以一定转速转动处理后，用孔径40mm的筛子筛分，测量大于40mm的焦炭质量占入鼓焦炭总质量的百分比，记作M40，其余依次类推。焦炭的抗碎强度指标能反映炼焦煤的结焦性，结焦性好一般数值都比较大；反之亦然。

率，优化焦炭质量。一般情况下，6m 焦炉比 4.3m 焦炉焦炭的抗碎强度指标 M40 提高 3～4 个百分点，M10 改善 0.5 个百分点左右。

表 3-5 大容积焦炉的基本参数比较

项　目	JCR[①]	6.25m 捣固焦炉	5.5m 捣固焦炉	4.3m 捣固焦炉
炭化室平均宽/mm	850	530	500/554	500
煤饼体积/m^3	约 80	45.6	36.5 / 40.6	27.2
煤饼体积密度/(t/m^3)	0.86	1.0	1.0	1.0
全焦产率/%	75	75	75	75.8
单孔焦炭产量/t	51.6	33.7	27.0/30.0	20.6
焦炉周转时间/h	25	24.5	22.5/25.5	22.5
单孔焦炭产量/(t/a)	18080	12060	10500/10300	8000

① JCR (Jumbo coking reactor，巨型炼焦反应器)，欧洲炼焦技术中心在德国建立的大型化焦炉示范装置。其炭化室高 10m、宽 850mm、长 10m。

注：1. 为方便比较全焦产率取均值 75%。

2. 典型 5.5m 捣固焦炉炭化室宽有 554mm 和 500mm 两种。

3.4.3.6 焦炭整粒

由于高炉大型化及富氧喷吹技术对焦炭质量的苛刻要求，焦炭整粒应运而生。对熄焦后进入高炉前的焦炭，通过外力的作用和焦块之间的摩擦破裂进行整粒。一般焦炭整粒可以采用切焦工艺，也可以采用增加筛运焦系统的转运次数和落差，通过人为增加的摔落次数达到整粒效果。新型湿法熄焦工艺也具有一定的整粒功能。

3.4.3.7 红焦热能回收

焦炉推出的红焦温度约为 950～1050℃，其显热占炼焦耗热量的 40%以上。采用洒水湿法熄焦，损失了这部分高温热能，而且要耗用大量熄焦水，并引起环境污染。回收红焦热能是焦化研究的重要内容，也是炼焦工业的重点攻关课题之一。干法熄焦每吨红焦可回收的显热约为 1.28～1.36MJ。

炼焦生产过程中，炉顶是重大污染源之一。为了减少炉顶污染采用上升管喷射、顺序装煤、炉盖机械化启闭装置、带有强制抽烟和净化设备的装煤车、连通管装置等技术措施。这些措施可以在一定程度上改善环境，但污染问题仍然比较严重。

3.4.4 焦化新技术

现有的焦炭生产工艺，通常使用资源紧缺的强黏结性煤，同时，还有煤气泄漏污染环境等问题。因此，开发新的炼焦工艺时，需要对现行工艺进行彻底的改革。目前正在开发的焦化新技术有多种，取得成效的有 Antaeus 工艺、直立式连续焦炉、SCOPE21、巨型炼焦反应器 JCR、混热式连续直立焦炉、Calderon 工艺、热回收焦炉等。

3.4.4.1 连续型焦工艺

(1) Antaeus 工艺

该工艺主要设备包括煤粉预热器（由干燥室和加热室组成）、煤热解器（由双螺旋低温气化反应器和燃烧室组成）（图 3-4）。双螺旋低温气化反应器的工作条件为：温度 350～760℃，压力常压，反应时间约 20min，隔绝空气。双螺旋低温气化反应器在热解低阶煤时的操作温度一般在 350℃或略高，产物半焦的挥发含量在 10%以下，煤气的热值为 18.6MJ/m^3。煤料在双螺旋低温气化反应器被加热到 350℃，脱除其中的水分和挥发分，生成的半焦被排放到半焦冷却室用氮气冷却到着火点以下的温度，形成了均一易碎的热半焦。如图 3-4 所示，干燥器和干馏炉均与冷凝器相连。来自干燥器和干馏炉的水蒸气和碳氢化合物气体在冷凝器冷却，然后进行汽液分离，煤基液体可进一步加工成发动机燃料，轻质气体经脱水送入干燥器和干馏炉的燃烧室。热半焦经粉碎成粉状后与焦粉、煤和沥青（黏结剂）在混合装置中混合，然后压成尺寸和形状不同的型块，并送入回转炉或隧道窑中加热到 1090～1200℃成焦，整个过程不到 90min。焦炭的各项指标均达到或超过常规焦的指标。

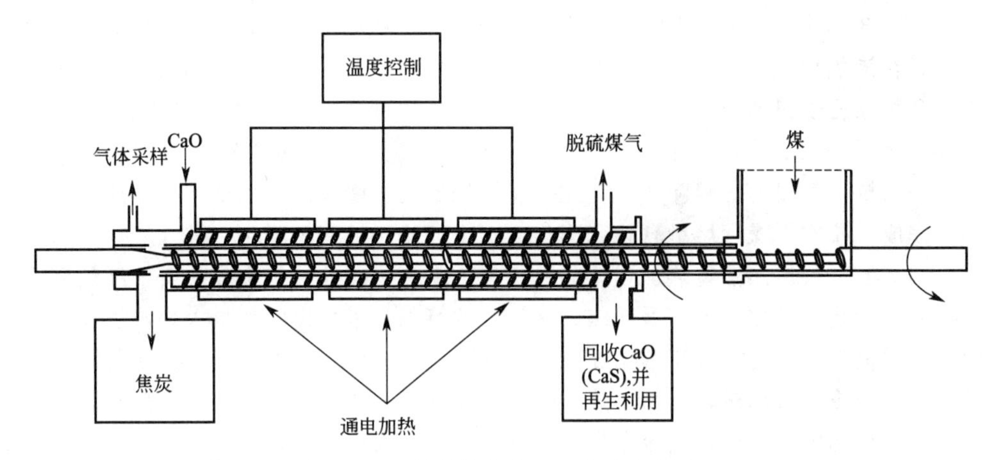

图 3-4 螺旋结构的热解反应器示意图

该工艺的主要特点是：建设投资和生产费用低；焦炭质量能满足或超过所要求的指标；整个生产过程在完全密闭的系统中进行，污染环境的逸出物少，也不会产生焦粉和碎焦等废料；生产上具有高度的灵活性。

(2) 立式连续层状炼焦工艺

该工艺主要设备炭化室两侧沿其高度排列水平火道，每个火道都可以单独调节温度以控制成焦过程。炭化室底部为排焦装置。熄焦后的焦炭用斗式提升机送入焦仓。

在对宽 175mm 和 350mm 的炭化室进行试验研究的基础上选取工业性试验装置的主要工艺参数为：直立炭化室数（包括熄焦段）2 个；炭化室宽 350～366mm，长度 4～4.2m，高度 3.9m；推焦行程 300mm；推焦周期 20～30min；一次装煤量400～420kg；炼焦周期7～8h；生产能力30t/d。1996年5～6月，在该装置上对中国的一批气煤进行了试验，结果表明，单种气煤在连续层状炼焦装置中能炼制出质量符合要求的冶金焦。

该工艺具有以下特点。

① 煤料经压实（堆密度可达$1000kg/m^3$）和分阶段控制加热速度可改善煤的结焦性能，所产焦炭的耐磨强度高、密度大、气孔少和结构坚固，有效地拓宽了炼焦用煤的范围，与传统工艺相比，可节约70%肥煤和焦煤。

② 系统密闭连续，环境污染小，自动化程度高。技术经济指标的计算表明，与常规工艺相比，使用连续层状炼焦每生产1t焦炭可降低原料费8%～9%；生产总费用可降低5%～6%；烟尘排放量可降低到原来的1/3～1/4；生产率可提高40%～50%。

从各阶段的试验结果看，该工艺具有良好的应用前景，但要达到大规模工业化生产，在装煤操作、顺利排焦和装置大型化等方面尚有一定的难度，还需进一步研发。

(3) 混热式直立连续焦炉

1994年作者与同事开发了一种连续混合加热的直立炉（中国发明专利ZL94106130.2）。该发明的核心是以煤干馏转化机理为基础的炉体分段加热、分段控制。在该焦化工艺中，入炉煤料是捣固成与炭化室入口大小相应的煤饼，在煤饼重力和炉顶压煤机的压力下，随炉体底部刮板出焦机的连续转动出焦而缓慢下降，当煤料缓慢进入炭化室的干燥干馏段时，来自炭化室墙的热量间接加热使煤料膨胀。为抵抗这一段的煤料膨胀，炭化室和燃烧室的隔墙采用实墙结构，在这一阶段煤料完成了脱水干燥、熔融软化和固化。当干馏物料继续下降时，进入炭化室的高温段和高温废气换热使传热加强，物料脱氢收缩产生裂纹。焦炭成熟后，红焦继续下降进入炭化室气化冷却段后出焦。该工艺的特点：采用捣固煤料入炉，扩大了煤种的使用范围；炭化室顶部设计成低温储料段，消除了炉顶污染；在炭化室高温段，采用混热方法加热，提高了热效率；气化冷却段，充分利用了红焦热能，消除了熄焦过程的粉尘污染；刮板出焦机，设备简单、操作简化。

3.4.4.2 型煤炼焦技术

传统炼焦技术中弱黏结性煤的使用比例不超过20%左右，而型煤炼焦工艺却可以大量使用弱黏结煤或不黏结煤为主要原料。但使用弱黏结性煤炼焦需要首先提高煤的黏结性，采用的技术途径为快速加热和使用黏结剂。

(1) SCOPE21工艺[26]

SCOPE21工艺流程如图3-5所示。

在该工艺中，湿煤经干燥后在快速加热的两段预热装置中预热到400℃，细粒成型煤与进一步预热的粗粒煤采用脉冲式输送技术混合装炉，进行中温干馏（焦饼中心温度为700～800℃），排出的焦炭经密闭输送系统送入带加热系统的干熄焦装置中进行高温改质。

该焦化工艺具有以下特点：煤粉高温成型，可以改善煤的黏结性，使非黏结性

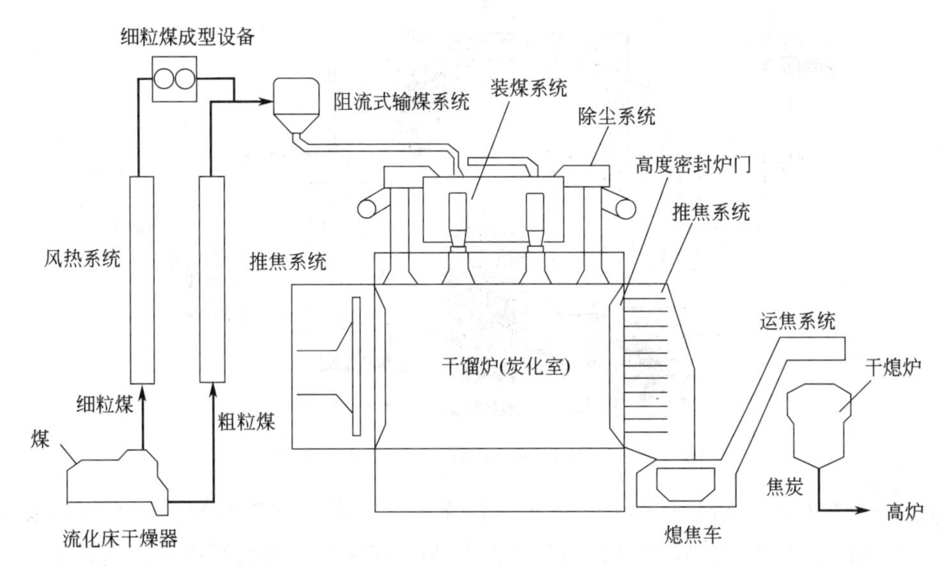

图 3-5 SCOPE21 工艺流程

煤的配入量达 50%；煤料高温预热、中温干馏和采用高热导率的炼焦炉等措施，可大幅提高焦炉生产率；同时采用中温干馏及高温加热改质措施，也可产生与常规焦炉相比节能 20%的效果；另外，采用密闭体系还大大降低了环境污染。

(2) DKS 法

DKS 法由德国迪蒂尔公司、日本京阪炼焦公司和住友金属公司联合开发，1971 年在大阪建成 4.5 万吨/年的半工业试验装置，以 80%非黏结性煤、10%焦粉和 10%黏结煤为原料，与一定比例的沥青或煤焦油配合在 100～200℃压块，然后送到斜底炉内炭化。这种型焦也曾多次进行高炉试验，发现代替 50%冶金焦，效果良好。

(3) BFL 法

BFL 法由德国矿山研究院和鲁奇公司联合开发，曾建有日产 300t 和 600t 的工业装置。此法采用 1/3 的黏结性煤和 2/3 高挥发分不黏煤为原料，后者用固体热载体法加热干馏，热半焦与黏结性煤在混合器中混合，物料温度 450～500℃，正好使后者处于塑性状态，在对辊成型机中压型。成型煤料在高于 850℃下干馏成焦。这种型焦也进行过炼铁试验。类似的热压型焦工艺还有前苏联的萨保什尼可夫、美国的 C.C.C. 法和我国湖北蕲州工艺。

3.4.4.3 巨型炼焦反应器 JCR

巨型反应器的设计思想关键是煤预热与干熄焦的有机组合。即用来自干熄槽的高温惰性气体，在蒸汽发生器中回收部分热量后作为煤预热和干燥装置的热源，从干燥管出来的冷惰性气体在分离掉煤尘后，部分返回干熄槽循环使用。如图 3-6 所示。

JCR 示范装置的试验研究结果表明焦炭质量得到改善。对传统焦炉和 JCR 生

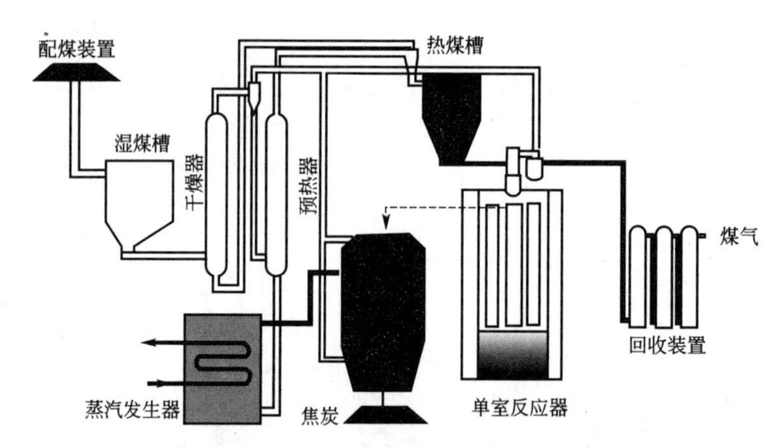

图 3-6 干熄焦与煤预热联合的单室系统流程

产的 10 个焦样反应后强度的测定结果可以看出，后者的强度有较大增加（见表 3-6），这点正是改善大量喷吹煤粉的大型高炉操作的前提，具有很好的经济意义。

表 3-6 传统焦炉焦炭和 JCR 焦炭特性的比较

配煤号	焦炭反应性		焦炭反应后强度	
	传统焦炉	JCR	传统焦炉	JCR
A	21.9	21.6	69.8	73.0
B	30.5	27.1	60.0	66.0
C	24.8	21.9	65.3	73.6
D	28.0	30.8	56.1	56.0
E	23.2	23.1	67.1	70.0
F	34.0	29.4	55.0	66.7
G	32.8	27.1	57.9	69.2
H	29.9	31.1	59.7	59.2
I	29.8	26.6	58.1	66.7
J	26.0	22.6	62.3	71.7

JCR 示范装置的实验还表明，可以扩大煤种的选择范围，可大幅度降低能耗。当原料煤的含水量为 10%，并采用预热煤炼焦和贫煤气加热的条件下，对于 JCR 装置，即使包括预热煤料和炼焦耗热量在内的平均炼焦耗热量也只有 2.51MJ/kg，大大低于用含水 10%湿煤炼焦的传统焦炉的耗热量（2.6～2.68MJ/kg）。这表明，除了补偿 JCR 装置增加的表面散热损失外，还可节省 8%的能量。

JCR 示范装置采用了煤预热技术，大大增加了煤料的堆积密度，其平均值可达 860kg/m³。煤料堆积密度的增加，不仅可提高炼焦系统的生产效率，还可改善焦炭的机械性能、孔壁强度、气孔率和强度值等质量指标。

但 JCR 示范装置的商业化的进程尚受到以下诸因素的制约。

① 随着单个 JCR 装置变为由多个 JCR 单元组成的炉组，必须将推焦和出焦操作的机械设计为移动式，大幅度增加该机械的重量。

② 随着煤预热装置能力的大幅度提高，对系统的可靠性要求也随之提高。

③ 干熄焦与煤预热联合的大型生产装置还有待进一步开发。

3.4.4.4 Calderon 工艺

美国 Calderon 能源公司开发的连续焦化反应器，该工艺已获得美国能源部资助，目前正在验证日产 200t 焦炭的装置。

Calderon 工艺的特点在于采用了完全封闭系统，从而可以彻底避免回收单元和炭化系统的污染。Calderon 工艺是在 Reintjes 装置的基础上开发的，具有以下特点：新炭化室仍采用套筒式结构，但是取消了燃烧室结构；煤料炭化所需的热能由来自外部的燃烧室的高温气提供；加压下气化有利于实现多级转化。存在的问题是操作困难、压力设备投资大。

3.5 煤焦油的生产和深加工

焦化过程中煤焦油产量约占装炉煤的 3%～4%，在常温常压下煤焦油呈黑色或黑褐色黏稠液状，密度通常在 0.95～1.10g/cm^3，闪点 100℃，可燃并有腐蚀性，是一种高芳香度的碳氢化合物的复杂混合物。

煤焦油常分为高温煤焦油和低温煤焦油：焦化过程得到的焦油称高温煤焦油，低温干馏得到的焦油称低温煤焦油。两者的组成和性质不同，加工利用方法也各异。

高温煤焦油的密度大于 1.0g/cm^3，含大量沥青，其成分还有芳烃及杂环有机化合物，已被鉴定出的化合物达 400 余种。低温煤焦油也是黑色黏稠液体，与高温煤焦油不同的是低温煤焦油为煤受热的初步分解产物，因此未受到深度裂化，具有较小的 H/C 比值，较高的氧、氮、硫含量。因此，低温煤焦油具有相当多的焦油酸和焦油碱类，密度通常小于 1.0g/cm^3，成分中芳烃含量少，烷烃含量大，事实上，低温煤焦油组成与原料煤质有很大关系。表 3-7 列出了高温焦油和低温焦油的主要组分含量的百分比。

表 3-7　高温焦油和低温焦油的主要组分含量的百分比

组　分	低温焦油	高温焦油
烷属烃(链烷烃)	8.0	<0.5
烯属烃(链烯烃)	2.8	<0.5
烷基取代芳香族化合物	53.9	22～40
酸性化合物(酚类)	18.1	9.0
碱性化合物	1.8	0.5
树脂物	14.4	50

煤焦油含有上万种成分，其中很多有机物是生产塑料、合成纤维、染料、橡胶、医药、耐高温材料等的重要原料，经过简单的物理和化学分离可得到许多不可替代的化工原料和精细化工产品。

3.5.1 煤焦油中蒸馏馏分的分割

焦油的各组分性质有差别，但性质相近组分较多，因此加工过程中首先按沸点范围蒸馏分割为各种馏分，使组分产品浓缩集中到相应馏分中去，然后再进一步加工。按沸程分，180℃前的馏分为轻油；180～210℃的馏分为酚油；210～230℃的馏分为萘油；230～300℃的馏分为洗油；300～360℃的馏分为蒽油。各馏分的进一步加工采用结晶方法可得到一系列化学品。用酸或碱萃取方法可得到含氮碱性杂环化合物（称焦油碱），或酸性酚类化合物（称焦油酸）。焦油酸、焦油碱再进行蒸馏分离可分别得到酚、甲酚、二甲酚和吡啶、甲基吡啶、喹啉。这些化合物是染料、医药、香料、农药的重要原料。

煤焦油蒸馏所得的馏分油也可不经分离而直接利用，如沥青质可制电极焦、碳素纤维等各种重要产品，酚油可用于木材防腐，洗油用作从煤气中回收粗苯的吸收剂，轻油则并入粗苯一并处理。

3.5.2 焦油蒸馏工艺

大型的焦油蒸馏采用常、减压连续蒸馏方式，设置余热利用后，吨焦油耗热量可以小于0.879MJ，萘的回收率大于90%，萘的集中度也达90%以上。煤焦油减压连续蒸馏装置有如下特点：连续脱水-脱轻油，馏分塔为减压操作，塔顶采出酚油、压力为13.3kPa，塔底为65℃软化点的软沥青；采用方箱管式炉，出口焦油温度为330℃；余热利用方便，其中，软沥青与焦油换热，各馏分采用蒸汽发生器产生0.3MPa的低压蒸汽；馏分塔塔顶的油气采用空气冷凝冷却器，并为减压操作，可节能约15%～50%；减压抽出的尾气与分离酚水均送往管式炉焚烧；馏分塔材质选用抗腐蚀低碳合金钢。

如图3-7所示，在连续蒸馏过程中，焦油首先加热至120～130℃后进入一段蒸发器，蒸发出部分轻油和水，经过油水分离，得到一段轻油。蒸发器底部馏出的无水焦油送至管式炉加热至400～410℃进行蒸发，馏出油气，并分离沥青。逸出的油气导入蒽塔，在塔顶部用洗油回流，进行萃取蒸馏，这样从塔的底部和侧线可以分别采出蒽油馏分，其他馏分从塔顶逸出进入馏分塔，在馏分塔顶部用轻油回流，顶部采出轻油，底部洗油，侧线采出酚油和萘油。

实际建设焦油连续蒸馏系统时，可以取消蒽塔，将二段蒸发器改由两部分组成，下部蒸发分离沥青，上部精馏段用蒽油回流，切取二蒽油馏分。

3.5.2.1 酚油洗涤

焦油蒸馏获得的酚油、萘油、洗油中含有酚类，可以通过碱洗精制。各馏分中酚类含量的大致情况见表3-8。

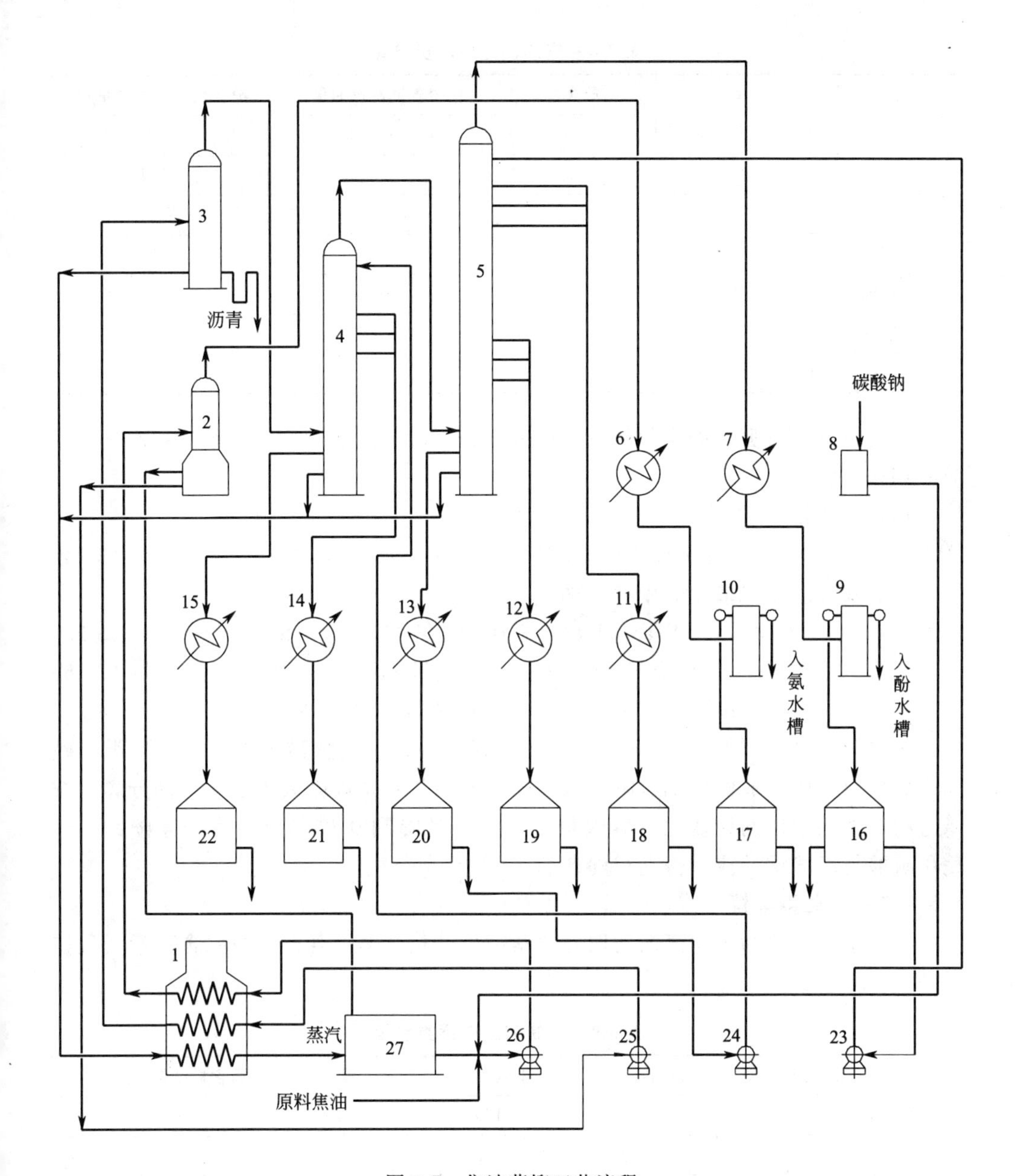

图 3-7　焦油蒸馏工艺流程

1—管式炉；2——段蒸发器；3—二段蒸发器；4—蒽塔；5—馏分塔；6——段轻油冷凝冷却器；7—馏分塔轻油冷凝冷却器；8—碳酸钠高位槽；9—油水分离器；10—油水分离器；11—酚油馏分冷却器；12—萘油馏分（或萘洗两混馏分）冷却器；13—洗油馏分（或苊油馏分）冷却器；14——蒽油馏分冷却器；15—二蒽油馏分冷却器；16—轻油槽；17—轻油槽；18—酚油馏分槽；19—萘油馏分（或萘、洗两混馏分）槽；20—洗油馏分（或苊油馏分）槽；21——蒽油馏分槽；22—二蒽油馏分槽；23—轻油回流泵；24—洗油（或苊油）回流泵；25—二段焦油泵；26—原料焦油泵；27—焦油中间槽

表 3-8 焦油馏分中酚类含量

馏分	产率/%	酚含量/%	酚含量占焦油量/%	酚含量占总酚含量/%
轻油	0.4	2.5	0.0106	0.85
酚油	1.8	23.7	0.436	35.1
萘油	16.2	2.95	0.479	38.6
洗油	6.7	2.4	0.161	13
一蒽油	22	0.64	0.141	11.3
二蒽油	3.23	0.4	0.0129	1.04
合计	100		1.24	100

从含量分布可见，酚类的提取主要来自酚、萘、洗油馏分，洗涤的基本化学反应原理如下。

加碱反应：

$$C_6H_5OH + NaOH \longrightarrow C_6H_5ONa + H_2O \tag{3-24}$$

再加酸反应或二氧化碳中和酚钠：

$$2C_6H_5ONa + H_2SO_4 \longrightarrow 2C_6H_5OH + Na_2SO_4 \tag{3-25}$$

$$C_6H_5ONa + H_2O + CO_2 \longrightarrow C_6H_5OH + NaHCO_3 \tag{3-26}$$

$$2C_6H_5ONa + H_2O + CO_2 \longrightarrow 2C_6H_5OH + Na_2CO_3 \tag{3-27}$$

焦油蒸馏产生的酚、萘、洗油馏分用10%～15%的稀碱溶液洗涤，酚类与碱起中和反应，所生成的酚钠盐溶于碱液中，并因相对密度略大于油而与油分离，洗涤过程产生的中性酚钠盐通过蒸吹将中性油含量降到0.05%以下得到净酚钠，然后用硫酸与净酚钠反应，得到粗酚产品。

3.5.2.2 工业萘蒸馏

工业萘的原料为焦油蒸馏切取的含萘馏分，焦油蒸馏各馏分段的含萘量大致如表3-9所列。

表 3-9 焦油馏分中萘类含量

馏分	相对密度 d_4^{20}	初馏点/℃	干点/℃	萘含量/%	酚含量占焦油量/%
轻油	<0.88	>80	<170	<0.15	<2
酚油	0.98～1.0	>165	<220	<10	20～30
萘油	1.01～1.03	>210		70～80	<6
洗油	1.035～1.055	>230		<10	<3
苊油	1.07～1.09	>255		<5	<1.5
一蒽油	1.12～1.13			<1.5	<0.4
二蒽油	1.15～1.19			<1	<0.2

工业萘蒸馏工艺可分为常压间歇釜式精馏、减压间歇釜式精馏、常压双釜双塔连续精馏、常压双炉双塔连续精馏、常压单炉双塔连续精馏、常压单炉单塔连续精

馏、常加压单炉双塔连续精馏等。从精馏塔的实际塔板数来看，开始为50层，后增加到63层、64层、70层。精馏塔的塔型有填料塔（瓷环、鲍尔环、波纹板等）、圆泡罩塔、条形泡罩塔、斜孔板塔、浮阀塔等。目前，多数大型焦化厂采用70层浮阀塔，以两混或三混馏分为原料的常压双炉双塔连续精馏工艺。常压单炉、双塔连续工艺较普遍，而宝钢的常、加压单炉双塔连续工艺的能耗最低。随着微机的应用，单炉、单塔连续精馏工艺有发展前途。

3.5.2.3 焦油蒸馏所获馏分的洗涤技术

这里指的是碱洗脱酚或酸洗脱喹啉装置，可分别获得酚盐与硫酸喹啉。一般是先脱酚、后脱喹啉。也可只脱酚、不脱喹啉。原料则根据焦油蒸馏切取馏分不同而异，有窄馏分、宽馏分之分。洗涤工艺可间歇或连续操作。洗涤设备有空气搅拌、机械搅拌、泵混合、静态混合器、喷射混合器等形式。后两种洗涤器较先进，洗涤效果好，便于连续操作与自动控制。碱洗脱酚的主要控制因素有：用碱浓度、洗涤温度、分离时间、洗涤的级数等。各馏分的洗涤要求馏分含酚小于0.5%。

宝钢引进的是全连续碱洗脱酚工艺，碱液浓度较低，为8%～10%；轻油、酚油均为一段脱酚，脱酚效率分别约为38%、88%。其轻油脱酚对酚钠盐起到净化的作用。萘油则采用三段脱酚，脱酚效率为79%；脱酚设备采用静态混合器。另外，只对脱酚酚油与甲基萘油分别进行连续酸洗脱喹啉，加酸浓度为30%～39%，效率分别为38.5%、52.2%。设备也采用静态混合器。

3.5.2.4 粗蒽制取技术

国内各厂均采用间歇操作工艺，设备为转鼓结晶机。为了提高粗蒽的收率，开发了两段结晶法。宝钢引进的工艺采用全连续程序控制操作，包括：蒽油装入→冷却结晶→放料→离心等工序，计44h。后改进为自然与强制冷却相结合，缩至35h，结晶颗粒大；设备采用立式冷却结晶机，有利于实现连续操作；所得粗蒽的含蒽高达38%，而含油很低。

3.5.2.5 酚钠盐分解技术

国内大多采用硫酸分解法，缺点是有浓酚水产生，较难处理。20世纪70年代开发了烟道废气分解法，仍有二次污染问题。宝钢引进工艺采用高炉煤气分解法，按两级分解操作，其分解率为98%；并配备有苛化装置，可获得浓度为8%～10%的苛性碱液，苛化率为77%；无二次污染问题。

3.5.2.6 精萘制取技术

国内原来一直采用浓硫酸精制法，产生的大量废酸很难处理，能耗高、收率低。20世纪80年代开发了间歇操作的分步结晶法，并得到普遍应用。宝钢曾引进区域熔融法，特点是连续操作，但精萘产率低，只有56%。近年改为采用“Praobd”工艺技术，为箱式分步结晶，精萘产率为90%，并全部按程序自动控制、连续操作。

3.5.2.7 粗酚精制技术

国内多采用常压脱水-减压脱渣、精馏的工艺，获得的酚类产品质量较差。引进的采用5塔连续操作脱水脱渣精馏、第6个塔为间歇操作的工艺流程。各塔均为减压操作，苯酚的回收率高达42%，比国内要高10%左右；产品质量特别好，有特号苯酚（结晶点40℃以上），邻位甲酚（结晶点29℃以上），间甲酚，对甲酚，二甲酚等。

3.5.2.8 粗吡啶与粗喹啉精制技术

国内均采用烧碱液来中和分解硫酸喹啉，而国外多采用液氨来中和分解。粗吡啶与粗喹啉的精制都是采用间歇操作、共沸脱水、减压精馏的工艺流程。与国内不同的是引进装置采用6塔间歇脱水、真空精馏操作；并采用了空冷器，可节约冷却用水。

3.5.2.9 精蒽、精咔唑与蒽醌生产技术

国内都采用以粗蒽为原料，经溶剂-精馏法处理获得精蒽，再催化氧化制取蒽醌。宝钢引进“Praobd”技术，即以一蒽油为原料，先加入溶剂进行分步结晶（简称溶剂结晶法），再进行减压蒸馏，获得精蒽（含蒽95%以上）与精咔唑（纯度为90%以上）。蒽醌生产工艺是瑞士Ciba Geigy公司的技术，经多段固定床催化氧化、多段冷却，获得纯度为99%以上的蒽醌，与国内相比，工艺与设备方面的水平也差不多。特点是整个生产过程所产生的废液很少，可以送往活性污泥装置处理；产生的废气量较大，但它可以经回收、过滤，再经废气燃烧装置破坏后放散，故不会给环境带来危害；此外，采用了美国Foxboro公司的DCS控制系统。

3.5.2.10 沥青的利用与改质

目前，煤焦油沥青主要用于生产沥青焦、电极与阳极糊的黏结剂（改质沥青）、型煤黏结剂、筑路沥青、各种沥青防腐漆等。国外现已开发成功“煤沥青制造超高功率电极用针状焦及航空、宇宙飞船用碳素纤维”的生产技术，这是煤沥青今后的利用方向。

（1）沥青延迟焦生产技术

石油沥青生产延迟焦的技术在石化行业早已应用，而煤沥青生产延迟焦-沥青焦的技术在20世纪80年代才首次引进。沥青焦通常采用室式焦炉法和延迟焦化法生产，最近德国又开发了回转炉法，但未工业化。室式焦炉法污染严重，故国内已淘汰，宝钢为延迟焦化法。

（2）粒状沥青生产技术

20世纪80年代，国内自行研制成功粒状沥青生产工艺，并实现了工业化。其生产原理是，用泵通过雾化喷嘴将沥青雾化成细小液滴，再在冷气流中冷却成型，靠沥青自身的表面张力成为粒状沥青。

（3）筑路沥青生产技术

过去的筑路沥青是以煤系中温沥青60%～80%和蒽油40%～20%的配比，进行熔融、混匀配制而成。目前德国研制成功了焦油-石油混合沥青，即30%煤沥青和70%石油沥青混合，共溶性好，黏结剂组分分布均匀，可制作沥青混凝土，用于高速公路的路面铺设。采用这类沥青铺路，具有施工时凝固快、路面在夏天不易

变形等石油沥青的优点；同时也具有与石块的黏结力强，抗油侵蚀，易加工使用和路面坚固等焦油沥青的优点。近年来，又开发成功添加橡胶、废橡胶、废塑料等改性的煤系筑路沥青，降低了筑路沥青的成本。

(4) 沥青碳纤维生产技术

从煤沥青制备碳纤维的流程为：(焦油沥青) →热处理→ (调制沥青) →熔融纺丝→ (沥青纤维) →不熔化处理→炭化 (惰性气体条件下加热) →碳纤维。该过程中最重要的工序一是预处理，通过调制使原料沥青具有充分的纺丝性；二是不熔化处理，使沥青纤维表面具备不熔性。

预处理一般采用在惰性气流中干馏或减压干馏的方法，以除去原料沥青中的低分子组分，提高原料的分子量。也可以采用萃取的方法，除去原料中的游离碳和高分子不溶物。在高于沥青软化点约 100℃的温度下直接压滤，可以除去某些降低纤维质量的喹啉不溶物或矿物组分。

熔融纺丝所得到的纤维软化点低于其分解温度，会导致沥青纤维进一步热处理存在困难，只有通过不熔化处理才能克服。不熔化处理实际上是一种氧化过程，其作用是在热反应性差的芳香族化合物中引入热反应性高的含氧官能团，生成氧桥键，使缩合环相互交联结合，在表面形成不熔的皮膜。

由于煤沥青具有含碳率很高、易经受不熔化处理等优点，煤沥青和吹过空气的石油沥青的混合物可以作为制备熔融热解沥青碳纤维的原料，所得产品质量符合一般碳纤维的要求。其制备过程如下：将上述两种物质的混合物在 380℃下干馏 1h，残留产物再在真空下、270～340℃进行热处理。必要时可加入二异丙苯基过氧化物于残留物中，该混合物在干燥过的氮气流中于 280℃下进行热处理。所得残留物有良好的纺丝性，形成的纤维在 290℃以下氧化变成不易熔的物质，最后在 1000℃下炭化，得到机械性能较好的熔融热解沥青碳纤维。

(5) 改质沥青生产技术

① 氧化、热聚法。采用间歇式加热蒸馏釜，将中温沥青放入釜底部，然后通入压缩空气进行加热氧化。氧化过程中裂解产生的芘、蒽等物质，经过蒸馏柱，再经冷凝冷却器加以回收，蒸馏釜内的液体温度一般控制在 340～350℃。用此工艺能够提高沥青的软化点，即可制得“硬沥青”。但很难获得质量好的、合格的电极沥青。

② 加热聚合法。采用间歇式加热釜，用煤气直接加热，将中温沥青加入釜中加热并保温一段时间，可在常压下也可在一定压力下操作。但不通入空气进行氧化，目的是靠热聚合与蒸出低沸点物质来提高沥青的软化点，因此只能制得“硬沥青”，得不到质量好的改质沥青。由于该工艺流程比较简单，目前国内普遍用于生产“阳极糊”的黏结剂。

③ 加压热聚处理法。用泵将熔化了的中温沥青送入方箱式加热炉，加热至 420～430℃，然后进入反应釜。釜内保持 1.0～1.2MPa、420～430℃，将热沥青保温 4～6h，进行热聚合反应后送往闪蒸塔，并用其他油类调整其软化点。塔底改质沥青

自流至中间槽，定期送入沥青冷却器或沥青高置槽再冷却成型。

④ 吕特格热聚合法。该法以中温沥青为原料，在反应釜内，搅拌条件下进行热聚合反应，形成“电极沥青”。馏出的挥发物气体经冷凝冷却后排入储槽；电极沥青则连续地排入产品沥青槽。尚未冷凝的气体，每吨中温沥青约为 $4m^3/h$、热值约为 $25.0MJ/m^3$，可作为燃料使用。电极沥青规格可通过改变加热温度与釜内的反应时间来加以调整。电极沥青的软化点可通过添加调整油（一般为塔顶馏出物或一蒽油）加以变更。

⑤ Cherry-T 法（简称 C-T 法）。该法是日本大阪煤气公司开发的以重质残油为原料进行改质精制的综合工艺流程，可以生产软化点达 80℃、β 树脂高达 32% 以上的优级改质沥青，收率高于热聚法 10%。焦油在管式炉加热至 400～410℃，进入反应釜。煤焦油中不稳定组分在高温、高压下缩合，由馏分中可缩合部分与沥青质结合，使沥青改质。

⑥ 针状焦的生产技术。按原料不同，针状焦分为石油系和煤系两种。石油系针状焦于 20 世纪 60 年代由美国大陆石油公司开发成功并实现工业化生产。煤系针状焦 20 世纪 80 年代初由日本日铁化学和三菱化成两家公司开发成功并实现工业化。煤系针状焦的制取方法很多，但已工业化生产的只有日本，采用溶剂法。国内对煤系针状焦的开发尚未取得突破性进展。简况见表 3-10。

表 3-10　国内外煤系针状焦的制取方法

项目	预处理方法类型	精料 QI 值	精料油对软沥青收率/%	技术所有者
国外	真空抽提法	<0.1	50	美国
国外	两段法	<0.1	50	美日合作
国外	溶剂法	0.1～0.2	80	日本、美国
国外	离心法	0.1～0.2	90	美国
国内	改质法	<0.1	50	鞍山焦耐院
国内	溶剂法	0.1～0.2	65	鞍山热能所

煤系针状焦制取的关键在于除去原料中喹啉不溶物（QI）。QI 值越低，针状焦质量就越高。针状焦生成的工艺条件和操作参数也很重要。

3.5.3　煤焦油加工发展方向

由于煤焦油本身的特殊性质，欲提取煤焦油中含量<1%的组分，只有对其进行集中加工才具有经济意义，因此，煤焦油加工的规模应该越大越好。实践表明，焦油加工的起始经济规模应达到 20～25 万吨/年。从 20 世纪 70 年代起，世界各国的焦油加工业就向集中加工这个方向发展。实现煤焦油集中加工和单机装置大型化，不但有利于提高工艺装备水平、自动控制水平和余热利用率，还为焦油馏分的深加工创造了最基本的条件。同时，还可优化环保治理措施，减轻对环境的污染。

煤焦油加工发展方向的另一方面是扩大加工原料的资源，即掺混一部分“蒸汽裂解法制烯烃”过程中产生的“裂解焦油”，与煤焦油一起进行加工。该工艺在吕特格公司已实现工业化。而国内仍有较多的煤焦油直接作为燃料油，未能实现资源的综合利用。

3.6 焦炉煤气的生产与利用

焦炉煤气是在炼焦过程中煤炭隔绝空气高温干馏出来的气体产物。正常生产的情况下，每炼 1t 焦炭，消耗 1.33t 煤炭，产生 400～420m³ 焦炉煤气，若按重量计算，焦炉煤气占原煤总重量的 15%～18%，其中 45%～55%的焦炉煤气需要回炉助燃以维持焦炉炭化室的温度，而剩余约 200m³ 的焦炉煤气可用于进一步的深加工。

3.6.1 焦炉煤气的加工利用

煤在焦炉中干馏生产焦炭时，原料煤在焦炉的炭化室中在 1100～1300℃的情况下，生成焦炭，并伴有大量荒煤气产生。焦炭是高炉炼铁的主要原料；荒煤气经过净化处理可以作为城市供气，同时回收生成粗笨等副产品。

焦炉煤气净化工艺很多，主要包括冷凝鼓风、脱硫、脱氨、脱苯等，在净化煤气的同时回收焦油、硫磺、硫铵或氨水、粗苯等化工产品。煤气净化工艺一般均采用高效的横管初冷器来冷却荒煤气，几种不同的煤气净化技术主要表现在脱硫、脱氨工艺方案的选择上。脱氨工艺主要有水洗氨蒸氨浓氨水工艺、水洗氨蒸氨氨分解工艺、冷法无水氨工艺、热法无水氨工艺、半直接法浸没式饱和器硫铵工艺、半直接法喷淋式饱和器硫铵工艺、间接法饱和器硫铵工艺、酸洗法硫铵工艺等。脱硫工艺主要有湿式氧化工艺和湿式吸收工艺等。中国煤气净化工艺已达到国际先进水平。根据煤气用户的不同，可选用不同的工艺流程来满足用户对不同煤气质量的要求。

一个先进典型的煤气净化与回收工艺流程如图 3-8 所示。通常经净化后的焦炉煤气主要组成如表 3-11 所列。

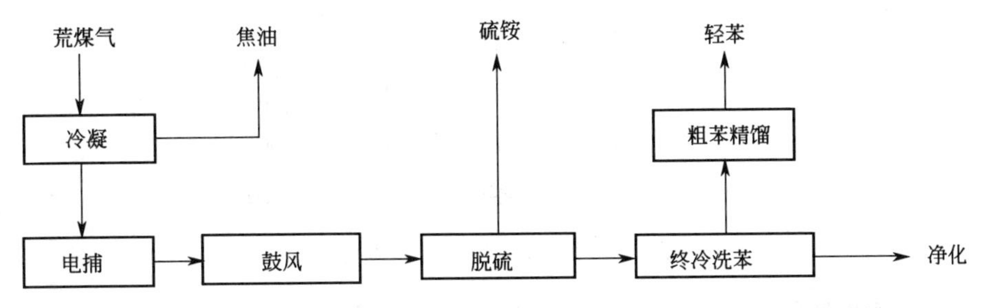

图 3-8 典型的煤气净化与回收工艺流程

表 3-11 焦炉煤气的主要组成/%

H_2	CH_4	CO	CO_2	N_2	O_2	C_mH_n	密度/(kg/m³)
55～60	23～27	5～8	1.5～3.0	3～7	<0.5	2～4	0.45～0.50

3.6.2 焦炉煤气的利用现状

按焦炭年产3亿吨计算，剩余焦炉煤气产量约为$600\times10^{8}m^{3}$。经过净化后，剩余煤气均可不同程度地得到利用。

在钢铁联合企业中的焦化厂，焦炉为复热式，一般采用高炉煤气加热，所产生的焦炉煤气经净化后供给炼铁、炼钢、轧钢等用户。作为城市煤气气源厂的焦化厂，绝大部分焦炉也为复热式，可采用焦炉煤气加热，也可采用发生炉煤气加热，所产生的焦炉煤气经净化，达到城市煤气标准后供应城市居民用户或工业用户。目前，以生产焦炭为主的独立焦化厂，除少数焦化厂所产的煤气供应城市煤气外，主要的工业用途还是作为燃料，如锻烧高铝矾土、金属镁等，也有部分剩余煤气用于发电。

产生大量剩余焦炉煤气的主要有两类焦化厂：一是以生产焦炭为主的独立焦化厂，其生产的焦炉煤气不能供应城市用户，又没有合适的工业用户；二是目前供应城市煤气用户的焦化厂，在采用天然气取代焦炉煤气供应城市煤气用户后，焦炉煤气没有合适的用户。这些过剩的煤气需要找到经济、合理、高效的综合利用途径。

3.6.3 焦炉煤气利用途径

焦炉煤气中可燃成分高达90%（体积分数）以上，净煤气的热值在16.7MJ/m^{3}以上，是很好的燃料。目前，焦炉煤气作为燃料气可以用于居民生活、工业生产及发电。

焦炉煤气的主要利用途径如图3-9所示。

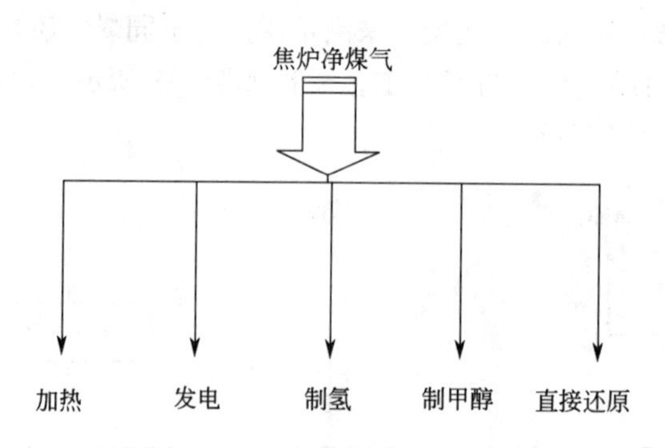

图3-9 焦炉煤气的主要利用途径

3.6.3.1 用作燃料

焦炉煤气的传统利用方式是用作燃料，与固体燃料比较，有使用便捷、可以管道输送和传热效率高等优点。

在工业用气方面，焦炉煤气的利用主要集中在冶金企业生产、陶瓷厂烧窑、锅炉燃料等方面，其应用主要与生产企业与焦化厂的布局密切相关。

3.6.3.2 用于发电

焦炉煤气用于发电比较可行。利用焦炉煤气发电有3种方式：蒸气轮机发电、燃气轮机发电和内燃机发电。其中，蒸汽发电机组由锅炉、凝汽式汽轮机和发电机组成，即以焦炉煤气作为蒸汽锅炉的燃料产生高压蒸汽，带动汽轮机和发电机组发电。

燃气轮机发电机组是焦炉煤气直接燃烧驱动燃气轮机，再带动发电机组发电。特别适合冶金、焦化、石化、油田、煤矿等生产过程中产生的高炉煤气、焦炉煤气、石油炼化伴生气、石油井田油气、煤矿瓦斯的开发利用。该技术具有效率高、投资小、运行稳定、自动化程度高、燃料适应范围广等特点。但技术要求高，所需备品多。

内燃机发电机组是用煤气机带动发电机发电。近年来焦化厂已陆续采用内燃机发电机组发电，大多选用500kW的内燃机发电机组。实践表明，发电装置运行可靠稳定，经济效益可观。

3.6.3.3 剩余焦炉煤气制氢

氢气是重要的清洁燃料和化工产品原料。焦炉煤气中氢气的体积百分含量超过50%，是一种重要的氢源。焦炉煤气制氢的方法主要有变压吸附法、深冷法和转化法（转化为合成气后通过水煤气变换反应制氢）。其中，采用变压吸附技术从焦炉煤气中直接分离氢气的技术已较为成熟，与水电解法制 H_2 比较，效益非常显著。但焦炉煤气生产纯 H_2 存在必须具备管道输送固定用户的限制。目前已有利用变压吸附法技术从焦炉煤气中提取高纯度氢作为苯加氢装置的氢源，以生产优质纯苯、甲苯和二甲苯等化工产品的成功范例。

与常规的电解水制氢、烃类水蒸气转化制氢、含氢化合物裂解制氢等工艺路线相比，焦炉煤气制氢在设备投资与运行费用方面都有一定的优势。焦炉煤气制氢，规模可大可小，对于地理位置较为偏远，煤气量较小的炼焦企业不失为一种切实可行的资源回收方案。

3.6.3.4 焦炉煤气的化学品合成

焦炉煤气中富含 H_2、CO及 CH_4，是良好的化工原料，通过重整反应将 CH_4 转化为合成气，进而用于生产化工产品。

(1) 甲醇

甲醇本身可作为燃料使用，同时它也是一种重要的有机化工原料。甲醇可以通过氧化、脱氢、羰基化、氯化以及其他化学反应过程生产甲醛、醋酸、醋酐、氯甲烷、甲胺及二甲醚等几十种化工产品。甲醇的产业链很长，焦炉煤气是生产甲醇的重要原料。

合成甲醇所需原料气理论上的氢碳比为2∶1，可采用增碳或减氢的方法将焦炉煤气制合成气中的氢碳比进行调节。将合成气用压缩机增压至5.0～6.0MPa，在200～300℃的条件下进行甲醇合成，生成的粗甲醇经精馏分离后，即可得到精甲醇。一般2000～2200m^3 焦炉煤气生产1t甲醇，建设一套年产10万吨甲醇的装置，一年可利用剩余焦炉煤气 $2\times10^8 m^3$。

焦炉煤气制取甲醇过程中，煤气净化（主要是精脱硫）、压缩、甲醇合成、精馏等工艺相对成熟，关键是如何实现焦炉煤气向甲醇合成气的转化。焦炉煤气中甲烷的转化主要有催化转化和非催化部分氧化转化两大类工艺。2004 年底，国内第一套焦炉煤气制甲醇工业生产装置顺利投产，年产甲醇 8 万吨。以焦炉煤气和气化煤气为原料气，对其中的甲烷和二氧化碳通过重整反应制得甲醇合成气的中试正在山西忻州进行。

（2）合成氨

焦炉煤气制成合成气后，还可用来合成氨，进而还可生产尿素等化肥。约 $1720m^3$ 焦炉煤气可生产 1t 合成氨，生产成本低于或相当于目前用天然气作原料生产合成氨及尿素，与以煤为原料合成氨相比，焦炉煤气合成氨具有较强的生产成本竞争优势。

（3）合成油

若能将剩余焦炉煤气经过非催化部分氧化转化，可以用于合成油生产的。通过 F-T 反应生产合成油。理论上，合成油的最大产率为 $208g/m^3$（$CO+H_2$）。由于煤的间接液化厂投资很高，一般 1t 油品的投资为 0.8～0.9 万元，而其中煤炭气化制合成气部分的投资占 50%。因此，焦炉煤气转化后生产合成油的效益将十分可观。

以剩余焦炉煤气制化工产品时，焦炉煤气的净化是一个重要环节，炼焦企业对这一点应引起足够的重视。从市场角度分析，以剩余焦炉煤气制合成气生产甲醇经济效益好，甲醇下游产品多，具有更显著的发展前景。

3.6.3.5 直接还原制海绵铁

直接还原铁（海绵铁）是一种不用高炉冶炼而得到的金属铁，其生产技术已很成熟，可分为两大类。一类用天然气作为还原剂的气基竖炉法和气基流态化法，产量约占还原铁总产量的 92%；另一类是以煤为还原剂的煤基回转窑生产工艺，其产量约占 8%。

理论上说，将焦炉煤气在热裂解炉中进行热裂解，使之成为含 H_2 73%～74%、含 CO 22%～25%的还原性气，可直接供给气基竖炉生产海绵铁，这种气体的质量要好于天然气的热裂解产生的还原气体。该工艺的核心技术是焦炉煤气的热裂解，目前世界上较成熟的热裂解技术有荒煤气直接热裂解技术、终冷后煤气的热裂解技术、用干熄焦装置作热裂解炉生产还原气及自重整技术等。焦炉煤气直接还原生产海绵铁的还原性气体非常廉价，能大大降低生产直接还原铁的成本。据测算，在焦炉煤气各种利用途径中，用焦炉煤气生产直接还原铁的经济效益最佳。但距离规模化、产业化应用还有一定的距离。

3.6.3.6 其他用途

（1）制氢后生产双氧水

利用焦炉煤气含氢量高的特点，可采用变压吸附工艺生产高纯度氢气，再用蒽醌法生产双氧水。双氧水经过提纯浓缩，可生产 27.5%～70%不同浓度的双氧水产品。提氢后的高热值煤气回用于焦炉加热系统，符合节能减排要求。

(2) 生产硫化钠

利用焦炉煤气中的氢气与工业无水硫酸钠在流化床中进行还原，当 640℃时在合适的催化剂作用下将会得到含量很高的硫化钠产品。此法优于其他制备方法，不仅实现可综合利用资源，而且还可以减少环境污染。

(3) 制取压缩天然气

焦炉气制液化天然气是一条很好的利用途径。国内多家单位都在开发此项技术，图 3-10 给出一种代表性的工艺流程，甲烷化催化剂和甲烷化流程的配置是其中的关键技术。

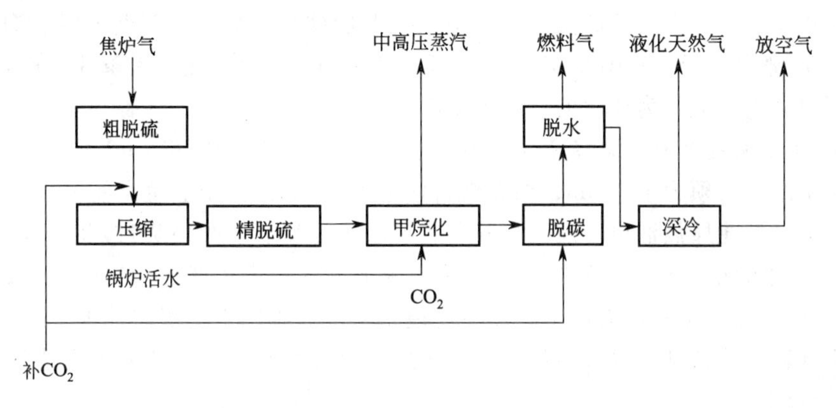

图 3-10 焦炉气制液化天然气工艺流程

3.6.4 粗苯精制

焦化粗苯是焦炉煤气净化后经过洗苯和蒸馏获得的副产品。目前，我国焦化粗苯产能达 400 万吨/年，占粗苯总产量（包括石油粗苯）的约 30%。焦化粗苯精制行业的资源丰富，相比石油苯加工而言精制成本低、下游应用广泛，在应用领域中可以替代或部分替代石油苯。

焦化粗苯精制技术和产业发展落后于焦化行业的发展，受技术和环境保护法规的限制，由焦化粗苯制得的精苯在纯度、抗氧化性等指标上，与苯胺生产等下游客户的需求还有一定差距。

焦化粗苯精制主要采用三种生产工艺：酸洗工艺、加氢工艺和萃取精制工艺。

酸洗工艺受环境保护要求的严格限制，已经被列入淘汰的技术而明令禁止采用；加氢还原工艺产品质量可与石油苯相比，技术指标能达到石油级水平，是新建、扩建项目采用最多的工艺。但投资太大，建设周期长，容易受到氢气资源来源限制；萃取精制工艺投资相对较少，工艺局限性小，建设周期短，资源易取，还可提取高纯度的噻吩，环境效益也较好。但企业的生产实践表明，萃取精制工艺制得的精苯中仍含有微量的不饱和烃和噻吩，使焦化苯的酸洗比色、溴价和总硫含量等指标难以达到国家标准中焦化苯合格品的质量水平，限制了焦化苯的应用领域。

在焦化粗苯精制的过程中，应同时回收噻吩。噻吩是昂贵的化工原料，主要用于制药以及生产各种染料、香料等物质。但无论采用酸洗还是加氢工艺均无法回收满足医药和染料化工要求的噻吩。目前噻吩主要通过化学方法合成，且需要进口。我国焦化粗苯中噻吩含量普遍较高，资源虽十分丰富但仍难以回收利用，其中的关键技术有待突破。

我国原煤产量的1/6左右用于炼焦，约4亿吨，仅次于直接或间接燃烧消费。尽管冶金工业技术的进步（如高炉富氧喷吹粉煤和直接还原炼铁等），使冶金工业中吨钢产出对焦炭需求量有所下降，但由于钢铁总量的增加，焦化工业消费煤在总煤消费结构中所占比例一直居高不下，而且焦炭仍然是未来钢铁生产的主要原料。为了使焦化这一举世公认的重污染工业实现节能减排，清洁生产循环经济型的煤-焦-化发展势在必行。我国2009年1月开始实施的《焦化行业准入条件》首先从以下方面提高了门槛，为今后的一体化奠定了基础。

① 新建顶装焦炉炭化室高度必须大于6.0m、容积大于38.5m^3；新建捣固焦炉炭化室高度必须大于5.5m、捣固煤饼体积大于35m^3，企业生产能力100万吨/年及以上。新建煤焦油单套加工装置应达到处理无水煤焦油15万吨/年及以上；

② 新建的粗（轻）苯精制装置应采用苯加氢等先进生产工艺，单套装置要达到5万吨/年及以上；已有的单套加工规模10万吨/年以下的煤焦油加工装置、酸洗法粗（轻）苯精制装置应逐步淘汰，新建焦炉煤气制甲醇单套装置应达到10万吨/年及以上。

参 考 文 献

[1] Suuberg E M. et al. Fuel., 1985, 64: 1668.
[2] Suuberg E M. et al. Fuel., 1985, 64: 956.
[3] Gavalas G R. et al. Ind. Eng. Chem. Fundam., 1981, 20 (2): 113.
[4] Gavalas G R. et al. Ind. Eng. Chem. Fundam., 1981, 20 (2): 122.
[5] van Heek K H. et al. Fuel., 1994, 73: 886.
[6] Peter R. Solomon, Hsiang-Hui King. Tar evolution from coal and model polymers: Theory and experiments [J]. Fuel., 1984., 63 (9): 1302-1311.
[7] van Krevelen D W. Coal. Amsterdam: Elseviver, 1961, 263.
[8] Nusselt W Z. VDI. 1924: 68.
[9] Badzioch S. Bcura. Month Bull., 1967, 34 (4): 193.
[10] Kabayashi H. 6th Symp. Int. On combustion. 1977: 411.
[11] Pitt G J. Etal, Fuel., 1962, 41: 267.
[12] Anthong D B. et al. 15th Symp. On combustion. 1977, 411.
[13] Suuberg E M. Sc. D. Thesis. Cambridge: Mass, 1977, 50.
[14] Given P H. et al, Fuel., 1960, 39: 147.
[15] Wiser W H. et al. Ind. Eng. Chem. Process Des. Dev., 1967, 6: 133.
[16] Suuberg E M. et al. Ind. Eng. Chem. Process Des. Dev., 1978, 17: 34.
[17] Gavalas G R. et al. Ind. Eng. Chem. Fundation., 1981, 20: 113.
[18] van Krevelen D W. Coal. Amsterdam: Elsevier Scientific Pubblishing Company, 1981. 287.

[19] Badzioch S. et al. Ind. Eng. Chem. Peocess Des. Dev., 1970, 9: 521.
[20] Howard J B. Ind. Eng. Chem. Peocess Des. Dev., 1967, 6: 74.
[21] Wiser W H. Ind. Eng. Chem. Peocess Des. Dev., 1967, 6: 133.
[22] Badzioch S. Bcura. Month Bull., 1967, 31 (4): 193.
[23] Koch V. et al. Brennstoff-Chemie., 1960, 50: 369.
[24] Maria M. et al. Fuel., 1983, 62: 1393.
[25] Johnston P R. et al. J. Colloid. Interface Sci., 1993, 155: 146.
[26] 齐婳，李丽琴，王凯，陆永斌. 21世纪炼焦新技术——SCOPE21工艺[J]. 煤化工，2005，(6)：15-18.

第4章 煤与氢的反应——加氢过程

4.1 煤与氢的反应

加氢是重要的化工单元过程，氢在催化剂存在下与不饱和有机化合物之间的加氢反应过程常见于合成氨、合成液体燃料等领域。

从化学反应类型上看，加氢过程可分为两大类：一类是氢与有机化合物直接反应，目的是增加有机化合物中氢原子的数目，使不饱和的有机物变为饱和的有机物。如己二腈加氢制己二胺［式(4-1)］，苯加氢生成环己烷［式(4-2)］用于制造锦纶，鱼油加氢制硬化固体油以便于制造肥皂、甘油等过程。

$$NC(CH_2)_4CN + 4H_2 \longrightarrow H_2N(CH_2)_6NH_2 \tag{4-1}$$

$$C_6H_6 + H_2 \longrightarrow C_6H_{12} \tag{4-2}$$

另外一类是将大分子的有机物分子进行破裂变成小分子液体状态的化合物，并增加氢原子，氢与有机化合物反应的同时，伴随着化学键的断裂，这类加氢反应又称氢解反应。如加氢脱烷基［式(4-3)］，加氢裂化，加氢脱硫［式(4-4)］、氮［式(4-5)］、氧等杂原子，硝基苯加氢还原制苯胺等；煤、重油的氢解，以及油品加氢精制中非烃类的氢解等。

$$C_6H_5CH_2CH_3 + H_2 \longrightarrow C_6H_6 + H_3C—CH_3 \tag{4-3}$$

$$C_6H_5SH + H_2 \longrightarrow C_6H_6 + H_2S \tag{4-4}$$

$$C_9H_7N + 4H_2 \longrightarrow C_6H_5CH_2CH_2CH_3 + NH_3 \tag{4-5}$$

此外，以合成气为原料在催化剂（主要是铁系）和适当反应条件下合成以石蜡烃为主的液体燃料的费托合成工艺过程也是能源和化工领域的重要加氢反应过程［式(4-6)］。

$$nCO + (2n+1)H_2 \longrightarrow C_nH_{2n+2} + nH_2O \tag{4-6}$$

这一化学反应在20世纪成为了化学工业的重要基础，开启了从合成气制造大宗化学品的途径。以煤气化为龙头的新型煤化工产业，由于气化煤气中含有较多的一氧化碳，通过一氧化碳的水煤气变换反应调节碳氢比后，即可利用费托合成实现煤从固体向液体产品的转变，这时费托合成反应方程就演变为式(4-8)。

$$CO + H_2O \longrightarrow CO_2 + H_2 \tag{4-7}$$

$$2nCO + (n+1)H_2 \longrightarrow C_nH_{2n+2} + nCO_2 \tag{4-8}$$

煤作为重要的化工原料，其在转化应用中涉及诸多的加氢反应过程。如煤干馏产物的精制，焦化苯的加氢脱硫精制，煤在供氢溶剂中的直接液化等。目前以高品质燃料为代表的生产和加工体系是建立在石油化学加工基础之上的，实行煤的加氢过程，能使煤转变为气态和液态燃料，将高分子量的煤转化为饱和氢的低分子化合物。

4.2 煤加氢过程的化学原理

4.2.1 实质

煤是固体，石油为液体，两者的分子量和分子结构特点相差很大，石油的平均分子量为 200～600，远低于煤炭的 5000～10000。

煤和石油的结构也不相同，煤的结构类似于高分子聚合物，由 2～4 个或更多的芳香环构成基本结构单元，基本结构单元（一般为 5～10 个）由非芳香结构的 $-CH_2-$，$-CH_2-CH_2-$或氢化芳环或醚链—O—联结，呈空间网状结构。而石油是以链烷烃为主与芳香烃和环烷烃等组成的混合物。

两者结构差别虽大，但元素组成却非常相近，均主要由 C、H、O、N 和 S 构成，但 H/C 相差很大，其中烟煤的碳含量与石油相近，H 含量远低于石油，O 含量远高于石油。

表 4-1 煤炭和液体燃料的元素组成比较/%

元素	无烟煤	烟煤	石油	汽油	甲烷	甲醇
C	89～98	77～92	83～87	86	75	37.5
H	0.8～4	4～6	11～14	14	25	12.5
O	1～4	2～20	0.3～0.9		—	50
N	约 0.1	约 0.1	0.2		—	—
S	0.1～0.5	0.1～9	1		—	—
H/C	约 0.5	约 1.0	约 1.7	约 1.9	4	4
O/C	约 0.1	约 0.2	约 0.02			0.25

由表 4-1 给出的煤和石油的结构和元素组成对比可知，要将煤转化成为液体产物，首先要将煤的大分子裂解为较小的分子，这就需要输入一定的能量，即必须具备一定的温度。其次，使得 H/C 原子比增加，O/C 原子比降低，这就必须增加氢原子或减少碳原子，转化必须向煤中加入足够量的氢。由于氢的活性较低，为了使氢保持较高的浓度，加快反应速度，就必须有较高的压力，同时使用溶剂和催化剂

使煤的有机质与氢接触良好，促使它们之间的反应。

满足了加氢反应条件，煤的空间立体结构将被破坏，大分子变成了较小的分子，多环结构变成了单环、双环结构，环状结构被打开变成直链。与此同时，不但在碳原子上结合了一定数量的氢原子，而且煤分子结构中的一些含氧基团和醚键被破坏，与氢结合生成了水。煤中含硫和含氮结构被破坏，与氢结合生成硫化氢和氨而释出。这样，使煤的结构、分子量、H/C 原子比等发生了显著的变化，因而固体煤变成了液体的烃和油。但是，这变化过程将消耗很多能量，而且在目前通过煤气化制氢或通过变换反应调氢的情况下还要产生大量的浓度较高的 CO_2。还需要指出的是，在得到液态产物的同时，也可得到低硫、低灰分的固体，用作固体燃料或用作原料以制取碳素纤维、针状焦等碳素材料。

4.2.2 加氢的反应条件

依据参与加氢过程的物质的性质和最终产物的品质，煤的加氢过程选取的压力、温度、催化剂不同。

在煤的加氢直接液化过程中，固体原料煤、催化剂与供氢溶剂混合，在 380～550℃，氢的压力为 200～700MPa 下进行加氢反应。

在煤的加氢气化制高热值煤气过程中，煤首先在 700～925℃、7.0MPa 下与富含氢气的气体混合气化，热分解产生的煤气分离以后，半焦继续加氢气化，生成的煤气中的一氧化碳再经过水煤气变换和甲烷化转化使煤气中甲烷含量提高。

为了改善加氢过程的效率，一般固体煤或焦直接与氢气反应时常常需要事先将它们破碎成非常小的颗粒，或制成浆状物。

除此之外，煤化工中的加氢过程也有在气相和液相中进行的，如焦化苯的加氢精制。其加氢的目的在于改善液体燃料的品质。加工过程中液体原料、催化剂和氢三者的混合物在高压（4.0～5.0MPa）及高温条件（440～500℃）下通过反应室，被加氢物质的蒸气与氢通过固定的催化剂层进行反应得到产品。

4.2.3 加氢催化剂

煤化工过程中的加氢催化剂主要有四类，主要根据转化反应涉及的官能团变化进行选择。

① 金属催化剂。常用的是第Ⅷ族过渡元素，如骨架镍、镍-硅藻土、铂-氧化铝、钯-氧化铝等。这类催化剂活性高，几乎可用于所有官能团的加氢，在煤的直接液化、煤焦油深加工、粗苯精制等工艺过程中常常被采用。

② 金属氧化物催化剂。如氧化铜-亚铬酸铜、氧化铜-氧化锌、氧化铜-氧化锌-氧化铬、氧化铜-氧化锌-氧化铝等，主要用于醛、酮、酯、酸以及一氧化碳等化合物的加氢。

③ 金属硫化物催化剂。如镍-钼硫化物、钴-钼硫化物、硫化钨、硫化钼、硫化铁等，通常以 γ-氧化铝为载体，主要用于含硫、含氮化合物的氢解反应，部分硫

化的氧化钴-氧化钼-氧化铝催化剂常用于油品的加氢精制。

④ 络合催化剂。如 $RhCl[P(C_6H_5)_3]_3$，主要用于均相液相加氢。

4.3 煤直接液化

在高压和一定温度下煤直接与氢气反应，把固体状态的煤经过一系列化学加工过程，使其转化成液体产品的煤转化技术称为煤直接液化。煤转化制取甲醇、乙醇等醇类燃料也常常包括在煤液化的范围之内，但其加工过程的路线不同，与费托法合成油一样，属于间接液化过程。

4.3.1 液化的基本原理

煤的大分子结构裂解为较小的分子可以通过加热来实现[1]。煤的结构单元之间的桥键在加热到250～400℃时就有一些弱键开始断裂，随着温度的进一步升高，键能较高的桥键也会断裂。桥键的断裂产生了以结构单元为基础的自由基，自由基的特点是本身不带电荷却在某个碳原子上（桥键断裂处）拥有未配对电子，如式(4-9)所示。自由基非常不稳定，存在二次反应重新结合成大分子的可能，如式(4-10)所示。在高压氢气环境和有溶剂分子分隔的条件下，热断裂产生的以结构单元为基础的自由基被加氢而生成稳定的低分子产物（液化油和水以及少量气体）。而在实际的煤加氢液化中，煤分子结构单元之间桥键的断裂和自由基的稳定是在高温、高压、氢气环境下同时进行的。表4-2中列出了一些煤中弱化学键的键能数据，键能越小越容易在液化的初期分解。

$$C_6H_5CH_2CH_2C_6H_5 \longrightarrow 2\,C_6H_5CH_2^{+} \tag{4-9}$$

$$C_6H_5CH_2^{+} + H_2C^{+}C_6H_5 \longrightarrow C_6H_5CH_2CH_2C_6H_5 \tag{4-10}$$

$$C_6H_5CH_2^{+} + H \longrightarrow C_6H_5CH_3 \tag{4-11}$$

煤炭经过加氢液化产生的液化油含有较多的芳香烃及较多的氧、氮、硫等杂原子，必须再经过一次或一次以上提质加工才能得到合格的液体产品。液化油提质加工的过程主要是加氢，通过加氢脱除杂原子，进一步提高H/C原子比。

在加氢过程中所需的活性氢来源于溶剂分子中键能较弱的碳-氢键、氢-氧键断裂分解产生的氢原子，或者被催化剂活化后的氢分子。煤经过加氢液化后剩余的无机矿物质和少量未反应煤还是固体状态，可通过固液分离方法把固体从液化油中分离出去，常用的有减压蒸馏、加压过滤、离心沉降、溶剂萃取等固液分离方法。

煤液化之后其大分子结构分解成小分子，H/C原子比被提高到石油的原子比水平，同时脱除了煤炭中氧、氮、硫等杂原子，以及煤中无机矿物质，从而使液化

表 4-2　煤中典型官能团及其键能

官能团	结构式	键能/(kJ/mol)	官能团	结构式	键能/(kJ/mol)
羰基	R(R)C=O	270	甲基	R—CH_3	280
羧基	R、H、R、OH（X形连接）	250～280	亚甲基	R—CH_2—R	260
醚	R—O—R	240～280	氢碳键	R—H	315
硫醚	R—S—R	260～290	羟基	R—OH	200～360

油的质量达到石油产品的标准。

4.3.2　液化反应过程

一般来说，液化的反应机理过程可分为溶剂的萃取、煤中弱桥键断裂、自由基碎片的形成和热解碎片的加氢等步骤[2]，因此对液化反应过程动力学的分析也需分别以相应步骤进行。

4.3.2.1　溶剂的萃取

煤的溶剂萃取不仅仅可以从分子水平研究煤并揭示煤的分子结构，而且在煤的加工利用方面也有相当的实际应用价值。选择合适的溶剂进行索氏抽提可以破坏煤中的一些非共价键，例如，氢键、范德华力等，使煤中大分子网络结构中缔合的小分子脱离固体煤母体。仅仅通过溶剂的萃取过程，可以将煤的1%～30%转化为液体，合适的溶剂包括苯、甲苯、二甲苯、吡啶等。

萃取过程中不涉及化学反应，对煤的抽提比例有限，特别是对烟煤的萃取抽提。在煤的液化过程中，常常使用供氢溶剂，比如四氢萘，这时既有溶剂的萃取作用，也有化学反应发生。

4.3.2.2　煤中弱桥键断裂

煤中弱桥键断裂发生在大约250℃附近时，产生可萃取的物质。当加热温度超过400℃时，可发生多种形式的热解反应，产生液体产物。

煤的液化过程中的这一阶段是在溶剂中进行的，研究对比煤的热分解与液化的最初阶段发现，无论系统中有无溶剂，煤的热分解都是在350℃以上发生，作用机理和结果极其相似。对短时间液化进行的广泛深入研究显示，煤液化时初始反应产物与溶剂性质及有无氢气无关。此过程脱除原煤约三分之一的氧和硫，因此研究结果认为，在煤液化的最初阶段可以认为是一个纯粹的热分解过程。

4.3.2.3　自由基碎片的形成

弱键断裂后产生了以煤的结构单元为基础的小碎片，形成带有未配对电子自由基，这些分子碎片的分子量范围约300～1000，带有未配对电子的自由基具有很高的反应活性，能与邻近的自由基上未配对电子结合成对，即重新组成共价键。氢原子也是最小又最简单的自由基，如果煤的自由基得不到氢而它的浓度又很大时，这些自由基碎片就会互相结合而生成分子量更大的化合物甚至生成焦炭。因此，热解后的自由基碎片需要从煤基质或溶剂中获得必要的氢原子，使自由基达到稳定。从煤的基质中获得氢的过程实际上是煤中氢的再分配，而从溶剂分子中获得氢原子则称为溶剂供氢。煤自身的氢元素含量有限，仅仅依靠煤中氢的再分配不足以使热解产生自由基碎片稳定，并防止二次反应而形成大分子。所以，溶剂的使用，尤其是供氢溶剂的使用是必须的。

自由基稳定后的中间产物分子量分布很宽，既有分子量小的馏分油，又有分子量大的沥青烯和前沥青烯。分子量大的馏分需进一步加氢分解成分子量较小的沥青烯、馏分油和烃类气体。同样沥青烯通过加氢可进一步生成馏分油和烃类气体。

图4-1反映了煤液化自由基碎片的产生过程。

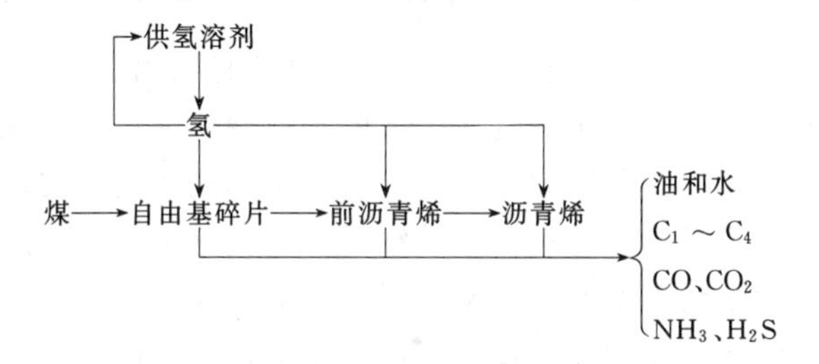

图4-1　煤直接液化自由基的产生和加氢

4.3.2.4　热解碎片的加氢

当煤液化反应在氢气压力气氛下和催化剂存在时，氢气分子被催化剂活化，从而可以直接与自由基或稳定后的中间产物分子反应，这种反应称为加氢。加氢反应再细分有芳烃加氢饱和、加氢脱氧、加氢脱氮、加氢脱硫和加氢裂化等几种。

加氢过程需要合适的催化剂，活性不同的催化剂需要的加氢条件也有区别。在煤液化反应器内仅能完成部分加氢反应，煤液化产生的一次液化油还含有大量芳烃和含氧、硫、氮杂原子的化合物，必须对液化油进一步再加氢才能使芳烃饱和以及脱除杂原子，达到最终产品汽油、柴油的标准，后一步的再加氢称为液化油的提质加工。

4.3.2.5　煤液化动力学

煤液化动力学研究异常困难，因为煤直接液化过程是一个复杂的物理和化学过程的结合，包括了传质、传热、催化、反应、聚合等[3～6]。而各反应过程的温度控制因素也不同。依据反应历程，煤的液化可以用若干个基元反应表示，并建立相应的动力学模型。但实际的计算过程中，即使通过模型化合物进行实验，逐一求解每个基元反应的动力学参数也是非常困难的。其一，动力学研究既可以使用恒温实验结果，也可以使用程序升温。但对于煤液化动力学研究却难以在恒定的温度下完成实验，尤其是对于一些间歇式反应器，因为煤液化过程需要较长的升温和降温时间。非恒温反应动力学研究方法在很多非均相的反应中得到了应用，但非恒温反应动力学研究方法不适合于复杂的反应系统；其二，动力学研究需要及时监控反应物和产物的浓度，而对于煤的液化过程，对产物的测定常常需要繁琐的检测过程。

目前为止，在动力学研究工作中最常见的处理方法是根据产物的特性，对煤直接液化反应后所得液固混合物的族组分进行分离，将煤液化反应物按前沥青烯、沥青烯、油、气体等进行分族。反应过程可以作为一级反应处理并建立相应动力学模型。这样加氢液化反应就可分成若干个不可逆过程：

$$\text{煤}\xrightarrow{\text{热分解}}\text{自由基中间体} \tag{4-12}$$

$$\text{自由基中间体}+\text{氢}\xrightarrow{\text{催化剂,溶剂}}\text{液体产物}+\text{气体产物} \tag{4-13}$$

$$\text{自由基中间体}\xrightarrow{\text{缩聚}}\text{半焦} \tag{4-14}$$

$$\text{失去氢的供氢溶剂}\xrightarrow{\text{催化剂}}\text{供氢溶剂} \tag{4-15}$$

$$\text{加氢中间体}\xrightarrow{\text{催化加氢裂解}}\text{小分子有机化合物} \tag{4-16}$$

煤液化反应的复杂性决定了用基元反应的反应规律无法完全代表上述过程，比如，用模型化合物进行的液化动力学研究，因此目前通常用总的表观活化能近似推测。由实验数据计算得到的上述速度常数结果虽不很精确，但如果结合基元反应的研究来看，这种动力学结果基本能够反映煤液化的客观规律。

在上述的动力学反应模型中，煤中弱键的断裂可以近似按一级反应处理，活化能 5～40kJ/mol，其结果与煤的热解干馏过程类似。

自由基的加氢过程，以及自由基的缩合可以近似按二级反应处理，活化能 120～250kJ/mol。

4.3.3 煤质与煤的液化特性

4.3.3.1 煤阶与液化特性的关系

与煤的气化热解干馏和直接燃烧等转化方式相比，直接液化的反应温度条件较温和，也正因为如此受所用煤种的影响很大。不同的煤种进行直接液化，其所需的温度、压力和氢气量以及其液化产物的收率都有很大的不同。一般而言，除无烟煤不能液化外，其他煤均可不同程度地被液化。煤炭加氢液化的难度随煤的变质程度的增加而增加，即泥炭＜年轻褐煤＜褐煤＜高挥发分烟煤＜低挥发分烟煤。

褐煤和年轻烟煤的 H/C 原子比相对较高，它们易于加氢液化，并且 H/C 原子比越高，液化时消耗的氢越少，通常选 H/C 原子比大于 0.8 的煤为直接液化用煤。煤中挥发分的高低也是煤阶高低的一种表征指标，越年轻的煤挥发分越高、越易液化，通常选择挥发分大于 35%的煤作为直接液化煤种。换言之，从制取油的角度出发，通常选用高挥发分烟煤和褐煤为液化用煤。与烟煤相比较，褐煤的氧含量较高，大部分高于 20%，高的氧含量不但增加了氢耗量，而且液化中水的生成量大，使液化油产率相对偏低。

4.3.3.2 煤的岩相组成与液化特性的关系

由于煤的不均一性和煤结构的复杂性，在考虑煤种对直接液化的影响时，除了需从煤的工业成分、元素组成的角度分析外，还需要从煤岩显微组分的含量水平上进行分析。

同一煤化程度的煤，由于形成煤的原始植物种类和成分的不同，成煤初期沉积环境的不同，导致煤岩相组成也有所不同，其加氢液化的难易程度也不同。煤中惰质组（主要是丝质组分）在通常的液化反应条件下难于加氢液化，而镜质组、半镜质组和壳质组较容易加氢液化，所以将它们统称为活性组分。对内蒙东胜马家塔煤及其分离出的“纯镜质组”和“纯惰质组”进行的高压釜液化试验证实，它们的液化特性的确存在明显差别，按转化率和油产率的高低次序来评价原料煤、“纯镜质组”和“纯惰质组”的液化反应性，试验结果是原料煤＞“纯镜质组”＞“纯惰质组”。但同时发现“纯惰质组”的转化率也达到62%，说明它有一定的反应活性。试验还发现原料煤的转化率及油产率高于纯煤岩组分试验结果的线性叠加，说明各煤岩组分之间在液化反应过程中有某些协同作用。

一般而言，虽然惰质组在较苛刻条件下也能部分液化，但从经济上考虑，直接液化选择的煤种应尽可能选择惰质组含量低的煤。谢克昌、李文英等对中国西部弱还原型煤结构多尺度表征及其热化学转化特性的研究还表明，虽然富含惰质组，但弱质体含量较低、半弱质体含量较高的弱还原型煤，如内蒙古神东煤也具有良好的液化性能。

4.3.3.3 煤中矿物质与液化特性的关系

煤中矿物质分为硅酸盐、氧化物、硫化物、硫酸盐和碳酸盐等。研究煤中矿物质对煤液化性能的影响有以下几种方法：一是选择煤阶与岩相组分相似而矿物质组成差异较大的煤，考察它们的液化性能；二是通过密度分离或化学脱除煤中矿物质的方法，使煤中矿物质含量发生明显的改变，然后分别考察它们的液化性能；三是在煤液化试验中加入不同种类的矿物质，考察它们对液化性能的影响。

煤中矿物质对液化效率有一定影响。研究发现煤中含有的Fe、S、Cl等元素尤其是黄铁矿对某些煤的液化具有催化作用，而含有的碱金属和碱土金属却对某些催化剂起毒化作用。矿物质含量高，会增加反应设备的非生产性负荷，灰渣易磨损设备，且因分离困难而造成油收率的减少，因此加氢液化原料煤的灰分要低，一般要求小于10%。

4.3.3.4 煤中硫与液化特性的关系

金属硫化物是加氢过程中常用的催化剂[7]，如铁系化合物中的一种非计量化学相$Fe_{1-x}S$在煤直接液化中起催化作用，并且价廉易得、活性相对较高、环保、无毒。液化过程中$Fe_{1-x}S$主要是铁与S或H_2S反应所得。因此，在煤的液化过程中，煤中硫非但对液化过程影响很小，而且在一定程度上对煤直接加氢液化反应起着重要的作用。有时甚至为了提高液化催化剂的活性，还要加入硫作为助剂。

煤中含有硫化铁硫和有机硫，在直接加氢液化反应时，煤中的有机硫，如硫醇S或硫醚S及部分硫化铁硫在400℃分解逸出，与氢发生反应生成H_2S，这一过程可促进$Fe_{1-x}S$的生成，并直接与煤分子中某些含氧官能团如醚键作用，起到催化加氢裂解的作用。同时，$Fe_{1-x}S$的金属空位又是H_2S的脱附中心，能与H_2S协同作用促进加氢，对H_2S的分解有诱导作用，可以弱化H—S键，促使H_2S分解，分解后产生的新H_2要比原料气的氢分子活泼得多，能够与煤裂解产生的自由基碎片相结合，防止自由基碎片间缩合反应的发生，促进液化反应的进行。此外，在高温、高压下，H_2S电离产生活性氢原子所需能量仅为直接电离H_2所需能量的一半，更容易产生活性氢原子。

可见，煤中硫、矿物质及体系中H_2的共同作用，能催化煤液化反应。但是，催化剂对化学反应的催化作用有最佳量。低于该量，催化作用不明显，甚至显示不出催化作用；超过该量，催化作用效果不再增加，有时甚至还下降。当煤中硫质量分数为1.15%～6.65%，油产率和总转化率随硫含量的增加而增加；当煤中硫质量分数为7.50%时，油产率和总转化率反而减小。

4.3.3.5 适合直接液化的煤种

综上所述，选择适合直接液化的煤种一般应考虑尽可能全部或大部分满足下述条件：

① 年轻烟煤和年老褐煤；

② 挥发分大于35%（无水无灰基）；

③ 氢含量大于5%，碳含量72%～85%，H/C原子比高，氧含量低；

④ 活性组分大于80%；

⑤ 灰分小于10%（干燥基），矿物质中最好富含硫铁矿。

选择具有良好液化性能的煤种不仅可以得到高的转化率和油收率，还可以使反应在较温和的条件下进行，从而降低操作费用，减少生产成本。

4.3.4 液化过程中溶剂和溶剂的作用

煤的直接液化必须有溶剂存在，这也是其与加氢热解的根本区别。直接液化的过程中，煤需要预先被粉碎到0.1mm以下的粒度，并与溶剂配成煤浆，溶剂可以采用煤液化自身产生的重质油或原油裂解的渣油等富氢有机液体[8]。

一般而言，有机溶剂和煤中的有机质发生强烈的作用，将导致煤中诸如氢键等非共价键断裂溶解在溶剂中，从而破坏煤中交联键形成的交联网络结构，使煤发生溶胀[9,10]。溶胀后的煤的结构较为疏松，自由能降低。因此，煤液化中的溶剂必须首先能够有效地使煤粒溶胀，并溶解小分子化合物。根据相似相溶的原理，溶剂结构与煤分子近似的多环芳烃对煤热解的自由基碎片有较强的溶解能力。煤在溶剂中的溶解性能与其分子间氢键作用力是密切相关的，极性溶剂中的溶胀度远远大于非极性溶剂，这主要是因为溶剂的强碱性易破坏煤大分子间的氢键，使得煤的溶胀度增大。因此，在常见的有机溶剂中，对煤的溶解能力排序为吡啶＞苯＞酚油＞

萘＞四氢萘＞十氢萘＞烷烃油。溶胀能力排序为二甲基亚砜＞四氢呋喃＞异丙醇＞醇[11]。

无氢气参与液化的过程，如用非供氢溶剂的液化结果远小于使用供氢溶剂的结果，四氢萘、邻环己基苯酚的供氢作用明显高于萘、联苯、邻苯基苯酚、联环己烷等。

值得注意的是，供氢溶剂不仅提供活性氢，而且可能传递活性氢[12]。煤受热分解时，弱键断裂生成的自由基的自由度较小，需要活性氢移动到其活性位上与其结合生成含氢的稳定结构。而无催化剂时，70%转移氢来自供氢溶剂；有催化剂时，在过量四氢萘中15%～40%来自供氢溶剂，而60%～80%则来自气相氢。

综上所述，煤的直接液化过程中，溶剂能起到如下作用：

① 煤与溶剂制成浆液便于输送，有效地分散煤粒子、催化剂和液化反应生成的产物，使反应体系温度均匀，改善多相催化液化反应体系的动力学过程；

② 对煤起到溶胀和萃取作用，使有机质中的键发生断裂；

③ 溶解部分氢气，作为反应体系中活性氢的传递介质；或者通过供氢溶剂的脱氢反应提供煤液化需要的活性氢原子。

以四氢萘为例，溶剂的供氢过程可以表示如下：

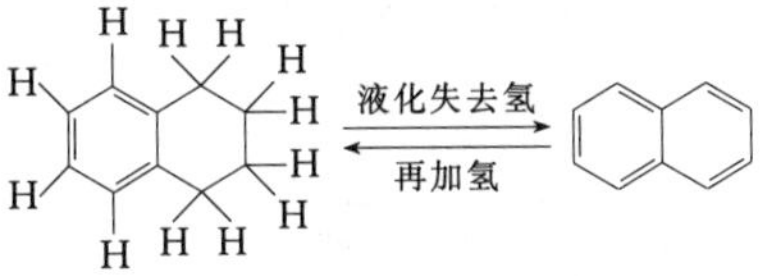

液化失去氢 ⇌ 再加氢 (4-17)

理论上来说，只要含有可移动氢键的溶剂都可用作供氢溶剂。但只具有芳香结构的溶剂供氢能力有限，如邻苯酚、联苯，而具有芳香结构同时具有氢化芳香结构的化合物是理想的供氢溶剂，如1,2,3,4-四氢-5-羟基萘。表4-3中的数据可以看出一些溶剂的供氢能力。测定条件：溶剂/煤比例4∶1，常压，无催化剂，400℃反应30min。

表4-3　几种溶剂的供氢能力

溶剂	分子结构	产物的苯可溶物百分数/%
邻环己烷酚	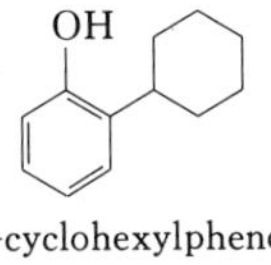 2-cyclohexylphenol	81.6
1,2,3,4-四氢-5-羟基萘	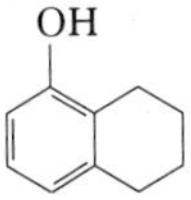 5,6,7,8-tetrahydronaphthalen-1-ol	85.3
四氢萘	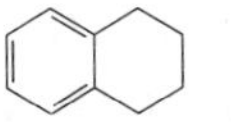 1,2,3,4-tetrahydronaphthalene	49.4

续表

溶剂	分子结构	产物的苯可溶物百分数/%
甲酚	CH_3 OH *m*-cresol	32.1
联环己烷	1,1′-bi(cyclohexyl)	27.2
萘	naphthalene	22.1
邻苯基酚	OH 1,1′-biphenyl-2-ol	19.6
联苯	1,1′-biphenyl	19.4

在煤的液化过程中，首先煤在不同溶剂中的溶解度是不同的，其次溶剂与溶解的煤中有机质或其衍生物之间存在着复杂的氢传递关系。受氢体可能是缩合芳环，也可能是游离的自由基团，而且氢转移反应的具体方式又因所用催化剂的类型而异。因此溶剂在加氢液化反应中的具体作用也十分复杂，一般认为好的溶剂应该既能有效溶解煤，又能促进氢转移，有利于催化加氢。

在煤液化工艺中，如采用煤直接液化后的重质油作为溶剂，且循环使用，这类溶剂称为循环溶剂，沸点范围一般在200～460℃。由于该循环溶剂组分中含有与原料煤有机质相近的分子结构，如将其进一步加氢处理，可以得到较多的氢化芳烃化合物，使其供氢能力得到提高。另外，在液化反应时，循环溶剂还可以得到再加氢作用，同时增加煤液化的产率。近年也有用废塑料、废橡胶、废油脂作溶剂，一般先将其加热处理软化成液体，然后与煤混合进行加氢反应，使其降解成低黏度的小分子油，从而使这些废物质得到循环利用，同时减少了污染。

4.3.5 催化剂

催化剂在煤液化过程中起着非常重要的作用，也是影响煤液化成本的关键因素。开发温和条件下促使煤中芳烃加氢、C—C键断裂和C—O、C—N、C—S键氢解的催化剂材料一直是煤直接液化的关键技术。而理想的催化剂应有高比表面积，以促进催化剂与煤的相互接触，加剧二者之间相互作用。因此，一般采用高分散型催化剂最为理想。

多年来，煤液化工艺中多使用常规 Fe 系催化剂，如 Fe_2O_3 和 FeS_2 等。Fe 系催化剂比金属硫化物（如 Ni、Co、W 和 Mo 等）、路易斯酸性催化剂（Lewis acid，$ZnCl_2$、$SnCl_2$、$AlCl_3$、$FeCl_3$ 等）廉价、无毒性、对环境危害小，无需回收利用。因此，以铁基材料作为煤直接液化的催化剂是当前研究的主要热点。

对铁基催化剂的高分散制备方法有：①干燥和机械磨碎后的 Fe_2S_3 直接与煤混合，煤粉和催化剂间的接触取决于颗粒大小；②为提高催化剂的分散度和与煤的接触程度，还常常采用浸渍法，如将煤粉加入含有 Fe_2S_3 颗粒的溶液后进行洗涤、过滤和干燥，或煤粉先与 Na_2S 溶液混合，再加入 $FeCl_3$ 溶液，洗涤、过滤和干燥，在沉淀的过程中引入表面活性剂，使铁固体颗粒沉淀聚集在油包水型微乳液中，还能制备出纳米级的催化剂核；③将含铁的水溶液短时间内暴露于高温和高压下，引发氧化物或氢氧化物迅速成核，也可以制备出高分散的催化剂颗粒。煤液化铁系催化剂的研究重点集中在超细粒分散型铁基催化剂的制备与加入方式上，以进一步提高液化反应的效率。

钼、镍等有色金属在石油加氢裂解中是常用的催化剂活性物质，对煤直接液化同样有效。钼具有很高的加氢活性，粒度较细的钼催化剂的高活性主要表现在加氢产物的沥青烯产率很低，沥青烯加氢转化为油的程度较高。钼催化剂用于煤炭液化的缺点也非常明显，由于钼的价格高，一次性加入后如果不回收，经济上成本过高。所以对钼、镍等有色金属需研究和完善它们的回收方法。

在煤液化中，钼催化剂首先以钼酸铵水溶液的形式加入到煤浆之中，随煤浆一起进入反应器，反应之后，废催化剂留在残渣中一起排出液化装置。液化残渣在1600℃的高温下燃烧，活性组分 Mo 以 MoO_3 的形式随烟道气挥发出来，烟道飞灰用氨水洗涤萃取，可把灰中的氧化钼转化成水溶性的钼酸铵。

在煤液化中，铁系催化剂和钼、镍系可再生型催化剂的活性形态都是硫化物。在反应之前，催化剂以氧化物形态存在的活性组分也将转化成硫化物形态。这种转化可以在反应过程中进行，即元素硫或硫化物作为助剂与煤浆一起进入反应系统，在反应条件下元素硫或硫化物被氢化为硫化氢，硫化氢使铁的氧化物转化为硫化物；也可以在使用之前用硫化氢预硫化，使氧化物转化成硫化物。为了在反应时维持催化剂的活性，气相反应物料主要是氢气，但也常常需要保持一定的硫化氢浓度，以防止硫化物催化剂被氢气还原成金属态。煤本身含有较高的硫时，在一定程度上可以减少助催化剂元素硫的使用量，因为煤中的有机硫在液化反应过程中可以转化形成硫化氢，同样起到助催化剂的作用。也就是说，煤的直接液化适用于加工低阶高硫煤。

4.3.6 煤炭加氢液化工艺

煤直接液化技术研究始于德国，1927 年建成第一个 10 万吨/年直接液化厂，

1944 年总生产能力达到 400 万吨/年。1973 年石油危机后，煤炭液化技术重新活跃起来。世界上有代表性的煤直接液化工艺有 IGOR 工艺、HTI 工艺和 NEDOL 工艺等。其共同特点是煤炭液化的反应条件缓和。目前，煤直接液化在经济上难以与石油竞争。2008 年 12 月，神华集团在内蒙古鄂尔多斯建成投产了世界上第一个年产百万吨油品的煤直接液化示范项目，该项目拥有多项专利，称为“神华液化技术”。

4.3.6.1 工艺流程

煤炭直接液化工艺一直在不断进步、发展，但不同的煤炭直接液化工艺基本化学反应非常接近，共同特征都是在高温、高压下使高浓度煤浆中的煤发生热解，在催化剂作用下进行加氢和进一步分解，最终成为稳定的液体分子。煤直接液化工艺过程可分成如图 4-2 所示的三个主要工艺单元。

① 煤浆制备单元　将煤破碎至小于 0.2mm 以下，与溶剂、催化剂一起制成煤浆。

② 液化反应单元　在反应器内的高温、高压下进行加氢反应，生成液体物；实际的液化工艺中，液化过程又分为一步转化或多步转化。液化过程中同时存在溶剂对煤小分子的抽提、煤的低温热解、煤中大分子的加氢分解过程。在这些不同的阶段（或过程）中，使用不同功能的反应器，对提高煤的总转化率有利。通常液化的第一个反应器用作煤的热解，在此段中不加催化剂或加入低活性可弃性催化剂。热解产物在随后串联的反应器中在高活性催化剂存在下加氢生产出液体产品。多步转化比用一个加氢主反应器处理获得的液化产品在提质和转化率方面均具优势。

③ 分离单元　分离出液化反应生成的气体、水、液化油和固体残渣，通常需要多个分离塔，对高沸点的液固分离，比如溶剂的回收等，可采用减压蒸馏。

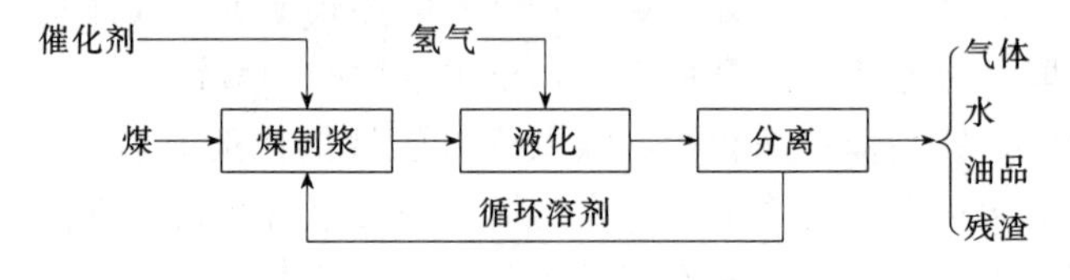

图 4-2　直接液化工艺流程单元

4.3.6.2 代表性工艺

(1) SRC-Ⅰ & SRC-Ⅱ (Solvent Refined Coal)

溶剂精炼煤（SRC）工艺的目的是用煤生产一种脱除了硫和灰分的洁净固体燃料（SRC-Ⅰ）。后来在此基础上进行改进，提高了全馏分低硫燃料油产率，降低固体溶剂精炼煤得率，使 SRC-Ⅰ工艺更接近于现代煤直接液化工艺。改进后的溶剂精炼煤工艺被称为 SRC-Ⅱ工艺（图 4-3）。

从工作原理上看，SRC 工艺中破碎的煤与循环油混合，在加压（14.0MPa）氢气气氛下于 400～450℃进行热解处理，在 SRC-Ⅰ中，加氢热解产物蒸馏除去低沸点物质后，约有 40%～60%的原煤将重新制备成低灰、低硫、高燃烧热值的燃料。在 SRC-Ⅱ中，延长了加氢热解处理时间，加氢热解产物的分离也采用了一些常压和减压装置，产物中重油（亦称粗油，沸点大于 250℃，在流程中部分作循环溶剂）的得率由 SRC-Ⅰ工艺的 25%提高到 40%，固体溶剂精炼煤得率降至 20%左右。但 SRC-Ⅰ和 SRC-Ⅱ工艺没有本质的区别。

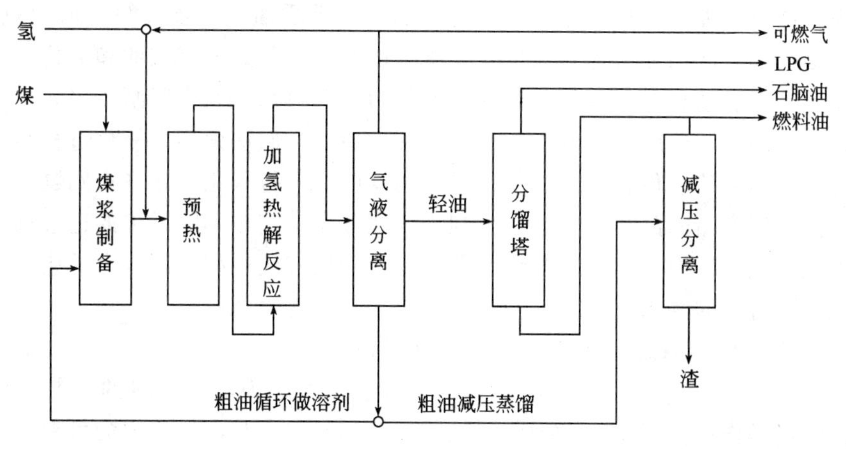

图 4-3　SRC-Ⅱ工艺流程图

SRC 工艺中加氢处理过程无催化剂，加氢处理过程中更多发生的是热解和溶剂抽提。

（2）H-Coal 工艺

H-Coal 工艺（图 4-4）是由石油化工中重油加氢提质工艺演变和发展而来的。反应过程在一个塔式反应器内进行，催化剂是负载 Co-Mo 或 Mo 的条状活性氧化铝颗粒。反应过程中的液体产物通过反应器内部中心的回流管回到底部，并强制在反应器内由下向上运动，以增加反应时间。

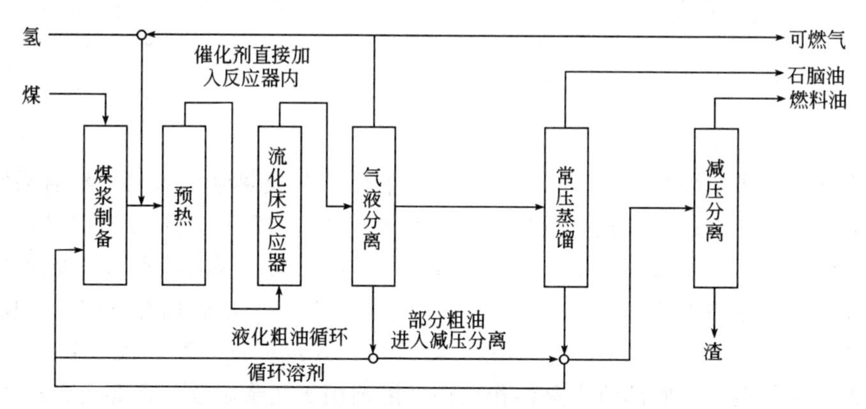

图 4-4　H-Coal 工艺流程图

H-Coal 工艺与 SRC-Ⅱ工艺一样使用的也是单一的反应器，催化剂在反应器内部循环使用。反应温度 425～455℃，反应压力 200MPa，反应产物排出反应器后，经冷却、气液分离后，分成气相、不含固体的液相和含固体的液相。气相净化后富氢气体循环使用，与新鲜氢一起进入煤浆预热器。不含固体的液相进入常压蒸馏塔，分馏为石脑油馏分和燃料油馏分。含有未反应煤及煤中矿物质固体的液相进入旋液分离器，分离成高固体液化粗油和低固体液化粗油。低固体液化粗油作为循环溶剂的一部分返回煤浆制备单元，以减少煤浆制备所需的循环溶剂。

由于液化粗油返回反应器，可以使粗油中的重质油进一步分解为低沸点产物，提高了油收率。高固体液化粗油进入减压蒸馏装置，分离成重质油和液化残渣。部分常压蒸馏塔底油和部分减压蒸馏塔顶油作为循环溶剂返回煤浆制备单元。

在早期的 H-Coal 工艺和 SRC-Ⅱ工艺开发中，人们认识到煤液化过程涉及的诸多反应所需的最佳条件各不相同，用单一的反应器进行液化存在许多问题，不利于有效提高液体产品的品质和收率，不利于拓宽液化工艺对不同煤种的适应性。在随后的液化工艺开发中，串联的多反应器系统用于煤液化过程，用多个反应器分别适应液化不同阶段的要求。

(3) IGOR（Integrated Gross Oil Refining）

IGOR 工艺（图 4-5）是在早期开发的煤加氢裂解为液体燃料的工艺基础上改进而来的，操作压力降至 300MPa，反应温度 450～480℃，催化剂为可弃性铁系催化剂。

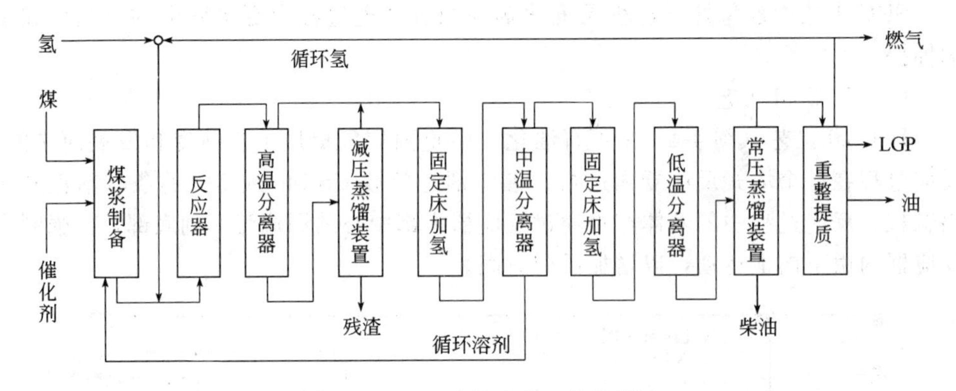

图 4-5　IGOR 直接液化工艺流程图

在该工艺中，煤与循环溶剂及“赤泥”催化剂配成煤浆，与氢气混合后预热；预热后的混合物一起进入液化反应器，典型操作温度 470℃，压力 300MPa，产物经过高温分离后，底部的液化粗油进入减压闪蒸塔，减压闪蒸塔底部产物为液化残渣，顶部闪蒸油与高温分离器的顶部产物一起进入第一个塔式加氢反应器，反应温度 350～420℃，压力 300MPa，催化剂采用 Mo-Ni 载体催化剂。反应器流出的产物进入中温分离器，底部流出重油作为循环溶剂用于煤浆制备，顶部流出产物再次进行加氢反应，两次加氢以后的产物进入低温分离器，顶部馏分水洗和油洗后分离氢气循环使用，底部产物进入常压蒸馏塔，分离得到汽油和柴油馏分。

IGOR 工艺的特点是：把循环溶剂加氢和液化油提质加工与煤的直接液化串联在一套高压系统中，避免了分立流程物料降温降压又升温升压带来的能量损失，并在催化剂上使二氧化碳和一氧化碳甲烷化，使碳的损失量降到最小。投资可节约20%左右，并提高了能量效率。缺点是操作条件苛刻。

(4) HTI工艺

HTI工艺（图4-6）是在H-Coal工艺基础上发展起来的多段催化液化法，采用了物料强制循环鼓泡的塔式反应器和铁基催化剂。

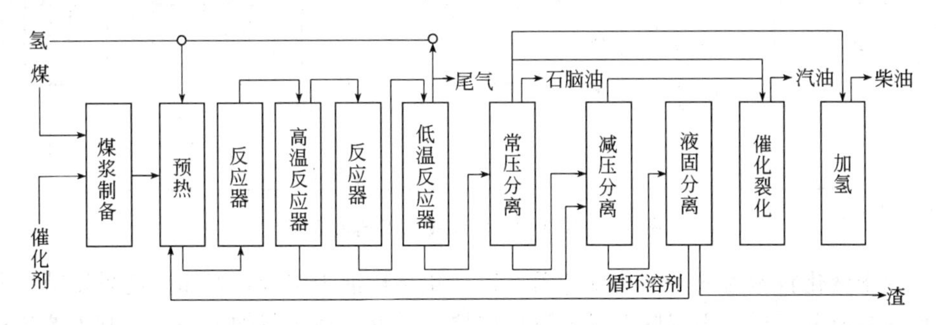

图4-6 HTI直接液化工艺流程图

在该工艺中，煤、催化剂与循环溶剂配成煤浆，预热后与氢气混合加入到反应器的底部。第一段反应操作压力170MPa，温度400～440℃。反应产物直接进入第二段反应器，操作压力170MPa，温度440～450℃。产物随后进行高温分离，从底部流出含固体的物料，减压后部分循环用于煤浆制备，其余物料进行减压蒸馏，回收重质馏分油。气相富氢气体作为循环氢使用。液相产品减压后进入常压蒸馏塔，蒸馏切割出产品油馏分，常压蒸馏塔塔底油作为溶剂循环至煤浆制备单元。

HTI工艺的特点是：反应条件比较缓和，采用特殊的液体循环塔式反应器可达到全返，催化剂是铁系胶状高活性催化剂，用量少；在高温分离器后面串联有在线加氢反应器，对液化油进行加氢精制；固液分离采用临界溶剂萃取的方法，从液化残渣中最大限度回收重质油，大幅度提高了液化油回收率。

(5) NEDOL工艺

NEDOL液化工艺（图4-7）主要用于次烟煤和低阶烟煤的液化。煤、催化剂与循环溶剂配成煤浆，煤浆与氢气混合预热后进入到液化反应器；反应器操作温度430～465℃，压力170～190MPa，煤浆在反应器内平均停留时间约90min。反应产物经冷却、减压后至常压蒸馏塔，蒸出轻质产品。

常压蒸馏塔底物进入减压蒸馏塔，脱除中质和重质组分。大部分中质油和全部重质油经加氢处理后作为循环溶剂。减压蒸馏塔底物含有未反应的煤、矿物质和催化剂，可作为制氢原料。从减压蒸馏塔来的中油和重油混合后，加入到溶剂加氢反应器。反应器为下流式催化加氢反应器，操作温度320～400℃，压力100MPa，使用的催化剂是在传统炼油工业中馏分油加氢脱硫催化剂的基础上改进而成，平均停留时间大约1h。反应产物在一定温度下减压至闪蒸器，在此取出加氢后的石脑油产品。闪蒸得到的液体产品作为循环溶剂至煤浆制备单元。

(6) 神华液化技术

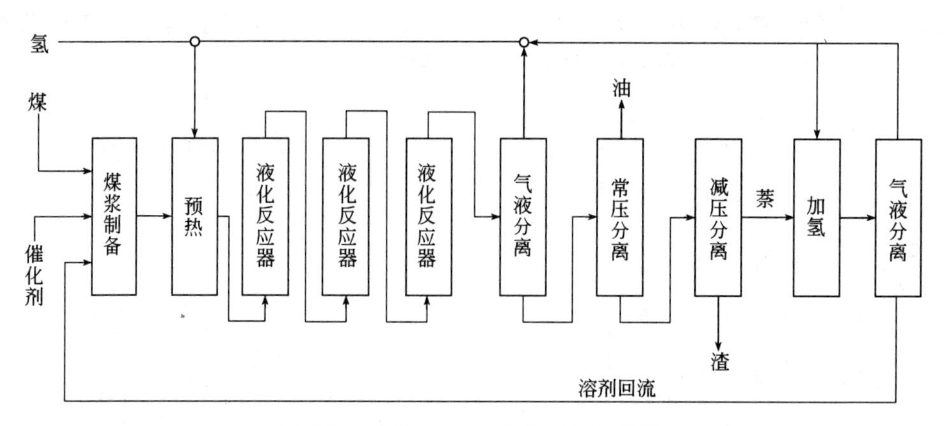

图 4-7 NEDOL 直接液化工艺流程图

神华液化技术为两个液化反应器，以液化循环油为溶剂，产品分离采用减压蒸馏，在高温分离器后面串联在线加氢反应器，对液化油进行加氢精制。其工艺流程如图 4-8 所示，与 HTI 工艺类似。

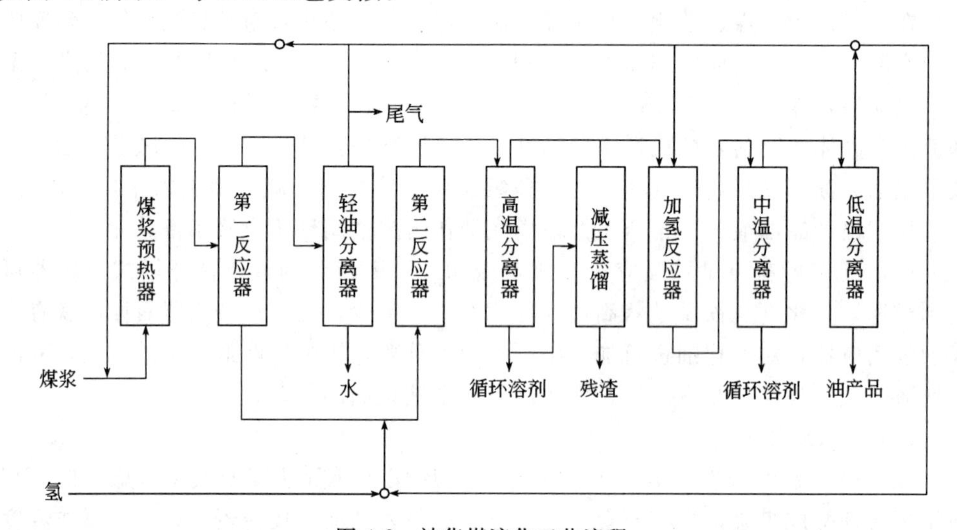

图 4-8 神华煤液化工艺流程

各种煤直接液化工艺的基础源于高压催化加氢和非催化溶剂溶煤研究。根据不同的需求形成了后来种类繁多的各种工艺。表 4-4 中给出了一些主要工艺条件的比较。

4.3.6.3 反应器

在煤加氢液化反应器中处理的物料包括气相的氢、液相的溶剂、固相的催化剂和煤粉，反应体系为复杂的多相流动体系，反应器是典型的浆态床反应器[13]。

一般来说，煤液化的转化反应速度不快，为了提高转化率和油产率，反应器的容积相对较大，空速多在 0.3～0.6t/(m^3 · h)，以保证足够的反应时间。为此，反应器内含气率也不能太高。

表 4-4 煤直接液化代表性工艺的反应条件

工艺名称	物料搅拌	温度	压力	空速	催化剂及用量	试验煤种	转化率	C_4 油得率	氢耗
		℃	MPa	$t/(m^3 \cdot h)$			%(daf 煤)	%(daf 煤)	%(daf 煤)
SRC	活塞流				无				
H-Coal	全返混								
EDS									
CTSL									
HTI	全返混	440～450	17	0.24	GelCat™0.5%	烟煤	93.5	67.2	8.7
IGOR	活塞流	470	30	0.60	赤泥 3%～5%	褐煤	97.5	58.6	11.2
NEDOL	活塞流	465	18	0.36	天然黄铁矿 3%～4%	烟煤	89.7	52.8	6.1
神华	全返混	455	19	0.70	人工合成 1.0%(Fe)	烟煤	91.7	61.4	5.6

操作条件都是高温、高压。在反应器内进行的化学反应过程复杂，有煤的热解反应、热解产物的加氢反应。热解反应是一个相对较弱的吸热过程，加氢反应是很强的放热过程，因此总的煤加氢液化反应是放热的，反应温度过高，可能导致过度裂解和结焦，所以反应器内的温度须严格控制。同时需要有合理的反应热移出手段，控制反应温度，防止反应器飞温。表 4-5 列出了煤直接液化反应器常用的操作条件。

表 4-5 煤直接液化反应器的操作条件

项　　目	数　　据	项　　目	数　　据
压力/MPa	15～30	停留时间/h	1～2
温度/℃	440～465	气含率/%	0.1～0.5
气液比(标态 V/V)	700～1000	进出料方式	下部进料、上部出料

在中试和小规模工业化的实验中，实际使用的反应器均属于塔式反应器，这类反应器的特征是长径比大的垂直圆筒结构，在内部可装挡板、固体填充物，或者就是一个空塔，反应过程中煤油混合制备的煤浆作为反应物与细粒的催化剂颗粒混合填充于反应器内部，氢气鼓泡或高压溶入液相介质并发生反应，这类反应器常用在非均相反应的连续操作中，如重油的热裂解、燃料油的加氢裂解等。

在煤液化中，不同的塔式反应器内部安装了一些附件，使内部淤浆物料的流动和搅拌形式略有不同，主要有：①空塔，物料在塔内呈活塞流流动；②强制循环，物料全返混，呈沸腾或鼓泡状。不同工艺使用的反应器或反应形式虽有一些区别，但本质上有许多共同点，如化学反应过程相同，浆体都处于流动状态，温度、压力和停留时间等也十分接近，主要区别是返混程度不同和循环比不同，有的单靠高压泵和氢气的推动，有的除此而外还借用循环泵，目的是要强化反应过程。

(1) 空塔，物料呈活塞

真正的活塞流反应器是一种理想反应器，完全排除了返混现象，而实际采用的这类反应器长径比为 18～30，只能说返混程度轻微，如图 4-9。其外形为细长的圆

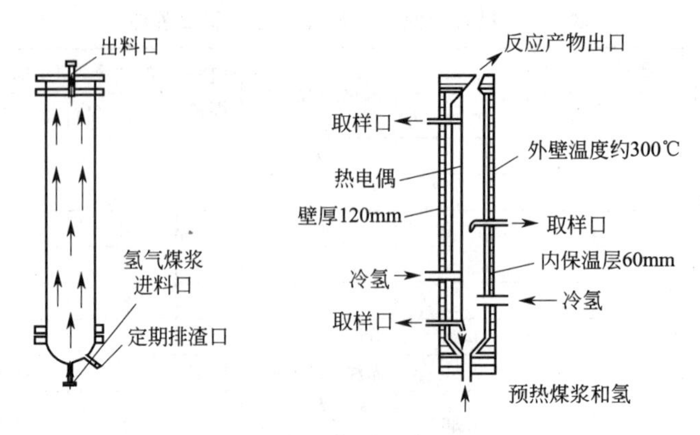

图 4-9　活塞流反应器

筒，里面除必要的管道进出口外，无其他多余的构件。为达到足够的停留时间，同时有利于物料的混合和反应器制作，通常用几个反应器（如 3 个或 4 个）串联。IGOR、NEDOL 等低压加氢工艺等都采用这种反应器。相对而言，该类反应器技术最为成熟。但由于流体动力的限制，它的生产规模不能太大。一般认为，它的最大处理量为 2500t 煤/d，相当于大约 (30～40)万吨油/年。活塞流塔式反应器应用于煤液化的优点是可以减少塔内固体填料的流失，有利于在反应器内使用活性高但价格贵的 Co/Mo 催化剂对煤浆加氢。

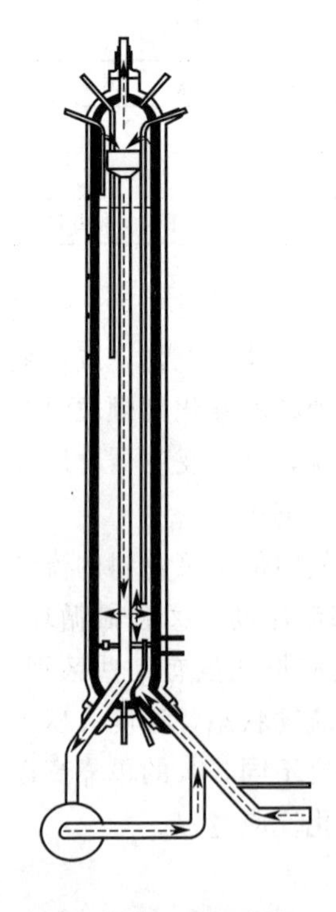

图 4-10　H-Coal 工艺工业性试验装置反应器

（2）强制循环，物料全返混

借鉴石油化工中重油加氢反应器的经验，在 H-Coal 工艺中使用了全返混塔式反应器，如图 4-10 所示。H-Coal 工艺中使用的全返混塔式反应器内分布板上方的反应器圆筒内填加含钼、钴活性组分的条状加氢催化剂。颗粒催化剂床层的沸腾主要靠较高的向上流动的液相速度来实现。提高液相速度的方法是在反应器底部装置液体循环泵，在反应器上部有溢流盘，将液体收集后通过中心管回到底部的循环泵进口，循环泵出口液体与进料煤浆和氢气混合后一起进入反应器底部的分布室，经过分布板产生分布均匀的向上流动的液速，使催化剂床层膨胀，最后达到上下沸腾状态。液体流速要控制适当，使膨胀后的催化剂床层层面在溢流盘以下，不至于使催化剂颗粒随液体进入循环泵，更不至于流出反应器。之所以要采用循环油系统，是因为进料煤浆和氢气的空速不能使催化剂层膨胀和沸腾。膨胀和沸腾的催化剂床层体积比初始填装的催化剂床层体积大 40%。催化剂颗粒之间产生的空隙可以使煤浆中的固体灰和未反应煤顺利通过。反应器中的循环油量相对于煤浆进料量而言是大量的，因此可以使反应器内部保持温度均匀，但煤的加氢是强放热反应，反应器的煤浆进料温度可以比反应器出口温度低。反应器可以定期取出定量催化剂和添加等量新鲜催化剂，使催化剂活性稳定在所需的较高水平上，使得产品质量和产物分布基本恒定，工艺操作也可得以简化。

全返混塔式反应器采用循环泵外循环方式增加循环比，以保证在一定的反应器容积下，达到一个满意的生产能力和液化效果。催化剂为胶态铁，呈细分散状，故整体煤浆处于不停的循环流动状态。该装置在神华集团的煤直接液化工业示范装置中被采用，规模可达到6000t/d煤。

全返混塔式反应器应用于煤液化比活塞流反应器的处理能力大，转化率高，但物料的沸腾增加了物料中颗粒物的破碎和粉化，在使用价格贵的催化剂时，特殊要求催化剂在流化状态下不粉化，不会随煤浆流出，如在H-Coal工艺中，催化剂被制备成条状颗粒。该反应器适合使用廉价可弃的一次性加氢催化剂。图4-11为神华煤液化反应器。

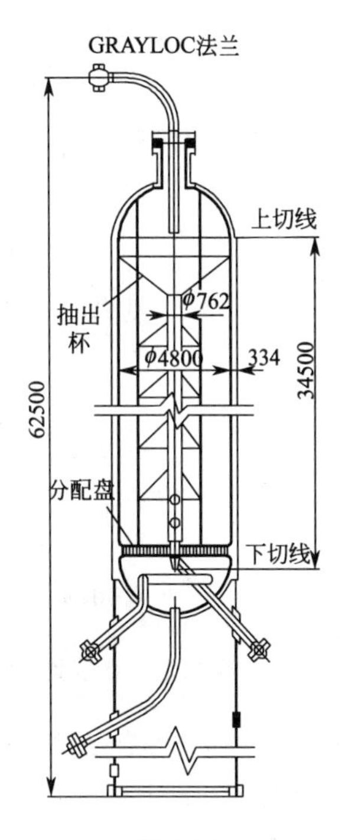

图4-11　神华煤液化反应器

反应器采用内循环沸腾床（悬浮床，全返混塔式反应器），以使煤浆、氢气和催化剂非常均匀地接触，完成煤液化反应。因煤液化反应难度高于一般油品加氢裂化反应，故其操作条件和设计条件都比油品反应器苛刻。

反应器尺寸：4800(直径)mm×334(厚)mm×62500(高)mm。

操作温度：455℃。

操作压力：19.02MPa。

反应器材料：2.25Cr-1Mo-0.25V钢。

4.4 煤的加氢热解和气化制备高热值煤气

煤的加氢热解和气化是主要的煤转化过程并广泛应用于煤化工，在煤的直接液化中，加氢热解伴随着煤液化的转化过程。单就煤的加氢热解过程而言，其本身就可产生液体的产物，因此就存在如SRC工艺以加氢热解为基础的煤液化技术。通常煤的加氢热解发生的温度在600℃，产物中液体产物的收率较高，当热解温度在700～1000℃时，产物中甲烷的含量较高。例如，用黏结性烟煤、非黏结性的褐煤或次烟煤在高温（700～925℃）、高压（6.9MPa）下在富氢气氛中反应，生成的气体中富含甲烷。

煤的加氢热解和气化过程涉及的化学反应很多，而且可以认为煤的加氢气化过

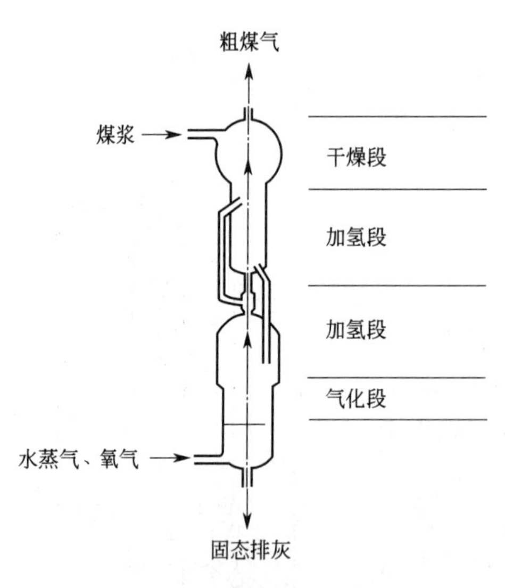

图 4-12 煤加氢气化装置的结构和原理图

程自然而然就包含了加氢热解的过程。在诸多的化学反应中，各化学反应发生所需的温度和气氛条件各不相同，因此，煤加氢气化应在多段的反应器内进行，图 4-12 为煤加氢气化装置的结构和原理[1]。

该加氢气化装置由 4 段组成，高度 41.15m，内径 1.68m。煤破碎后与油调制成煤浆，泵入最上面的炉段（干燥段），利用下面炉段产生的反应气体的显热，使油蒸发析出，并把煤加热到 315.6℃，在重力作用，煤由干燥段流入下段反应炉段，进行第一段加氢气化。由下面的炉段提供上升的热煤气（925℃），使第一加氢气化炉段的温度达到 650℃，约有 20%的煤与氢反应生成甲烷。在上升管的顶部，煤气与煤分离；煤气继续上升，进入煤浆干燥段使油蒸发；残余的煤借重力流入第二加氢气化段；在此，固体在流化床中被加热到 925℃，并进一步与下面的蒸汽-氧气气化段上来的水蒸气和富氢煤气进行气化反应。

在第二加氢气化段，既有放热的煤加氢反应生成甲烷，又有吸热的煤与水蒸气反应生成一氧化碳和氢，在两者间选择合适的操作条件，可以有效利用甲烷的反应热来控制炉体温度。之后半焦借重力流出氢气发生段，在这里，半焦经受水蒸气-氧气的直接气化，温度在 1000℃以上，转化后的煤灰干法排出。

在整个转化过程中，煤气中的甲烷来源于两个途径，一是由煤加氢直接生成，二是通过水蒸气与碳反应，生成 CO 和 H_2，再经甲烷化反应，间接生成。其中 2/3 的甲烷来源于煤加氢直接反应。

转化过程中煤在氢气中气化的目的在于使直接生成甲烷的量得以提高。为此，采用高温和高压操作以获得较高的反应速度和甲烷的平衡产量。这样使煤中加氢活性最好的部分经加氢气化直接生成甲烷。加氢活性稍差者用以生产加氢气化所需的氢气。由加氢气化炉出来的粗煤气尚有一氧化碳和氢气，经净化，可把这部分一氧化碳和氢气通过催化甲烷化，转化成甲烷，以提高煤气的热值，并把一氧化碳含量减少到合乎高热值管道煤气的标准（<0.1%）。生成甲烷的总量中，有 65%～70%是由加氢气化炉直接生成的。

表 4-6 所示为加氢气化生成的煤气组成，除主要成分外，煤气中还含有煤浆油、煤尘和微量成分，如氨和氢氰酸之类的物质。

[1] HYGas 加氢气化法，气体工艺研究所（IGT）开发，芝加哥，依里诺依斯州。

表 4-6　加氢气化后的煤气组成

组成(体积分数)/%	1	2	3
CO	18	7.4	21.3
CO_2	18.5	7.1	14.4
H_2	22.8	22.5	24.2
H_2O	24.4	32.9	17.1
CH_4	14.1	26.2	19.9
C_2H_6	0.5	1	0.8
H_2S	0.9	1.5	1.3
其他	0.8	1.4	1.0

煤气在甲烷化之前，进行洗涤、净化以及用水煤气变换反应来调整其成分。甲烷化的目的有二：提高煤气热值，使它接近于甲烷热值，降低一氧化碳浓度至0.1%（体积分数）以下。

4.5 煤化工中的液相气相加氢处理

煤化工过程制备的煤基油类（包括煤焦油和液化油）是复杂的混合物，并且保留了煤的一些性质特点，如芳烃含量高，氮、氧、硫杂原子含量高，不饱和化合物含量高。煤基油含有分子量大小相差悬殊的各种分子，在利用前，如用作液体燃料，需要对其进行不同程度的加氢裂解。此外，由煤制得的化学品含有不饱和化合物和杂原子，在储藏过程中经常发生氧化而产生物化性质的变化，影响到应用。比如，煤液化粗油，煤焦油中的轻油，焦化苯，低温焦油制备获得的粗酚、混酚等。因此煤化工生产制备的化学品在品质上普遍不及石油制品，解决的办法就是进行加氢的提质。

在煤制油产品的加氢过程中，涉及的反应既有不饱和化合物的加氢饱和，也有杂原子的加氢脱除，还有大分子链的断裂和脱烷基化作用，用化学反应式可表示为：

（1）烯烃加氢饱和

$$R—CH═CH_2 + H_2 \longrightarrow R—CH_2—CH_3 \text{（烯烃加氢）} \quad (4\text{-}18)$$

$$R—CH═CH—CH═CH_2 + H_2 \longrightarrow R—CH_2—CH_2—CH_2—CH_3 \text{（二烯烃加氢）} \quad (4\text{-}19)$$

$$C_6H_5—CH═CH_2 + H_2 \longrightarrow C_6H_5—CH_2—CH_3 \text{（苯乙烯加氢）} \quad (4\text{-}20)$$

$$C_5H_6 \text{（环戊二烯）} + H_2 \longrightarrow C_5H_8 \text{（环戊烯）} \text{（环烯烃加氢）} \quad (4\text{-}21)$$

(2) 加氢脱杂原子

$$R-SH+H_2 \longrightarrow RH+H_2S\text{(硫醇硫脱除)} \tag{4-22}$$

$$R-S-R+2H_2 \longrightarrow 2RH+H_2S\text{(硫醚硫脱除)} \tag{4-23}$$

$$(RS)_2+3H_2 \longrightarrow 2RH+2H_2S\text{(二硫化物硫脱除)} \tag{4-24}$$

$$CS_2+4H_2 \longrightarrow CH_4+2H_2S\text{(二硫化碳硫脱除)} \tag{4-25}$$

$$\text{噻吩}+4H_2 \longrightarrow C_4H_{10}+H_2S\text{(噻吩硫脱除)} \tag{4-26}$$

$$R-CH_2-NH_2+H_2 \longrightarrow R-CH_3+NH_3\text{(胺氮脱除)} \tag{4-27}$$

$$\text{吡啶}+5H_2 \longrightarrow C_5H_{12}+NH_3\text{(芳香氮脱除)} \tag{4-28}$$

$$\text{苯酚}+3H_2 \longrightarrow \text{环己醇} \longrightarrow \text{环己烯}+H_2O\text{(酚脱羟基)} \tag{4-29}$$

(3) 加氢裂化和加氢脱烷基

$$\text{二苯甲烷}+H_2 \longrightarrow \text{苯}+\text{甲苯}\text{(脂肪链断裂)} \tag{4-30}$$

$$\text{甲苯}+H_2 \longrightarrow \text{苯}+CH_4\text{(芳香环脱烷基)} \tag{4-31}$$

实际的加氢处理过程中，煤制油混合物中各组分的沸点不同，在加氢反应温度下的相状态不同，即原料中沸点在反应温度以上的大分子化合物，在反应温度下呈液态存在，而沸点在反应温度以下者则呈气态存在。因此，需要的裂解和加氢反应的温度和压力条件也不同。将煤制油处于同样的裂解深度下一次加氢，势必将小分子裂解成气体烃类分子，从而产生大量的气体，降低目的产物的产率。因此有必要把大小不一和反应性不同的各种分子分别在适宜的条件下进行多段的加氢处理。

4.5.1 液化油的提质加工

煤液化粗油的杂原子含量非常高。氮含量在1.0%～2.0%之间，是石油氮含量的数倍至数十倍，杂原子氮可能以咔唑、喹啉、氮杂菲、氮蒽、氮杂芘和氮杂荧蒽的形式存在，随着沸点的提高，氮含量呈增加趋势；硫含量在0.1%～2.5%之间，大部分以苯并噻吩和二苯并噻吩衍生物的形态存在。硫含量在液化油中的分布规律与氮含量的分布规律相似，随着沸点的提高，硫含量也呈增加趋势。氧含量在1.5%～7%之间，氧含量在液化油170～260℃馏分中的分布较大，说明氧元素以苯酚或萘酚及其衍生物的形式存在。

煤液化粗油中的烃类化合物的组成广泛，含有60%～70%的芳香族化合物，不饱和烃约占10%，沥青烯的含量（相对分子质量在300～1000）可达25%。

在对液化油的加氢提质中，石油化工中普遍采用的加氢和催化裂化工艺几乎可以直接应用于煤制油的提质加工，包括在石油化工中成熟的反应设备和催化剂技术。所需作出调整的是煤液化油加氢工艺前需要增加灰分、颗粒物的分离预处理，在高温加氢脱除杂原子时，操作强度远比石油的加氢强度大。

4.5.2 煤焦油加氢

煤焦油加氢工艺也是借鉴石油馏分油加氢工艺并改进发展而来的。加氢改质反应是在高压、有氢存在的条件下，在催化剂床层上发生的反应。主要目的是除去油品中的硫、氧、氮和使烯烃饱和，从而改变油品的稳定性、颜色、气味、燃烧性能等，以达到改变油品性质，提高使用价值的目的。图 4-13 为焦油加氢工艺的简单流程。

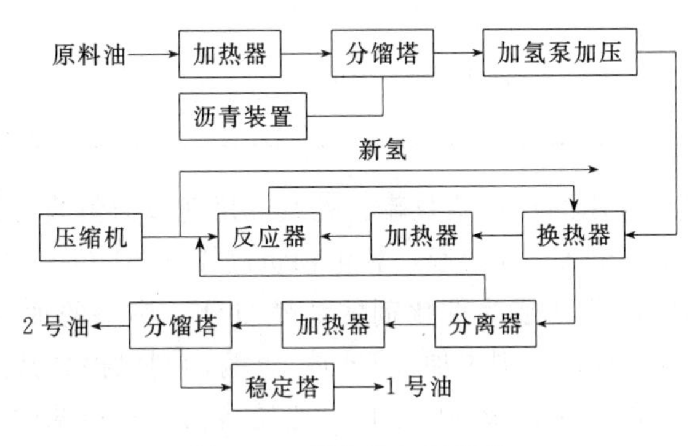

图 4-13 煤焦油加氢流程

传统的煤焦油加工工艺是首先经过蒸馏，提取含有某种较多成分的馏分，再经过酸碱洗涤、还原精馏等工艺过程分离提取苯类、酚类、萘、吡啶、喹啉等多种化学物质。这些组分在高温、高压和氢的条件下进行加氢处理后，改变了物质的分子结构，除去了所含的氧、氮、硫等杂质，可显著改善油品的性质。

对比加氢反应前后油品的分析结果，可以看到油品的性质得到很大的改善。在燃烧中对环境有污染的硫、氮含量大大降低，硫含量可以控制在 50mg/L 以下，氮含量可以控制在 300mg/L 以下。

4.5.3 焦化粗苯加氢

焦化生产从焦炉煤气中回收得到的轻馏分油主要是单环芳烃，称为粗苯。粗苯中含有多种杂质，特别是全硫和不饱和烃的含量较高，容易导致其加工利用过程中催化剂的中毒或影响下游产品质量，同时还会造成设备腐蚀、环境污染等，从而限制了它的直接使用，必须预先进行精制，而粗苯的加氢精制就是一种良好加工途径。焦化粗苯中各组分的沸点一般低于 200℃，组成和含量见表 4-7。焦化粗苯加氢的主要目的是使粗苯中的不饱和化合物得以饱和，使粗苯中的含硫化物和氮化物得以去除。

焦化苯加氢精制的主要反应有烯烃的烷基化、加氢脱硫（HDS）、加氢脱氮等。其中以噻吩硫最难脱除。噻吩含量的多少是衡量精苯质量的一个重要指标。

表 4-7　焦化粗苯中主要成分

组　分	质量分数/%	说明
烯烃和二烯烃	0.9	含环烯类，主要为 C_6 以下化合物
烷烃和环烷烃类	0.6	饱和烃
苯乙烯类	1.4	
硫化物	0.5	主要为二硫化碳和噻吩
氮化物	0.2	吡啶和吡咯
苯	74.2	
甲苯	15.9	
二甲苯	3.9	
三甲苯	0.5	
酚类	微量	
茚	1.9	

目前工业上广泛应用的焦化苯脱硫、脱氮催化剂多为负载型催化剂，即将过渡金属（如 W、Ni、Mo 和 Co 等元素）氧化物负载于 $\gamma\text{-}Al_2O_3$ 上，并在使用前将其硫化，使过渡金属的硫化物成为催化剂的活性组分。典型的加氢脱硫催化剂是以 $\gamma\text{-}Al_2O_3$ 为载体的 Mo 基催化剂中加入 Co 或 Ni 为助剂以提高其活性。

因烯烃和二烯烃的加氢比杂环的噻吩和吡啶容易，故粗苯的催化加氢应分两个步骤进行，第一步加氢反应主要用常规的催化剂脱除焦化苯中的不饱和化合物，也可脱除部分含硫物质；第二步加氢反应，脱除焦化苯中噻吩、二硫化碳等主要硫化物和有机氮化物。

焦化苯催化加氢工艺同样来源于石油化工的加氢技术，根据加氢反应温度的不同，加氢可以在高温（600～630℃）、中温（480～550℃）和低温（350～380℃）下进行。

（1）Litol 工艺

该法首先将粗苯在预分馏塔中分离为轻苯和重苯，轻苯经高压泵进入蒸发器与循环氢气混合后，芳烃蒸气和氢气混合物从塔顶进入预反应器（如图 4-14）。该法的加氢条件为：预反应器温度为 230℃，压力为 5.0MPa，Co-Mo 催化剂。主反应器温度为 610～630℃，压力为 5.0℃，Cr 系催化剂。预反应器是在较低温度下把高温状态下易聚合的苯乙烯等同系物进行加氢反应，防止其在主反应器内聚合，使催化剂活性降低。在两个主反应器内完成加氢裂解、脱烷基、脱硫等反应。由主反

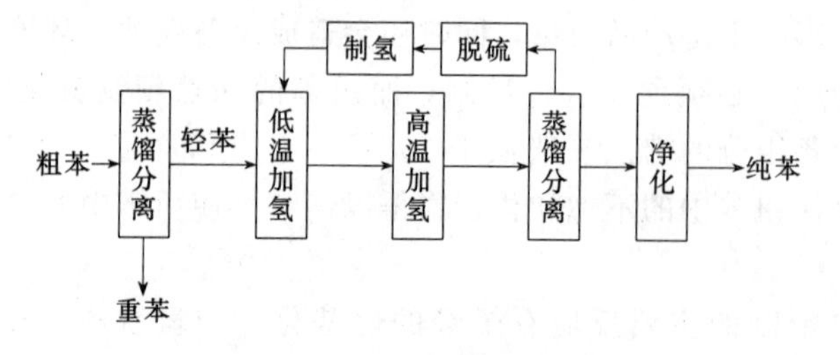

图 4-14　Litol 法粗苯加氢精制

应器排出的油气经冷凝冷却系统，分离出的液体为加氢油，分离出的氢气和低分子烃类脱除 H_2S 后，一部分送往加氢系统，一部分送往转化制氢系统制取氢气。

高温下的加氢过程也可使粗苯中的甲苯、二甲苯等脱去支链烷基得到苯，最终苯的产率可达 110%以上，所得纯苯质量较好，产品质量分数>99.9%，结晶点>5.45℃，噻吩质量分数<0.5×10^{-6}。

(2) Krupp-Koppers 法

K-K 法粗苯加氢精制工艺包括三个关键单元：焦炉煤气变压吸附制纯氢，催化加氢精制过程，产品提纯过程。焦化粗苯低温加氢工艺中得到的主要产品是芳香烃和非芳香烃，工业上很难直接通过常规的蒸馏方法将其分离出来，加入一定的萃取剂后，可以明显地改变各组分在其中的溶解度，从而改变它们的相对挥发度和饱和蒸气压，再通过蒸馏的方法就可以达到分离产品的作用。

为避免在一个反应器内的反应过于激烈而影响催化剂的活性和寿命，K-K 法粗苯加氢精制工艺（图 4-15）采用两段式反应器，设置了预反应器和主反应器。在预反应器内，以 Ni-Mo 为催化剂，反应温度 190～240℃，将乙烯、苯乙烯和二硫化碳等物质除去，以避免它们在后续设备中发生聚合反应。在主反应器内，经预反应器处理后的物料在 Co-Mo 催化剂和 320～370℃条件下发生加氢反应，烯烃加氢后生成相应的饱和烃，噻吩等硫化物、氧化物和氮化物加氢后转化为烃类、硫化物及氨。

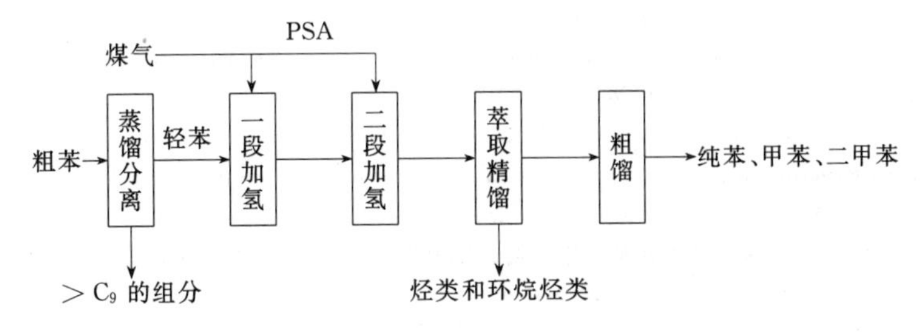

图 4-15 K-K 法粗苯加氢精制

K-K 工艺采用萃取精馏分离出芳烃和非芳烃，芳烃再经普通蒸馏分离出苯、甲苯及二甲苯。所得产品中纯苯质量分数> 99.9%，结晶点> 5.48℃，噻吩含量<0.5×10^{-6}。由于脱除噻吩的加氢过程温度比较低，避免了芳香环化合物支链烷基的热断裂，因此该法同时可得到高纯度的甲苯和二甲苯。

上述两种粗苯加氢工艺特点的比较见表 4-8。

表 4-8 粗苯催化加氢工艺的比较

项　　目	K-K 法	Litol 法
反应温度/℃(预反应器)	220～230	230
SS(主反应器)	340～380	610～630
催化剂		
预反应器	Ni-Mo	Co-Mo
主反应器	CoMo	Cr 系

续表

项　　目	K-K法	Litol法
加氢压力/MPa		
预反应器	3.5	5.7
主反应器	3.4	5.0
氢源	煤气,PSA	蒸馏
产品	苯、甲苯、二甲苯	苯
纯苯质量		
结晶点/℃	>5.48	>5.45
全硫/10^{-6}	<0.5	<0.5
纯度/%	99.9	99.9
加氢油后处理	*N*-甲酰吗啉萃取蒸馏	蒸馏

参 考 文 献

[1] (美) Elliot, M. A. 编. 煤利用化学 (上). 徐晓等译. 北京: 化学工业出版社, 1991.

[2] 郭鉴. 国外煤气化及液化开发进展 [J]. 煤化工, 1989, (1): 31-35.

[3] Xu Bin, Kandiyoti R. Two-stage kinetic model of primary coal liquefaction [J]. Energy & Fuels, 1996, 10 (5): 1115-1127.

[4] Cronauer D C, Shah Y T, Ruberto R G. Kinetics of thermal liquefaction of belle ayr subbituminous coal [J]. Ind Eng Chem Proc Des Dev, 1978, 17 (3): 281-288.

[5] Abichandani Jeevan S, Shah Yatish T, Cronauer Donald C, et al. Kinetics of thermal liquefaction of coal [J]. Fuel, 1982, 61 (3): 276-282.

[6] Yoshida R, Maekawa Y, Ishii T, et al. Mechanism of high pressure hydrogenolysis of Hokkaido coals: 2. Chemical structure of products [J]. Fuel., 1976, 55 (4): 341-345.

[7] 侯祥麟. 中国炼油技术 [M]. 北京: 中国石化出版社, 1991.

[8] 薛永兵, 凌开成, 邹纲明. 煤直接液化中溶剂的作用和种类 [J]. 煤炭转化, 1999, 22 (4): 1-4.

[9] Stemberg H W, Paymond R, Schweightarst F K. Fuel., 1979, 58 (10): 724-728.

[10] SzeligaJ, Marzec A. Fuel., 1983, 62 (10): 1229-1231.

[11] Godo M, Saito M, Ishihara A. Fuel., 1998, 77 (9-10): 947-952.

[12] Woodfine B. 李平定译. 煤炭综合利用译从, 1990 (3): 36-40.

[13] 仇恩沧. 神华煤直接液化反应器的制造 [J]. 压力容器, 2007, 24 (10): 27-32.

第5章 煤与氧气的反应——煤燃烧

煤燃烧是将煤的化学能变成热能的转化过程，我国煤炭消费量的80%是通过燃烧转化为热能被利用的。煤直接燃烧利用技术的落后会对环境带来严重污染，因而开发推广高效洁净的煤燃烧技术是国家的一项重大需求。

5.1 化学基础

煤的燃烧是一个相当复杂的过程，是多种因素影响的复杂多相反应。煤质、气氛、温度、压力、燃烧设备等都对煤的燃烧产生重要影响。本章重点讨论煤表面在燃烧反应中的变化和煤燃烧反应的动力学规律。

煤的燃烧大体上经历加热干燥、挥发分析出、着火燃烧、剩余焦炭的着火和燃烧等一系列过程。焦炭燃烧在煤燃烧中占有相当重要的地位，它的燃烧时间约占煤炭燃烧时间的9/10。含碳量越高，煤燃尽时间越长，焦炭发热量所占的比例越大。焦炭的燃烧是发生在焦炭表面和氧化剂之间的气固两相反应。其反应机理相当复杂，一般分为一次反应和二次反应两种。

一次反应为：

$$C_{(s)} + O_{2(g)} \longrightarrow CO_2 + 409.15\text{kJ/mol} \tag{5-1}$$

$$C_{(s)} + \frac{1}{2}O_{2(g)} \longrightarrow CO_{(g)} + 110.52\text{kJ/mol} \tag{5-2}$$

二次反应为：

$$C_{(s)} + CO_{2(g)} \longrightarrow 2CO_{(g)} - 162.53\text{kJ/mol} \tag{5-3}$$

$$2CO_{(g)} + O_{2(g)} \longrightarrow 2CO_{2(g)} + 571.68\text{kJ/mol} \tag{5-4}$$

总反应为：

$$xC_{(s)} + yO_{2(g)} \longrightarrow mCO_2 + nCO_{(g)} \tag{5-5}$$

其中式(5-4)是在焦炭表面附近进行的气相反应，式(5-1)、式(5-2)、式(5-3)都是在焦炭表面发生的气固两相反应。式(5-1)、式(5-2)和式(5-4)是放热的氧化反应，反应产物为一氧化碳和二氧化碳；式(5-3)为吸热的还原反应，反应产物为一氧化碳。可见，高温有利于式(5-3)还原反应的进行，即有利于在炭表面反应生成一氧化碳。一般当温度大于1200℃时，温度越高，炭表面反应生成的一氧化碳就越多。如果在炭表面附近的空间中有足够的氧气则CO就转化为CO_2。

在燃烧前煤需要进行破碎，有时要破碎成块状，有时则要破碎成粉状。煤块或煤粉送入燃烧室（或炉膛）后，首先被加热，吸附在其表面和缝隙中的水分逐渐蒸发出来；接着有机质开始热分解，析出挥发分。挥发分的析出是逐渐进行的，最先挥发出来的是容易断裂的链状烃或环状烃。在开始阶段，挥发分的析出速率较高，在不太长的时间内便析出总挥发分的80%～90%，最后的10%～20%则要过较长的时间才能析完。析出挥发分的过程是着火前的准备阶段，与液体燃料一样，这一阶段需要吸收热量。

在燃烧室或炉膛中，对煤的加热是依靠高温烟气进行的。烟气对煤的加热强度以及煤的温度、性质和可燃质含量，决定了煤能否着火和着火感应期的长短。煤着火首先是挥发分着火，碳化程度浅的煤，其挥发分较多，且活性较强，因而容易着火。煤的挥发分的着火与液体燃料蒸气着火的机理基本相同。

挥发分析出后的剩余物质称为焦炭，它是由固定碳和一些矿物杂质组成的。焦炭的燃烧比挥发分的燃烧困难得多。由于挥发分是气态的，容易与空气混合，燃烧时会优先消耗煤粉周围的氧，氧气就很难扩散到煤的表面，所以焦炭常常在煤的大部分挥发分烧完之后才开始燃烧。

焦炭的燃烧一般先从其表面的某一局部开始，再逐渐扩展到整个表面。煤颗粒表面常出现一层很薄的蓝色火焰，这是CO燃烧所形成的火焰。焦炭燃烧是煤燃烧的主要阶段，通常焦炭放出的热量占煤总发热量的大部分，如无烟煤为90%左右，烟煤为60%～80%，而褐煤约为45%～55%。

在煤的燃烧过程中，从开始干燥到大部分挥发分烧完所需的时间约占煤的总燃烧时间的十分之一，焦炭的燃烧时间则约占十分之九。挥发分和焦炭的燃烧在时间上有些交叉，或者说在一段时间内，它们是并行进行的，但这段时间不长。在工程燃烧的近似计算中，一般把煤燃烧的这两个阶段划分开并认为它们是前后连续的。

当焦炭燃烧时间过半后，灰分将成为影响燃料燃尽的重要因素。可燃组分碳的燃烧是从颗粒的外表面逐渐向其中心发展的，随着碳的消耗，焦炭中的灰分便留下来覆盖在颗粒外部，形成逐渐增厚的灰壳。这种灰壳可妨碍氧由颗粒外部向内部的扩散，从而影响焦炭的燃尽。

图5-1为煤粒燃烧历程的示意图，它大致说明了固体燃料燃烧的基本过程，即

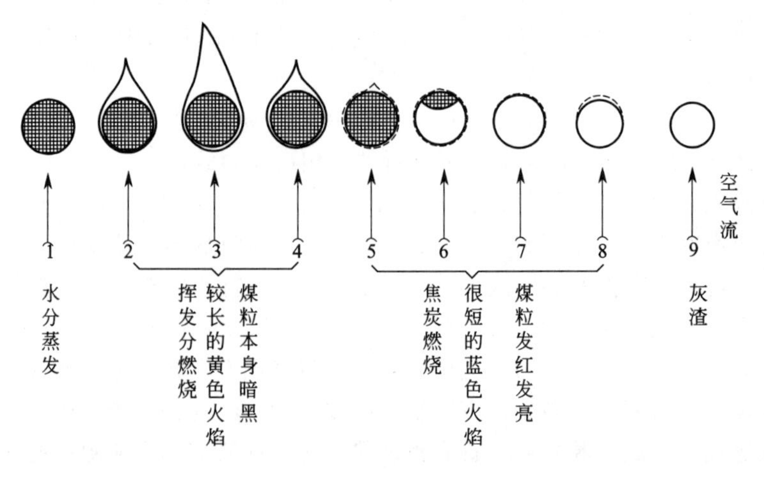

图5-1　煤粒燃烧历程的示意图

包括预热、干燥、挥发分的析出与燃烧、焦炭的形成与燃烧等阶段。随着燃料不同，上述各个阶段所占的时间略有差别。木柴的燃烧也有类似的步骤，但是它的固定碳较少，挥发分的燃烧占的时间比例相对较大，因而总的燃烧时间要比煤短得多。

固体燃料的燃烧速率同样取决于燃料和氧气的混合速率，燃料的颗粒越小，越有利于其与氧化剂的接触和混合。

5.1.1 物料燃烧过程的概述

燃烧反应实际上就是燃料中的可燃元素与氧发生化合反应并同时发生光和热的氧化过程。燃烧的发生与持续，必须同时具备可燃物料、氧化剂（如空气或氧）和将燃料加热到燃烧反应需要的最低着火温度（表 5-1)。燃烧反应的种类很多，按照燃烧产物是否完全氧化可分为完全燃烧与不完全燃烧；根据燃烧设备和控制条件可分为固定床燃烧、流化床燃烧和气流床燃烧；根据燃烧时的表观现象，可分为正常燃烧（有相对稳定的燃烧过程和燃烧空间）与非正常燃烧（如煤层爆炸、烟气爆炸等)，又可分为有焰燃烧和无焰燃烧等。

表 5-1　部分固体燃料的着火温度

燃料种类	着火温度/℃	燃料种类	着火温度/℃
木材	295	无烟煤	700～800
泥炭	225	木炭	300～400
褐煤	250～450	冶金用焦	700～750
烟煤	400～500		

5.1.2 煤燃烧过程的反应和动力学

煤的燃烧过程，首先是煤的颗粒被外来能量加热和干燥到 100℃以上，煤中水分逐渐蒸发，之后随着温度的升高析出挥发分和形成煤焦，达到着火温度后挥发物和煤焦着火燃烧，最后是煤中的矿物质生成灰渣。这些阶段在燃烧空间充分的条件下可能顺序发生，在燃烧空间不充分或连续添加煤料时也可能各阶段相互交叉或者同步进行。挥发分析出过程可能在水分没有完全蒸发尽就开始，煤焦也可能在挥发物完全没有析出前就开始着火燃烧等。煤中可燃物的主体是固定碳，是释放热量的主要来源，燃尽时间也最长。煤焦的燃烧是煤燃烧过程中起决定性作用的阶段，它决定着燃烧反应的最主要特征。

以煤燃烧反应中的气体为主体描述煤的燃烧过程，首先是氧气通过气流边界层在灰层中扩散和在煤粒内部微孔中扩散，之后在煤表面上发生化学吸附与氧化反应，解吸后的反应产物通过内部微孔扩散到达煤的外表面，再继续扩散通过灰层，进而通过气流边界层进入主气流进行扩散。燃烧过程整个时间由化学反应时间和扩散时间构成。化学反应时间主要取决于煤的本性（成煤物质和变质程度）和温度；

扩散时间则主要取决于气流速率和灰层厚度。

煤的燃烧反应有两种典型的反应状态。在化学反应速率控制状态时，整个燃烧反应速率受煤表面的氧化反应速率控制，反应时间主要由化学反应时间决定。这种状态煤表面温度通常较低，要增加燃烧反应的速率，提高温度是最有效的手段。在扩散速率控制状态时，整个燃烧反应速率取决于氧气扩散到煤粒反应表面上的速率，而与温度无关。要增加燃烧反应的速率，减小煤颗粒粒径以减小灰层厚度、增大气流速率以减薄气膜厚度，使碳表面反应剂浓度增大是最有效的手段。需要说明的是，煤的燃烧状态也可能介乎上述二者之间。这时，提高温度和增强气流速率都可以增加煤的燃烧反应速率。

5.1.2.1 煤燃烧反应中的化学变化

煤中的燃烧反应主要涉及的元素是碳和氢，以下是一些主要的反应和标准状态下的反应热。

碳的完全燃烧：

$$C+O_2 \longrightarrow CO_2 \qquad \Delta_r H_m^{\ominus}=-393.5\text{kJ/mol} \tag{5-6}$$

碳的不完全燃烧：

$$C+\frac{1}{2}O_2 \longrightarrow CO \qquad \Delta_r H_m^{\ominus}=-110.52\text{kJ/mol} \tag{5-7}$$

一氧化碳的燃烧：

$$CO+\frac{1}{2}O_2 \longrightarrow CO_2 \qquad \Delta_r H_m^{\ominus}=-282.99\text{kJ/mol} \tag{5-8}$$

氢的燃烧反应：

$$H_2+\frac{1}{2}O_2 \longrightarrow H_2O \qquad \Delta_r H_m^{\ominus}=-241.83\text{kJ/mol} \tag{5-9}$$

通过上述煤燃烧基本反应式可以求出燃烧时的理论耗氧量、理论烟气组成和理论烟气量。碳的不同的同素异形体具有不同的生成热，上面反应式中的反应热是按照碳的石墨构型得到的，无定形碳的燃烧反应热大于石墨的燃烧反应热。

煤在实际燃烧过程中发生的化学反应，不全都是燃烧反应，也同时伴有碳的气化过程和 CO 的燃烧等其他一些反应。以下是一些主要的反应和标准状态下的反应热：

二氧化碳气化反应：

$$C+CO_2 \longrightarrow 2CO \qquad \Delta_r H_m^{\ominus}=-172.47\text{kJ/mol} \tag{5-10}$$

水蒸气气化反应：

$$C+H_2O(g) \longrightarrow CO+H_2 \qquad \Delta_r H_m^{\ominus}=-131.31\text{kJ/mol} \tag{5-11}$$

$$C+2H_2O(g) \longrightarrow CO_2+2H_2 \qquad \Delta_r H_m^{\ominus}=90.15\text{kJ/mol} \tag{5-12}$$

水煤气变换反应：

$$CO+H_2O(g) \longrightarrow CO_2+H_2 \qquad \Delta_r H_m^{\ominus}=-41.16\text{kJ/mol} \tag{5-13}$$

甲烷化反应：

$$CO+3H_2 \longrightarrow CH_4+H_2O(g) \qquad \Delta_r H_m^{\ominus}=-206.16\text{kJ/mol} \tag{5-14}$$

煤的燃烧可以认为是氧气先在煤表面上化学吸附生成中间络合物，而后解吸同时生成 CO_2 和 CO 两种燃烧产物：

$$xC+\frac{1}{2}yO_2 \longrightarrow [C_xO_y] \longrightarrow mCO_2+CO \tag{5-15}$$

煤颗粒表面的反应模式和气体浓度随燃烧温度的不同而变化，靠近煤粒表面 CO/CO_2 的比值随温度而变化。低于 1200℃时比值大于 1，CO_2 浓度大于 CO 浓度，氧化反应的趋势明显；高于 1200℃时，CO/CO_2 比值小于 1，表明还原反应的趋势更明显；当温度大约在 1200℃时，CO/CO_2 比值接近于 1。

煤燃烧时若气流中存在水蒸气，则可以在燃烧过程中生成 H_2。H_2 分子反应速率比 CO 要快，而水蒸气的分子反应速度比 CO_2 要快，这样当 CO_2 气化掉 1 个 C 原子时氢已经气化掉多个碳原子。因此在水蒸气存在时，煤的燃烧大大加快。所以煤的燃烧过程不能忽略煤的气化过程，燃烧与气化的结果之所以不同，受氧气量的多少控制。

5.1.2.2 燃烧反应中表面形态的变化

(1) 热解过程中表面结构的变化

煤的热解在煤着火之前发生，热解过程中煤表面结构的变化直接影响着煤的燃烧状况。Maria[1]研究了较低温度下煤热解过程中表面积的变化。无论是 N_2 表面积，还是 CO_2 表面积，随着温度的升高和热解的不断进行两者都在不同程度地增加，但 CO_2 表面积增加的幅度远远大于 N_2 表面积的增加量，并且在 500℃以前 CO_2 表面积不断增加的同时 N_2 表面积几乎没有变化。结合 N_2 仅能探测到中孔及大孔，而 CO_2 则可以探测到煤中微孔结构的特点。可以发现，开始升温热解时，由于挥发分的析出，形成了大量的微孔结构，但大孔及中孔却没有太大变化；温度进一步升高后，挥发分的析出更为剧烈，不但开辟了新的微孔结构，还将原来微孔进一步扩展为中孔及大孔，使 N_2 和 CO_2 表面积均不断增加。Maria 还研究了高挥发分煤样的热解情况。在热解一开始，CO_2 表面积不断增加的同时，N_2 表面积却在减少。他认为出现这种情况的原因在于高挥发分含量使热解开始时反应就比较剧烈，在小孔形成的同时，出现了大孔的崩溃，因而造成两种方法所测得的表面积具有不同的变化趋势。

对四种中国煤热解时的孔结构变化的研究工作发现[2]，在 500℃以前，孔容与孔表面积没有太大的变化，与 Maria 的结论相符；当热解温度在 500～700℃时，煤中挥发分大量析出，如 C_nH_{2n}、CO、和 CO_2 等。他们主要来自煤粒内部，因而导致孔容积和孔面积都有增加；700℃以后，由于煤的可塑性以及焦油的析出，减少和堵塞了部分孔，使孔面积和孔体积均减少；800℃以上，析出均为较轻物质如 H_2 等，它们的析出留下很多微孔，使表面积迅速增加[3]。对维多利亚褐煤在热解过程中分形维数变化的研究发现，在不同气氛和处理条件下，分形维数的变化略有不同，其共同的趋势就是低温区分形维数的变化不大，温度升高后分形维数有明显的增加。在 N_2 气氛下，分形维数的增加不太明显，对酸洗后的煤样，其分形维数一直稳定在 2 左右，说明酸洗的作用使煤表面光滑，形成欧氏平面。

一般来说热解过程中随着挥发分的析出，煤中孔系不断发达，尤其是形成了大量的微孔结构。微孔形成的同时，使内表面和粗糙度都有所增加，其分形维数也因此而增大，这就为以后煤焦的着火提供了条件。

另外，作者早期的研究还表明[4]，煤的内在矿物质和主要的单种矿物质组分对煤在成焦过程中的孔扩散及新表面的生成均有促进作用。

(2) 煤焦燃烧反应中表面结构的变化

煤焦在燃烧过程中，其表面结构经历了剧烈的变化。Davini[5]研究了煤和煤焦在燃烧过程中表面积的变化趋势。煤和煤焦在燃烧过程中表面积都经历了一个迅速增加而后逐渐减小的过程。表面积最大的时刻所对应的时间恰好与所测得的燃烧速率最大的时刻相对应。另外从煤焦燃烧的表面变化曲线可以看出，制焦的温度越高，其表面积最大值达到的时间越短，也就是燃烧速率最大值达到的越快。煤粒中的内表面为气固两相反应提供了反应必需的接触面，内表面积的增减自然会导致燃烧反应速率的加快或减慢；而制焦温度的升高会使煤中挥发分析出的速度和数量增加，从而增加了煤焦的内表面积，为反应速率达到最大值提供了条件。Ghetti[6]的研究工作也支持了 Davini 的结论。Ghetti 对煤表面积做了校正以后，将其与煤燃烧反应的速率进行比较，发现随着表面积的不断增加，燃烧速率也同样在不断增加，最后同时达到最大值。

Adams[7]对三种煤在三个燃烧温度条件下煤焦表面的变化作了表征，发现煤的比表面积在整个燃烧过程中一直在增加，直到燃烧最后阶段转化率达到 80%以后才开始下降；而煤的总表面积是在转化率为 50%时达到最大值。他认为转化率 50%是煤燃烧转化的关键点，此时对于反应物来讲具有最大的表面积总和，为气固两相反应提供了最大的反应界面。

顾熠等[8]对煤燃烧时孔隙分布变化情况的研究，得到了等温燃烧条件下不同燃烧阶段的孔径分布图。研究的结论是：从褐煤到无烟煤孔径分布的变化趋势大体相同。燃前原煤中的孔大致分布在 30nm 左右，而且呈单峰；随着燃烧的不断进行，烟煤的孔径分布变化最快，而且峰值向大孔径一侧移动，并出现了双峰；燃烧 25s 后，三种煤中孔分布均出现了双峰或多峰，说明颗粒内部孔的网络结构趋于发达，证明燃烧过程中同时存在内部孔变化。

Salatino[9]对煤焦燃烧过程中煤表面分形维数进行了测定，在不同燃烧转化率下测得的分形维数变化不大，都在 2.7～2.8 范围之内，没有增加或减少的趋势。研究认为煤焦开始燃烧后，其表面已经达到相当的粗糙程度，虽然在燃烧过程中具有孔的打开及崩溃作用，均无法对粗糙度造成进一步的加深，因而也就不会使分形维数发生太大的变化。

5.2 燃烧方法及其工程应用

煤是复杂的固体碳氢燃料，除了水分和矿物质等惰性杂质外，煤是由碳、氢、氧、氮和硫这些元素的有机聚合物组成的。这些有机聚合物就构成了煤的可燃质。煤在受热时，颗粒表面上和渗在缝隙中的水分蒸发出来，就变成干燥的煤。同时逐渐使最易断裂的链状和环烃挥发出来，也即析出挥发分。若外界温度较高，又有一定的氧，那么挥发出来的气态烃就会首先达到着火条件而燃烧起来。当温度继续升高而使煤中较难分解的烃也析出而挥发掉以后，剩下的就是焦炭。挥发分在燃烧时，一方面可以供给热量将焦炭加热到炽热状态，另一方面暂时将氧都夺去燃烧，所以焦炭要在大部分挥发分烧掉以后才开始燃烧。

由此可见，煤的燃烧可粗略地分为着火和燃尽两部分，其着火过程主要取决于挥发分的析出及燃烧。在挥发分大量析出的局部区域，通入富氧空气流，将有助于形成局部高温区，强化燃烧。这一过程可以通过分析一小团煤粉颗粒随一次风射流进入炉膛后的加热着火情况来说明。

5.2.1 燃烧过程的主要控制参数

5.2.1.1 燃烧的热强度

（1）炉排面可视热负荷

在层燃炉中，绝大部分燃料是在炉排上燃烧的，也就是说炉排面积是保证火床燃烧强度的基本条件。这一特征用所谓炉排面可视热负荷表示，它是单位时间内在单位面积炉排上燃烧所放出的热量，即：

$$q_F = \frac{BQ_{net}}{F} (kW/m^2) \tag{5-16}$$

式中　B——每秒钟送入炉内的燃料量，kg/s；

F——炉排有效燃烧面积，m^2；

Q_{net}——燃料收到基低位热值，kJ/kg。

对于某一种炉型，当其燃用一定种类的燃料时，有一最佳值。一味追求很小的炉排面积，必然会使空气流经燃料层的速率过高，并使燃料的燃烧时间过短。前者可导致被吹走的未燃煤屑量增大，后者则会引起燃料层的燃烧不完全，这都会使燃料不完全燃烧损失达到不能允许的程度。

应当根据煤种、煤的粒度、煤层厚度、鼓风压力等因素确定炉膛容积热强度的大小。

（2）炉膛容积可视热负荷

在层燃炉中尽管大部分燃料在炉排上燃烧，但仍有部分可燃物是在炉膛容积中烧掉的，这种燃烧强度用炉膛容积可视热负荷 q_v 表示，其意义是单位时间内在炉膛的单位容积中燃烧放出的热量。

$$q_v = \frac{BQ_{net}}{V} (kW/m^3) \tag{5-17}$$

式中　V——炉膛的体积，m^3。

炉膛容积热负荷同样与炉型、煤质及操作方法有关。燃烧容积小些，可以提高炉膛的温度和燃烧效率，但容积过小，亦容易造成燃烧不完全，还会造成燃烧室的内压力过大、炉门向外冒烟等问题。而燃烧容积过大时，烟气不能充满炉膛，容易抽进冷风，致使炉膛温度降低。知道了炉排面积和炉膛容积后，可求出炉膛的高度。

5.2.1.2　氧与燃料的比例

（1）燃料的燃烧计算

燃烧过程实质上是燃料中的可燃物分子与氧化剂分子之间的化学反应。燃烧计算根据化学反应过程中的质量平衡和热量平衡，计算化学反应开始和终结时的各有关参数，包括单位质量（或体积）燃料燃烧所需的氧化剂（空气或氧气）质量、燃烧产物（或烟气）的质量和成分、燃烧所能达到的温度等。这些数据对燃烧装置乃至整个热力系统的设计和运行操作都是不可缺少的。

对固（液）体燃料，以1kg燃料为基准进行燃烧计算；对气体燃料，以1m^3燃料为基准进行燃烧计算。

实际的燃烧装置中，大多采用空气作为燃烧反应的氧化剂。少数情况下，也可选用富氧空气或氧气。在燃烧计算中一般只考虑空气中的O_2、N_2和水蒸气，略去空气中微量的稀有气体和CO_2，并假定干空气中O_2的体积分数为21%，N_2为79%。

在计算中，把空气和烟气的成分（包括水蒸气）都看做理想气体。由于1kmol气体在标准状态（0.1MPa，298.15K）下的体积为22.4m^3，因此在计算中把所有气体的体积折算到标准状态，这时的体积计算单位为m^3（标准状况）。

（2）燃料燃烧所需空气量计算

燃料的可燃成分由碳、氢、硫等元素组成。如果在燃烧过程中可燃成分中的碳、氢、硫都能与氧化合成不能燃烧的产物（CO_2，H_2O以及SO_2），则称为完全燃烧。如燃烧产物中还存在可燃物质（CO，H_2，CH_4等未燃尽气体及固态碳粒），则称为不完全燃烧。造成不完全燃烧的原因可能是空气供应不足、燃料与空气混合欠佳以及燃烧产物发生热分解等。燃料只有在完全燃烧时才能放出最大的热量，因此一般燃烧装置都要求尽量做到完全燃烧。

① 理论空气量　即1kg（或1m^3）收到基燃料完全燃烧而又没有剩余氧存在时所需要的空气量，这种理想情况下燃烧所需的空气量以符号V_0表示，其单位为m^3（空气）/kg（燃料）（对液体燃料和固体燃料）或m^3（空气）/m^3（燃料）（对气体燃料）。

固体和液体燃料的成分均以各元素在燃料中占有的质量分数表示，但对于气体燃料，各组分所占有的量以体积分数表示，因此它们的燃烧计算表达式有所不同。

使1kg燃料完全燃烧应配给的空气量是根据燃料中可燃元素与氧气之间的反应式求得的，单位质量燃料完全燃烧所需空气量就是根据燃料中所含C、H、S元素分别与氧气反应所需空气量相加而得，如式(5-18）所示。

$$V_{air}^0=\frac{1}{0.21}\left(1.866\times\frac{C_{ar}}{100}+0.7\times\frac{S_{ar}}{100}+5.55\times\frac{H_{ar}}{100}-0.7\times\frac{O_{ar}}{100}\right)(m^3/kg) \quad (5\text{-}18)$$

② 实际空气量　燃料的燃烧可能在下述工况下进行：贫氧燃烧工况、富氧燃烧工况、理论燃烧工况。实际空气供给量与理论空气需要量的比值称为燃料燃烧的空气系数：贫氧燃烧工况空气系数<1；富氧燃烧工况空气系数>1（此时空气系数也称为过量空气系数）；理论燃烧工况空气系数=1。大多数燃烧装置运行时，为了实现完全燃烧，实际空气供给量总是大于理论空气需要量。这是因为在实际燃烧装置中，燃料和空气往往是分别送入炉膛的。由于炉膛空间有限，燃料和空气很难达到绝对均匀的混合，导致不完全燃烧。为避免这种情况，在实际运行时，往往人为地向燃烧装置供入过量空气，使燃料与空气在混合不均的条件下仍有充分的机会与空气接触，故炉膛出口处的空气系数一般大于1。

空气系数取决于燃烧方式、燃烧装置运行工况等因素，在设计燃烧装置时可根据有关资料选取，运转中的燃烧装置则可通过仪表测定。各种锅炉炉膛出口的过量空气系数推荐值列于表5-2。

表 5-2　出口空气过量系数

燃烧设备型式及燃料	层燃炉		固态排渣炉		液态排渣炉		燃油、燃气炉	
	无烟煤、贫煤	烟煤、褐煤	无烟煤、贫煤、劣质烟煤	烟煤、褐煤	无烟煤、贫煤	烟煤、褐煤	平衡通风	微正压
空气系数	1.4～1.5	1.3～1.4	1.2～1.25	1.15～1.2	1.2～1.25	1.15～1.2	1.08～1.1	1.05～1.07

5.2.2　燃烧装置的基本性能要求

为了保证工程燃烧可靠安全运行，燃烧设备必须满足一定的质量性能要求。不同设备的指标体系有较大差别，这里仅就燃烧室和燃烧器提出一些原则性要求。

5.2.2.1　燃烧室

① 燃烧效率要高。燃烧效率是表示燃料燃烧完全程度的指标，其含义是实际燃烧过程释放出的可用于热工过程的能量与理论上燃料完全燃烧所释放的能量之比，是体现燃烧装置经济意义的重要指标。不同装置的燃烧效率差别很大，例如，有些老式工业窑炉的燃烧效率只有30%左右，而先进的电站煤粉锅炉、燃气轮机燃烧室等则可达到95%～99%。

② 燃烧强度要大。燃烧强度是表示单位时间在燃烧室内放出热量多少的指标。当燃烧强度按单位燃烧室容积计算时称为容积热强度；当燃烧强度按单位燃烧室横截面面积计算时称为面积热强度。它们分别用单位时间释放的可用燃烧热与燃烧室的体积或特定截面面积之比表示。

燃烧强度反映燃烧室结构的紧凑性，此指标越高，燃烧室的体积越小。对于某些燃烧设备（如航空与航天发动机）来说，这一指标具有极为重要的意义。对于地面使用的燃烧设备，此指标可以低些，但适当减小燃烧室的体积大多是有好处的。

③ 燃烧稳定性要好。这是表示燃烧过程合理性和可靠性的指标。当燃料和空气在规定的压力、温度下，以预定的流量送入燃烧室时，应当能正常着火，火焰分布合理，不发生过长或过短，火焰面稳定，不发生熄火或回火，不出现超温或降温等情况。

④ 安全性要好，使用寿命长。这是表示燃烧装置能否长期可靠运行的指标。如果装置运行被迫中途停止或发生事故，往往会造成严重后果。这一性质很大程度上取决于燃烧室的热强度、火焰或温度场分布及隔热保护条件，它们均需要根据燃烧装置的总体要求做出合理设计，以保证装置的正常、安全工作，并尽量延长装置的使用寿命。

⑤ 燃烧污染要小。

5.2.2.2 燃烧器

燃烧器主要包括燃料喷嘴、配风器和点火器部分。相对于燃烧室来说，燃烧器的体积要小得多，但它是组织合理燃烧的关键装置，是燃烧室性能好坏的关键因素。除了应具有与燃烧室一些共同的要求外，燃烧器还应满足以下几点：能够实现燃料与空气的良好混合；点火容易，火焰稳定；结构紧凑，重量轻；安装、检修和操作方便。

5.3 燃烧方式与设备

根据固体燃料在燃烧装置中的运动状态，煤的燃烧可分成层状燃烧、室式燃烧和沸腾燃烧三种基本方式[10,11]。

层燃法是将固体燃料放在炉排（或炉箅）上，形成有一定厚度的燃料层。大部分燃料在燃料层中进行燃烧，这种燃烧方式又称为火床燃烧。空气自下向上流过，将少量的细小煤颗粒吹到燃料层上方，与燃料热分解析出的挥发分及焦炭的不完全燃烧产物 CO 一起，在燃料层上方空间中进行燃烧，形成气相火焰。

室燃法则没有燃料层存在，全部燃料均在燃烧室内进行空间燃烧，这种方式又称为火室燃烧。以这种方式燃烧时，燃料与空气边混合边燃烧，并不断随同空气和燃烧产物在燃烧室内运动。为使固体燃料能够悬浮在空气中且与空气混合良好，必须将煤磨成细粉，再用空气吹入燃烧室内燃烧。依照煤粉吹入形式及颗粒度的不同，室燃法又分为煤粉火炬燃烧和旋风燃烧两种主要形式。煤粉火炬燃烧与气体燃料和液体燃料的火炬燃烧相似，煤粉和空气的混合物由燃烧器喷入燃烧室内燃烧。旋风燃烧主要使用粗煤粉，也可用小煤屑，它的特点是在圆柱形筒体炉膛内旋涡燃烧。采用旋风燃烧时，煤粉和空气之间的相对速率增加，煤粉在炉膛内的停留时间加长，因而可以大大提高容积热负荷。

沸腾燃烧是介于火床燃烧和火室燃烧之间的一种燃烧方式。中等大小的颗粒送入炉中后先落在炉箅上，当从炉箅下部流入的空气具有较高速率时，燃料颗粒被气流所“流化”，在流动状态下燃烧。

5.3.1 煤的层状燃烧

层燃炉有悠久的历史，目前在工业和采暖锅炉中仍占主要地位。按操作方式可分为手烧炉、半机械化炉和机械化炉；按炉排型式可分为链条炉、振动炉排炉和倾斜往复炉排炉；按加料方式又可分为上饲式和下饲式等。

固体燃料进行层状燃烧时，燃料将依靠自身的重量在炉箅上堆积成较致密的燃料层。最简单最基本的层状燃烧是固定床燃烧，其炉箅是固定的，由图 5-2 可以看出这种燃烧床的燃料层结构和燃烧过程。

新的燃料从上部加到炽热的火床上。一方面被火床直接加热，另一方面受到燃料层上方的高温火焰和炉墙的辐射加热，新燃料温度迅速升高，很快开始析出水分和发生热分解。热分解产生的挥发分上升离开燃料后先行着火，不久燃料层本身也开始着火。随着更新的燃料不断加入，原先的燃料便边燃烧边由于自身重量或某些动作而逐渐下降，而后形成灰渣到达炉箅，最后排出。

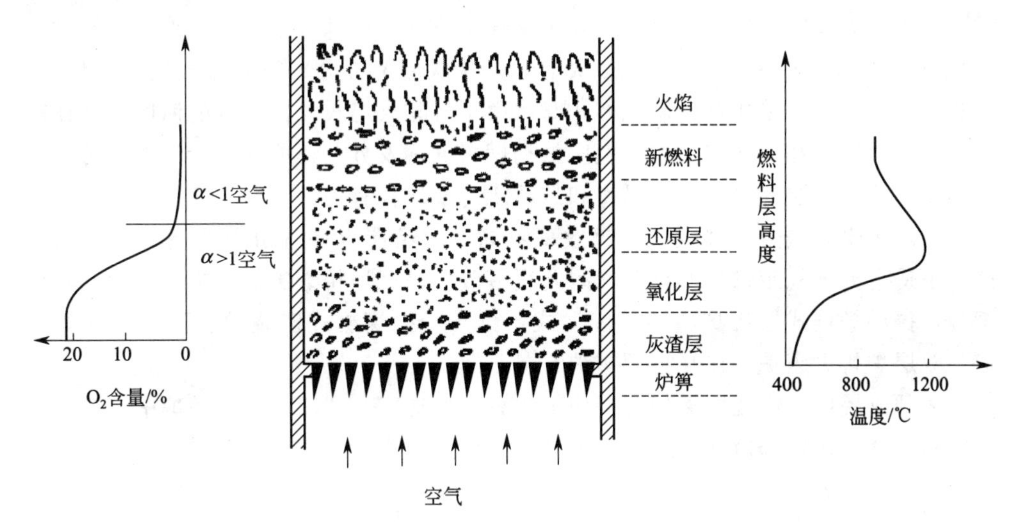

图 5-2 固定床燃烧的燃料层示意图

与燃料运动方向相反，空气是自下而上地流入炉膛的，在两者的逆向运动中，它们发生了复杂的热交换，进而对燃烧形式产生了重大影响。当空气通过炉排和灰渣时，自身受到预热，同时冷却了炉箅和灰渣，这有利于保护炉箅和灰渣的排出。预热后的空气上升进入固相反应层，空气中的氧与炽热的碳发生反应，由于氧气含量大，燃烧产物主要为 CO_2，但也会产生少量 CO，并放出大量的热，故该层从下而上温度逐渐升高。但随着燃烧反应的进行，空气中氧的大量消耗，二氧化碳的含量不断增加，该层的温度和二氧化碳含量都将上升到某一最大值。这种固相燃烧层一般称为氧化层。实验表明，氧化层的厚度约为所用煤块尺寸的 3～4 倍。

当煤层总厚度大于氧化层的厚度时，则在氧化层上部还会出现一个还原层。在氧化层中生成的部分二氧化碳在这里可与碳反应而被还原成一氧化碳。还原反应是吸热的，所以随着一氧化碳浓度的增加，还原层温度有所下降，不过仍远高于新加入的燃料的温度。可见，燃料层的厚度不同，燃烧反应的形式和得到的燃烧产物不同。这样便产生了两种层燃方法，即薄煤层燃烧法和厚煤层燃烧法。

在薄煤层燃烧法中，煤层厚度大致相当于所用煤块的氧化层的厚度，这时在燃料层中不存在还原层，碳所进行的是完全燃烧。对于烟煤来说，煤层厚度常取100～150mm。厚煤层燃烧法又称为半煤气化燃烧法，这时燃料层中存在一定厚度的还原层，其燃烧产物中会有一氧化碳和氢气等可燃气体。一般来说，当燃料颗粒确定时，氧化层的厚度变化不大，煤层加厚将主要使还原层增厚。且随着还原层的增厚，一氧化碳的含量增大。这就是说，在火床燃烧中，可以通过改变煤层的厚度来控制气相产物的组分。对于以产生热量为主要目的的燃烧炉来说，其煤层不宜过厚。

当采用薄煤层燃烧时，全部空气从煤层下面送入燃烧室。而采用厚煤层燃烧时，如果也希望实现完全燃烧，则除了从煤层下面将一部分空气（一次空气）送入燃烧室之外，还应将部分空气（二次空气）从煤层上方分成很多流股送入燃烧室，以燃尽可燃气体。采用这种燃烧方式时，由于气相火焰较长，炉内的温度分布比较均匀。一次空气和二次空气的比例应根据燃料的挥发分及还原反应所生成的可燃气体的量来确定。层燃法的煤层厚度和鼓风压力及煤种有关。

固定床燃烧法劳动强度大，热效率不高，污染严重并且由于燃烧状况的周期性，不适合要求稳定供热的场合。因此很多改型层燃炉相继出现。主要有抛煤式层燃炉、振动炉排式层燃炉、链条传动式层燃炉、抛煤机式链条炉、下饲加煤炉排炉、双层炉排火床炉、往复推饲排炉等。

大部分层燃炉燃烧所需的空气均由炉箅下方送入。在较大的层燃炉中，空气的供应和烟气的排除都借助于风机。为了保持稳定的燃料层，穿经燃料层的空气流速必须保持以下关系：

$$\frac{\pi d^2}{6}(\rho_r-\rho_k)>c\,\frac{\pi d^2}{4}\cdot\frac{w_k^2}{2}\cdot\rho_k \tag{5-19}$$

式中，d 为燃料块的当量直径，m；ρ_r 和 ρ_k 分别为燃料和空气的密度，kg/m^3；w_k 为空气的流速，m/s；c 为燃料块的阻力系数。

当空气流速超过上述关系时，部分燃料会被吹起来，炉子不能稳定工作。当燃料块过小时，被吹起来的可能性更大，因而燃料块的大小，对层燃炉的燃烧状态也有重要影响。

各种层燃炉的主要特征汇总在表5-3中。炉排形式的选择，通常主要根据锅炉的容量、对负荷变化的适应性及燃料的性质来决定。而水分含量、煤中细粉的百分含量（%）、煤的可磨性、煤的热值、灰熔点、煤中矿物质组成、挥发物质/固定碳之比、黏结性均将影响炉排运行性能。

表 5-3 各种层燃炉的主要特征汇总

类型	容量范围	最大燃烧速率	特　　点
	t/h	MJ/(h·m²)	
链条炉	9～45	5680	不适合于强黏结性煤
振动炉排炉	13～70	2540	飞灰少、能烧弱黏煤、费用低
下饲加煤			
单甑，双甑	9～13	4540	飞灰少、能烧弱黏煤、费用高
多甑	13～126	6810	飞灰少、能烧弱黏煤、费用高

5.3.2 煤粉燃烧

煤粉燃烧是指一定细度（一般小于 200 目的占 70%～80%）的煤粉，以悬浮状态在空气中着火燃烧。由于煤粉很细且与空气接触良好，混合充分，所以相应地降低化学不完全燃烧和机械不完全燃烧损失。

煤粉的燃烧有几种方式，这些方式均与燃烧器在煤粉燃烧炉炉膛里的位置和安装方式有关。燃烧器可安装成：①与前墙、后墙或侧墙成水平燃烧；②通过炉膛顶部垂直燃烧；③前、后墙对置燃烧；④在炉膛的角式切向燃烧。燃烧方式主要取决于锅炉容积的大小、炉型及燃用的煤种。不同煤种的着火温度：褐煤 250～400℃，烟煤 400～500℃，无烟煤 700℃。

煤粉燃烧炉的炉膛容积庞大，必须保证煤粉在炉内有足够的停留时间，以使煤粉能完全燃烧。因此煤粉炉除要求煤粉必须具有相当细度外，还需扩大炉膛尺寸，用以保证煤粉燃烧所需的火焰长度。

煤粉燃烧锅炉可以燃用的煤种较宽，烟煤是其最常用的燃料。点火和火焰的稳定性以及煤灰性质会影响操作过程。

5.3.3 旋风燃烧锅炉

旋风式燃烧是在旋风分离器的基础上发展起来的，其工作原理见图 5-3。这种燃烧装置的主体为一个大圆筒，燃料和空气沿其内壁的切线方向以 100～200m/s 的速率喷入，开始强烈地旋转运动。在离心作用下，燃料颗粒和空气得以紧密接触，并迅速完成燃烧反应。使用这种燃烧方式，不仅改善了燃料和空气的混合条件，而且显著延长了燃料在炉膛内的停留时间，因此可以将空气过量系数降到 1.05～1.0，并且可以使用粗煤粉（R90 的煤粉占 60%～70%），或直径小于 5mm（一般不超过 10%）的碎煤屑，因此可以省略复杂的制粉设备。旋风燃烧法的突出特点是燃烧强度大，其容积热容量可达 $1.2\times10^7\sim2.4\times10^7$ kW/m³，为一般煤粉炉的 10～30 倍。

旋风燃烧炉有卧式和立式两种结构形式。图 5-4 给出旋风炉炉内燃烧区域分布图。

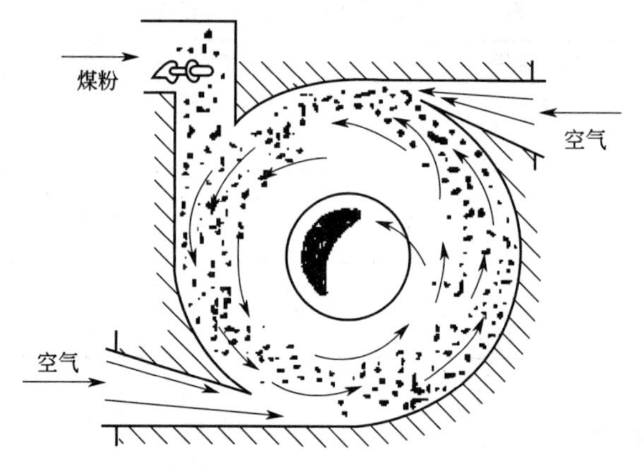

图 5-3　旋风式燃烧原理图

在一般煤粉炉中，燃料和烟气在炉内停留的时间是相同的，而在旋风炉中，燃料在炉内停留时间大大延长了，而且扩散掺混和燃烧过程特别强烈。

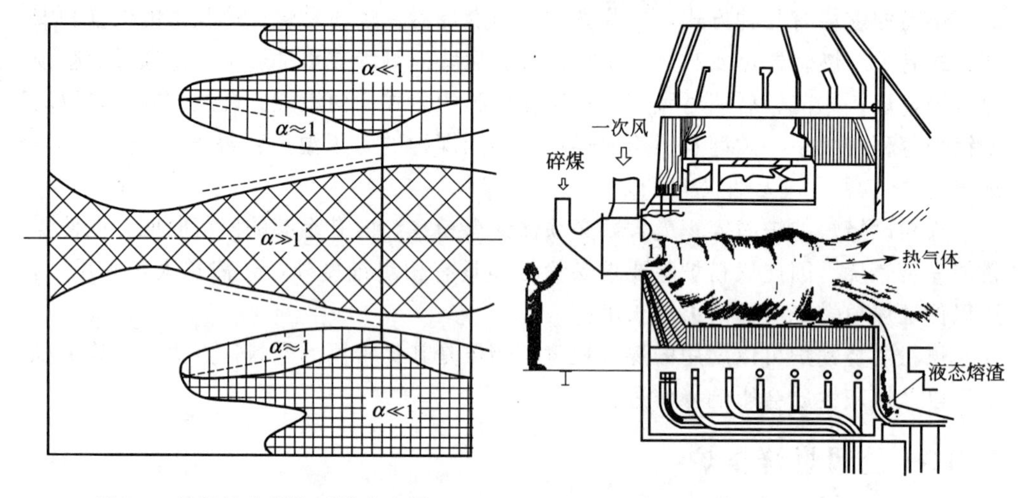

图 5-4　旋风炉内燃烧区域分布图　　　　图 5-5　前置式立式旋风炉

立式旋风炉有前置式和下置式两种类型。图 5-5 为前置式立式旋风炉的结构简图。

旋风炉具有烧低灰熔点煤的优点。不仅可以燃用烟煤、褐煤和无烟煤，还可燃用灰分高达 50%、发热量仅有 12.6MJ/kg、挥发分为 12%的劣质贫煤。旋风炉的炉温比煤粉炉高，燃料容易燃烧完全，因此，效率高，空气比也相当低。此外，旋风炉的燃烧负荷约为 62800MJ/(m^2・h)，相当于煤粉炉的几十倍、沸腾炉的几倍，因此具有体积小、飞灰带出物少（仅 1g/m^3）、积灰少以及颗粒收集器体积小等优点。

旋风炉目前存在的主要问题是由于它有比较高的放热速率，导致在高温下氮的氧化物生成量很高，限制了旋风炉的推广使用。

卧式和立式旋风炉各有所长。卧式旋风炉的燃烧强度比立式旋风炉高，这是由于其后部有喇叭口的存在，使空气动力场和燃烧过程具有独特的规律。在立式旋风炉中，气体的扰动不如卧式旋风炉强烈，因此立式炉只能烧煤粉而不能烧煤屑。但是卧式旋风炉的总体形状复杂，且二次风机的电耗特别大，对煤种的适应性不如立式炉广，不易烧无烟煤或劣质烟煤，否则机械不完全燃烧损失较大。目前在我国前置式旋风炉发展较快。

5.3.4 流化床燃烧（FBC）

流化床燃烧（沸腾燃烧）是利用空气动力使煤颗粒在沸腾状态下进行燃烧并完成传热和传质的。沸腾燃烧的流体动力学基础是固体物料的流态化。流态化指的是固体颗粒与流动着的流体混合后，能像液体那样自由流动的现象。流态化技术最先用于选矿及冶金工业，后来在石油和化学工业中得到了广泛的应用，近几十年来在工程燃烧方面也受到密切关注和应用。

流化床燃烧炉有全沸腾和半沸腾两种形式，它们的结构原理有较大的不同，因而在工作性能上也存在一些差别。

全沸腾炉炉箅为一种特殊的布风板。全沸腾炉一般都采用溢流除渣，所以它又称溢流式沸腾炉。

半沸腾炉炉膛下部装有一副较窄的链条炉排，其结构与普通链条炉的炉排大致相同，起着进料、布风和出灰的作用。

半沸腾炉兼有沸腾炉和链条炉的某些特点。与全沸腾炉相比，其送风压力较低，与普通链条炉相近，因此不需要专门的高压风机。半沸腾炉对结渣问题不像全沸腾炉那样敏感，因为炉渣可通过转动炉排带出。因此允许使用的燃烧温度可高达1200～1300℃，而全沸腾炉的沸腾层温度一般不允许超过1050℃。与链条炉相比，它有高得多的热强度，其炉排面积热负荷可达普通链条炉的10倍左右。但从另一角度看，半沸腾炉具有链条炉排又是一个缺点。

减少飞灰损失是进一步提高沸腾燃烧技术的关键课题。近几十年来，在这方面开展了大量研究，并提出了不少新方案，其中旋风燃尽室法、循环流化床法和双流化床燃烧法显示出良好的前景，并已开始在一定范围内应用。

实际应用表明，沸腾燃烧法具有许多突出的优点，主要体现在：新燃料着火容易，可以燃用高灰质煤、低挥发分无烟煤、低碳含量煤渣，以至煤矸石等；可进行低温燃烧，燃用低灰熔点煤；有利于在燃烧中脱硫，减少环境污染和设备腐蚀；燃烧热强度大，燃烧充分，燃尽度高；炉内换热率高（带有埋管的全沸腾炉）；灰渣具有低温烧透特性，有利于综合利用。

沸腾燃烧存在的主要问题是：普通沸腾炉热效率低（54%～68%）；风机电耗大（比普通炉高50%～80%）；埋管与炉墙的磨损严重等。

流化床燃烧的典型技术（参见图5-6）有如下几种。

（1）常压流化床燃烧（AFBC）

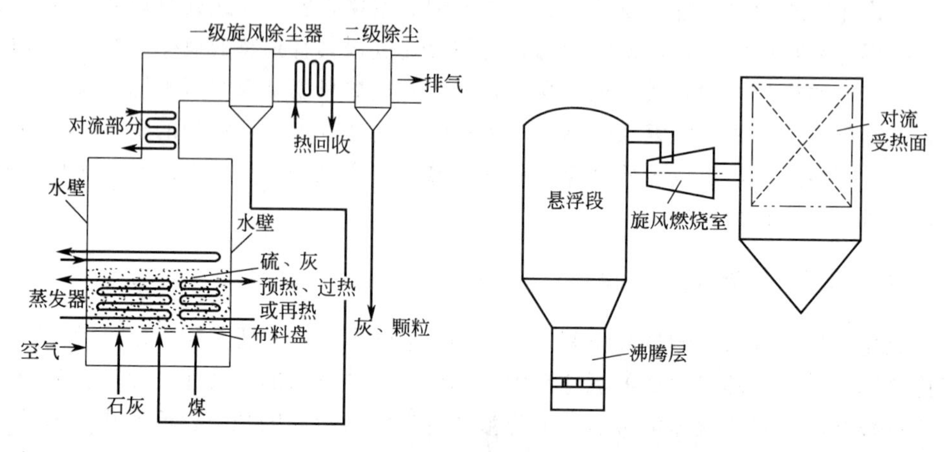

图 5-6 流化床燃烧炉示意图

目前，世界上已投入运转的流化床沸腾炉中，常压流化床沸腾炉占大多数。由于煤炭资源特点的不同，发展沸腾炉的出发点也有所不同。比如对高灰（60%～70%）低质煤，研制了两级燃烧沸腾炉，即高灰低质煤首先送入沸腾床进行气化反应的第一级，在床层上送入二次空气，使床层上逸出的可燃性气体与细粉进行充分燃烧的第二级。空间燃烧的温度一般为1000～1200℃。这种燃烧方式的特点是碳损失较小，燃烧效率可达95%。

（2）加压流化床燃烧（PFBC）

流化床燃烧炉在压力下操作，可应用于联合循环发电系统。加压与常压沸腾燃烧之间的主要区别是加压流化床燃烧的燃烧密度大，体积减小。例如，对于相似的流化速率，常压流化床燃烧的面积将是1MPa下床层面积的10倍。

（3）循环流化床燃烧（CFBC）

循环流化床是指物料在炉膛内或飞出的物料又返回炉膛的流化燃烧方式。它和加压流化床一样属第二代流化床燃烧技术。循环流化床物料的流化速率（3.1～9.3m/s）比常规流化床物料的流化速率高，实现均匀稳定的燃烧。

采用循环流化床的锅炉对煤种的适应性强；燃烧效率（99%以上）和锅炉效率（90%以上）高；炉内脱硫效率高，氮氧化物排放少；操作灵活（负荷调节比可达25%～30%）；燃料制备和给煤系统简单，结构紧凑；锅炉易实现大型化。

（4）多物料流化床燃烧（MSFBC）

属于循环流化床燃烧方式的沸腾炉。由于能使扬析的物料循环回到燃烧室中去，所以它所采用的流化速率比常规沸腾床燃烧系统要高。对燃料粒度、吸附剂粒度的要求也不像常规沸腾燃烧系统那么严格（见表5-4）。

MSFBC技术中既有大粒子密相床料，又有细微扬析床料的系统，因而称为多种物料沸腾床。它形成了两种截然不同的床层，底部是由大颗粒物料组成的密相床，上部是由细微粒物料组成的气流床。此外，MSFBC还具有运行经济、可靠，同时可以充分利用各种燃料，并能将氮氧化物和二氧化硫的排放量控制在严格的标准之内的优点。

表 5-4 多物料流化床燃烧与常规流化床燃烧比较

项目		多物料流化床燃烧	常规流化床燃烧
运行温度/℃		900	834
流速/(m/s)		9.15	1.83
燃料粒度/mm		<50	6.35
吸附剂粒度/mm		<10	1.6～8.35
钙硫比		(2～3)∶1	(3～6)∶1
碳转化率/%		98	93
脱硫率/%		95	76
排放	SO_2/(mL/m^3)	95	365
	NO_2/(mL/m^3)	72	240
	CO/(mL/m^3)	400	487
	CO_2/%	14.5	11.4
	O_2/%	3.8	6.5

5.3.5 几种燃烧设备的优缺点

几种燃烧设备的优缺点比较列于表 5-5。

表 5-5 燃烧设备的优缺点比较

设备	燃烧效率/%	优点	缺点
链条炉排炉	70～80	操作强度小，运行稳定	不适合于黏结性煤和无烟煤
振动炉排炉	60～79	简单，运行容易	飞灰多，碳转化率低
抛煤机炉		对煤种适应性强	飞灰多，对煤颗粒度要求高，不适合于含水煤
煤粉燃烧炉	75～80	机械化程度高，对煤种适应性强	细灰多，对除尘要求高、耗电高，运行过程中设备磨损大
旋风燃烧炉		能适应高灰、低灰熔点煤、燃烧效率高	高温燃烧，氮氧化物生成量大，受灰黏度限制大
常压 FBC	60～90	对煤种适应性强，可烧低热值煤，氮氧化物和硫氧化物生成量小，碳转化率高	热损大，耗能大，飞灰多，设备磨损严重
PFBC		同上，适合 IGCC 技术要求	设备磨损严重，需配套高温高压净化技术
CHB	85～90	对煤种适应性强，可烧低热值煤，氮氧化物和硫氧化物生成量小，碳转化率高	

5.3.6 提高煤的燃烧效率的途径

① 调整好炉内的燃烧工况

a. 合理的风煤配比，保持最佳的过剩空气量，即保持合理的氧量值。不同的炉子、不同的负荷段，合理的氧量值不同，一般要保证炉内过剩空气系数为 1.25 左右。

b. 合理的炉内空气动力工况，即一、二次风配比。调整上应参照集中配风的原则，既保证下组燃烧器的稳定着火，又要保证后期二次风的充分混入，同时还要保证煤粉供应均匀。

② 减少三次风及外界扰动。

③ 保持燃烧稳定。

5.3.7 工程燃烧研究的重点

当前，针对我国现有的燃烧技术，需要在节能、高效、污染小、安全性高以及燃料的合理利用上下工夫。

流化床燃烧技术和煤油混烧技术是研究最多和应用最广的两种煤炭燃烧新技术。其中循环流化床燃烧因其污染物排放少、燃料适应广、调峰能力强、燃烧效率高、脱硫、脱氮效果好而备受青睐。由于发电效率可以提高 3%～5%，污染物排放仅是常规机组的 1/5～1/10，增压流化床联合循环发电技术被国际公认为最有发展前景的高效、洁净煤燃烧发电技术。因此，增压流化床燃烧也成为研发热点。此外，因燃烧效率高、氮氧化物排放低、综合效益好，超细化煤粉再燃烧技术也受到关注。

5.3.8 煤炭燃烧新技术研究

目前煤炭燃烧新技术研究最多和应用最广的有两种，一种是流化床燃烧技术，另一种是煤油混烧技术。流化床燃烧又称沸腾床燃烧，是一种新型的燃烧技术。它是通过鼓入的空气将粒径小于 10mm 的煤颗粒吹散呈悬浮状态，类似沸腾的液体，故称沸腾床。处于这种状态的煤粉可在较低的温度（850～950℃）下实现燃烧，其放热量远远超过固体燃烧方式。另外，由于燃烧温度较低，空气中的氮难于氧化。或即使氧化，产物生成速率很小，因而可大大减小氮氧化物的污染。如果在燃烧过程中加入石灰石等添加剂，则可有效地除去煤中含硫成分，为控制大气污染创造了条件。这种燃烧所得的灰渣还可以用来制造水泥等建筑材料，实现综合利用。

煤油混烧技术是 20 世纪 80 年代以来发展起来的一种新型燃烧技术，它的系统化研究包括煤和油的混合、干燥、粉碎、浆化、运输、贮存、脱油和燃烧等技术达到最佳化。这种燃烧技术的关键是如何使煤和油混合成流体，这涉及煤和油的分散性能，属于胶体化学和表面化学领域的新兴研究课题。

5.4 煤燃烧技术发展展望

目前，确定燃烧技术今后的发展方向或煤炭利用的深度和广度还为时尚早。未来的发展趋势取决于：①能源政策；②经济性；③环保规定；④燃烧技术。这四种因素就其关系来说，是根据优先考虑的顺序排列的。毫无疑问，能源政策和对外政策中的有关问题对促进煤炭利用将起着重大的作用。自世界第一次石油危机以来，各国越来越重视用煤做燃料，煤炭在各国一次能源中的比例逐年增加。

煤炭在电能的燃料平衡中将占优势，液体燃料将从电站燃料平衡中被排除。关于工业用蒸汽、采暖和自身发电将继续烧煤。目前，主要是根据煤的价格和环保条例的要求选择工业用煤。

工业上将继续采用煤粉炉和炉排炉。人们期望能向小的煤粉炉和大的炉排炉方向发展。只要有一点可能，工业上都将试图避免烟气洗涤，主要是考虑经济上和操作上的原因。可以肯定沸腾炉燃烧技术今后会有很大发展，尤其是对用沸腾炉烧劣质煤将会产生更大的兴趣。根据这个考虑，不合格的燃料同煤一起或许会在炉排炉和沸腾炉上燃烧。甚至可在煤粉炉中燃烧。在油源枯竭之前或者由于经济和技术上的原因而不能把燃油改成烧煤的情况，那么煤-油混合（COM）燃烧也许更受欢迎。

燃煤炉炉膛和燃烧器将来不会有明显的改变。当采用 NO_x 控制器时，应着重考虑使用具有延长混合或分段燃烧的低 NO_x 燃烧器和大的炉膛容积，这对于煤燃烧炉膛将会有一些影响，但不是主要的。

今后世界各国的工业和公用事业电站仍将以烧煤为主，而且多半还是采用今天的燃烧方法。煤的燃烧是一个相当复杂的工艺技术，煤虽脏而且比气和油难以加工处理，但煤炭资源丰富且煤中含有许多有用的化工原料。尽管今后世界上的各种问题极其复杂，但仍可以认为，用煤来替代石油是势在必行的。

参 考 文 献

[1] Maria M, et al. Fuel, 1983, 62: 1393.

[2] 丘纪华. 燃料化学学报, 1994, 22: 316.

[3] Johnston P. R. et al. Interface Sci., 1993, 155: 146.

[4] 谢克昌, 凌大琦. 煤的气化动力学和矿物质的作用. 太原: 山西科学教育出版社, 1990, 303.

[5] Davini P. et al. Fuel., 1996, 75: 1083.

[6] Ghetti P. et al. Fuel., 1985, 64: 950.

[7] Adams K. E. et al. Carbon., 1989, 27 (1): 95.

[8] 顾燔等. 燃料化学学报, 1993, 21: 425.

[9] Salatino P. et al. Carbon., 1993, 31: 501.

[10] 霍然. 工程燃烧概论. 合肥: 中国科学技术大学出版社, 2001, 254.

[11] 李芳芹. 煤的燃烧与气化手册. 北京: 化学工业出版社, 1997.

第6章 煤与氧气和水蒸气的反应——中低热值煤气的生产

煤气化是将煤与气化剂（空气、氧气或水蒸气）在一定的温度和压力下进行反应，使煤中碳、氢组分转化成气体，而煤中灰分以废渣的形式排出的过程。所生成的煤气再经过净化，就可作为燃气或合成气来合成一系列化学化工产品。

煤的气化过程能显著提高煤炭利用率，且可以较容易地将煤中的硫化物和氮化物脱除，是实现煤的洁净转化，提供优质高效能源及一碳化学产品的必经之路。煤制气的技术开发主要集中于把煤转化成适于发电和用于其他工业的低热值煤气，以及易于远距离输送的、用以替代天然气的中高热值煤气，如图 6-1 所示。

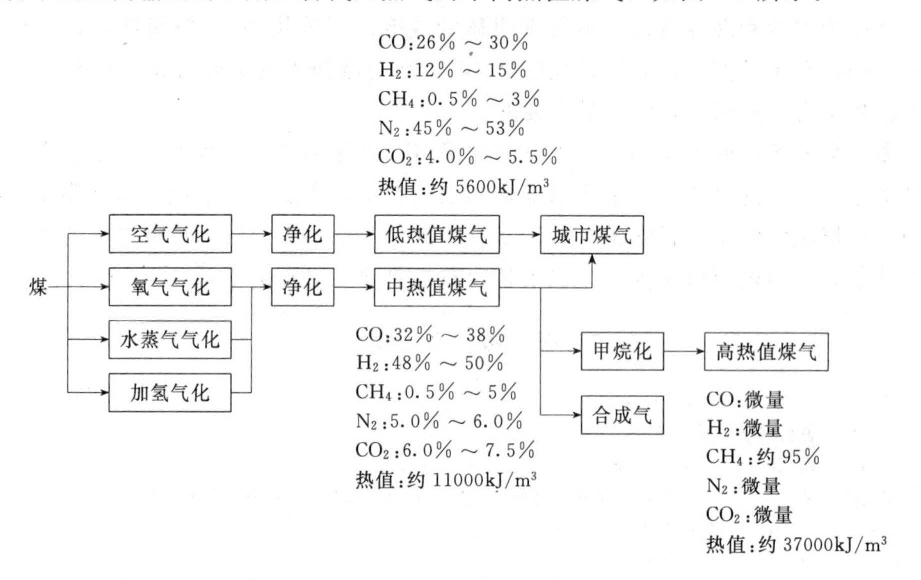

图 6-1 煤转化为不同用途煤气的路径

中热值煤气的热值在 10.1～22.4MJ/m^3，主要成分为一氧化碳和氢气，燃烧迅速，火焰温度比天然气高，适合于冶金和机械制造以及区域性的供热。

低热值煤气是由于在制备过程中混入了大量不可燃气体的结果，比如煤气化过程中直接采用空气，使煤气中含有大量的不可燃的氮气，或者气化过程中供氧超过标准，使可燃气体被进一步氧化生成了大量的二氧化碳。低热值煤气的热值在 3.1～5.6MJ/m^3，除一定量的一氧化碳和氢气外，还含有大量的不可燃的氮气，燃烧时的温度较低，应用受到很大的限制。

通常高热值煤气的热值在 36.2～37.3MJ/m^3，主要成分为甲烷和少量的一氧化碳和氢气，以及不可燃气体。其热值与天然气相当，在供热和发电过程中可与天然气互换使用。对中低热值的煤气进行催化转化后可制得高热值煤气。

6.1 煤气化的化学基础

在世界范围内对煤的气化和催化已有长时间广泛深入的研究，特别对加快煤的气化速率，提高碳的转化率，在同样的气化速率下降低反应温度，减少能量消耗以及实现气化产物定向化等方面的研究开发受到重点关注，它们所涉及的科学问题基本上属于煤气化的化学基础。

6.1.1 气化反应性

煤的气化反应性通常是指在一定温度下，煤与不同气化介质，如 CO_2、O_2 和 H_2O 等相互作用的反应能力。一般用 CO_2 被煤在高温条件下干馏后焦渣的还原率表示煤的气化反应性，也可用气化速率、反应性指数等指标表示气化反应性。影响煤气化反应性的因素很多，如煤阶、煤的类型、煤的热解及预处理条件、煤中矿物质种类和含量、内表面积以及反应条件等。

煤的气化速率也可以认为是由煤半焦的气化反应决定的。这是因为煤半焦气化过程远比煤的挥发分逸出成焦过程慢。而且，研究煤焦气化动力学还可以较容易地在有利于动力学分析的微分反应转化率的条件下进行实验。

大多数对煤半焦气化反应性的研究是在等温条件下进行的，气化速率以单位碳气化速率定义。若气化属化学反应控制过程，一般在转化率低于 80％的情况下，气化速率随转化率的增大而略有下降，可以认为基本保持稳定；当转化率大于 80％时，单位气化速率则有显著下降，不宜视为基本不变。

对半焦的气化实验主要集中在三个反应系统：半焦-H_2 加压反应制甲烷；半焦-CO_2 反应制 CO；半焦-水蒸气反应制 CO 和 H_2。

6.1.2 煤气化反应性的主要决定因素

6.1.2.1 煤阶

煤焦的反应性一般随原煤的煤化度的加深而降低，这一结果已被多数学者接受[1,2]。对不同煤焦与水蒸气、空气、CO_2 和 H_2 的气化反应性进行的研究表明，气化反应性顺序为：褐煤＞烟煤及烟煤焦＞半焦、沥青焦。作者针对多种煤样的长期研究也表明，无论是 CO_2 还是水蒸气气化的反应性，煤的变质程度越高，反应性越差。但也有学者认为煤阶对反应性的影响还不很明确。

有研究者[3]在对从泥炭到无烟煤的 34 种不同煤种的气化反应性进行分析后，认为低煤化程度煤种的气化反应性不一定总是强于高煤化程度的煤种。他们以反应性指数 R 的概念来表征煤焦的反应性，其定义为：

$$R=\frac{2}{\tau_{0.5}}$$

式中，$\tau_{0.5}$为固定碳转化率达到50%时所需要的时间，h。

从其研究结果（图6-2）可以看出，当碳含量>78%后，其反应性指数R较小（小于$0.1h^{-1}$）；碳含量<78%时，其反应性比高阶煤要高很多，但波动性也很大。在这一阶段，其反应性与碳含量的相关性很差。因此，Takarada认为煤焦的反应性不仅与煤阶有关，同时还与煤焦中含氧官能团和无机化合物的含量有关。

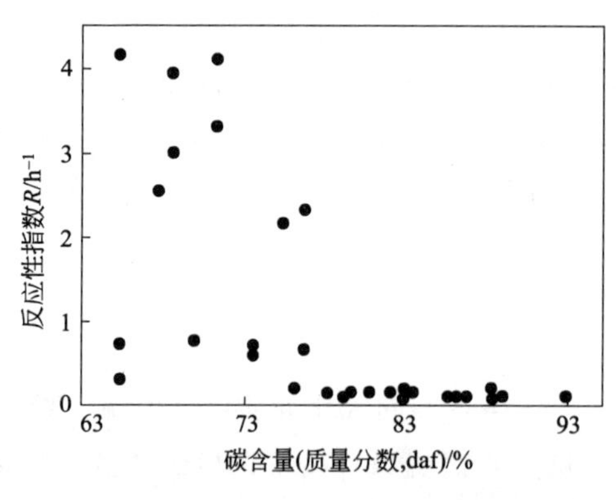

图6-2　反应性指数随原煤碳含量的变化

另外，煤样的氧化程度也会影响半焦的反应性。有研究者[4]对三种烟煤进行氧化处理后用热重考察，明显看出这种氧化过程可以提高其气化反应性，氧化的温度越高，时间越长，对气化反应性的提高越有利。他认为这是由于氧化过程使其具有了更多的可被接近的比表面，提高了反应比表面比例（ASA/TSA）的缘故。

6.1.2.2　显微组分

在热解时，三种显微组分的热解行为显著不同，挥发分总产率通常是按壳质组>镜质组>惰质组的顺序排列。因为煤中的各种岩相组分来源于具有不同结构的植物组成，因此煤焦的气化反应性必然与岩相组成具有一定的关系。由于不同煤岩显微组分的煤焦具有不同的内比表面积和活性中心密度，因此显微组分的焦样之间的反应性差异也很大。作者对平朔气煤的显微组分进行系统研究后得出以下结论：各显微组分的比表面积在气化反应过程中的变化规律是不同的，根据同一温度下的转化率比较，惰质组焦样的CO_2反应性较强，而镜质组焦样CO_2反应性较弱。有研究者[5]的研究结果表明，在其实验条件下，镜质组的反应性最好，且气化中的空隙发展也是最好的，他们认为显微组分的水蒸气和CO_2反应性是一致的，排列次序为：镜质组>原煤>壳质组>惰质组。显然，许多结果彼此是不一致的。因此可见，显微组分的含量对半焦的反应性的确有影响，但其影响的形式和过程是复杂的。显微组分还因煤种和制焦经历的不同而产生对气化反应性的不同影响。

6.1.2.3　灰分

在早期的气化反应研究中人们就已观察到灰分对气化反应的催化效应。Taylor在1921年的工作被认为是最早的对催化效应的研究。他发现碳酸钾和碳酸钠是有效的煤气化催化剂。Walker和Franklin等众多学者的研究也表明，煤中的灰分具有一定的催化作用，煤中的金属氧化物含量与反应性存在线性关系，起催化作用的主要是碱金属和碱土金属。作者的研究工作进一步表明，煤中的灰分在气化过程中的确具有催化作用，会降低气化反应的活化能，酸洗脱灰的过程会减少煤中的碱金属和碱土金属含量，从而使气化反应性下降。

一般而言，煤中的碱金属、碱土金属和过渡金属都具有催化作用。但煤中所含的硫对气化反应最为不利，它可与过渡金属（如 Fe）形成稳定的 Fe-S 态化合物，从而抑制催化反应的进行。有研究者[6]的研究表明，即使气相中含有 1/2000 的 H_2S，也会对催化作用有明显的抑制，特别是 Fe 催化的水蒸气气化反应，并且中毒的催化剂所需的再生时间也很长。通常，硫的抑制作用可以通过提高反应温度和压力来加以补偿。另外，煤中矿物质内含有大量的硅铝酸盐，在高温下这些硅铝酸盐与碱金属生成无催化作用的非水溶性化合物，从而降低碱金属的催化作用。一般认为，K 的催化效果最好，其次是 Na。

6.1.2.4 制焦经历

煤的气化可以明显地分为两个阶段：第一阶段是煤的热解；第二阶段是煤热解生成的煤焦的气化。热解阶段的条件不同，所生成的煤焦在气化阶段的反应性也是不同的，因此煤的制焦经历对气化反应性有重要影响。一般认为煤焦的反应性与制焦的温度有关，制焦的温度和压力越高，停留的时间越长，虽然半焦的收率没有太大变化，但反应性却相差很多。有研究者[7]的研究表明制焦时间延长，虽半焦质量损失相差仅 2%，但反应性却降低了 63%。关于热解温度对气化反应性的影响，van Heek等[8]指出，在最终的制焦温度下停留的时间越长，半焦的气化反应性越低。可以想到这可能是因为苛刻的制焦条件使半焦表面的活性中心的数量减少而造成的。可见，煤焦的生成条件显著影响着煤焦内表面发展过程及活性中心数目等一些重要的反应性决定因素。

6.1.2.5 比表面

气化中煤和半焦孔结构的变化，对煤焦整个气化过程中传质行为的影响很大。煤焦具有复杂而独特的孔结构，且分布范围很广，这是由于煤中芳香层结构之间排列的参差不齐造成的。不同的相对孔径的孔对内部传质作用的抑制程度不一样。一般认为，在小于 0.5nm 的孔中反应气体的扩散是一个活化的过程，为了充分利用微孔中的活性点，需要大量与微孔相连的进气孔，即大孔和过渡孔，以缩短扩散距离。从大孔至微孔开口处，反应气体的扩散快，使微孔开口处气体反应物的浓度很接近于表面处浓度。Gan 等的研究结果表明，低阶煤中大孔占的孔容百分数大于高阶煤。可以预见，低阶煤气化时会有较多的进气孔，因此传质限制也较小。

煤的所有内比表面几乎都存在于微孔中，微孔内比表面积与煤阶之间具有某种规律性的对应关系。用 CO_2 测得煤比表面积与含碳量呈凹形曲线，随含碳量的增加，比表面积先下降后增加，在含碳量为 83%时比表面积最小。在气化过程中，各种煤焦的比表面积也在变化。有研究者[9]用 TGA 对各种煤焦的气化研究结果表明，在气化过程中，比表面积稍有减少，各种煤焦的表面积变化很近似；气化之前进行酸洗脱灰对比表面积的影响不大，但酸洗之后的反应性显著下降；高阶煤半焦的比表面积明显低于低阶煤。从表面上看，比表面积的变化与反应性的变化存在着联系，但实际上，低阶煤半焦所表现的反应性要高于仅由表面积的增加而提高的反应性。这意味着化学因素在其中的影响。关于不同变质程度煤种的煤焦在 CO_2 气化过程中微孔结构变化的研究表明[10]，较低变质程度煤种的煤焦（如平鲁煤焦）的平均孔径在转化率大于 0.4 时随转化率增加而变大，较高变质程度煤种（如大同煤焦、东山煤焦和晋城煤焦）的平均孔径则无转化率大于 0.4 的限制而随转化率的增加而逐渐增大。同时相关的研究还表明[11]，随着转化率的增加，原煤煤焦的比表面积线性下降而脱灰煤煤焦的比表面积则先增后降，呈鞍形变化。

6.1.2.6 TSA/ASA/RSA 与气化反应的关系

通常在研究气化反应时，人们将其看作是非均相的气固反应。因此，总比表面积（TSA，total surface area）是一个重要的参数，该数值越大，反应的速率也越大。因此人们研究半焦气化反应时，首选的参数就是比表面积。通常的做法是以 N_2 和 CO_2 测定半焦的比表面积并与反应速率关联，用单位表面的反应速率来衡量半焦的反应性。但也有学者指出[12]，煤焦的比表面积并不是评价煤焦反应性的理想参数，认为在气化过程中仅有部分比表面积可以与焦的反应性建立关系。这是因为参与气化反应的气体首先是在碳表面离解后而被化学吸附的，而吸附是优先发生于微晶结构的边缘。由于微晶的基面实际上活性很小，所以在考虑比表面的影响时，就有必要把比表面分成活性的和非活性的，只有微晶结构边缘的比表面才被认为是对气化反应有活性的。根据这一认识对比表面进行修正后，引入了反应比表面积（RSA，reactivity surface area）和活性比表面积（ASA，activity surface area）的概念。首先将 ASA 引入气化研究的是 Laine，他运用低温 O_2 的吸附量来定义 ASA 并解释了石墨的气化动力学数据间的差异。有研究者[13]利用 TPD 装置用不同的方法定义了反应比表面积 RSA，认为 RSA 用来描述气化反应性的差异比较合适。通过对比表面在气化过程中所起作用的研究，人们认识到半焦表面的碳氧复合物是气化的活性中心，Lizzio 认为 RSA 在 TSA 中所占的比例应等于不稳定碳氧复合物占总碳氧复合物数量的比例。

6.1.3 煤气化反应和反应动力学

一般认为在气化过程中，均存在一个形成碳氧表面复合物的阶段。Elliott[14]通过对气化研究工作的总结，提出碳对空气、氧、水蒸气和 CO_2 的反应是平行的。因此，用一个反应物所测定的相对反应速率和其他反应物的结果一般是可比的。

Ergun 提出的氧交换机理已被广泛用于对气化机理的解释。对于不同的气化剂，气化反应的共同点均是从形成碳氧复合物开始的：

$$2C_f + O_2 \longrightarrow 2C(O) \tag{6-1}$$

$$C_f + CO_2 \longrightarrow C(O) + CO \tag{6-2}$$

$$C_f + H_2O \longrightarrow C(O) + H_2 \tag{6-3}$$

$$C(O) \longrightarrow C_f + CO \tag{6-4}$$

式中，C_f表示一个空位，一个潜在的可以吸附含氧气体的反应活性位，C(O)表示化学吸附氧后形成的碳氧复合物。没有理由认为离解吸附形成的碳氧复合物会由于氧原子的来源不同而存在结构上的差异。因此，无论何种场合下形成的碳氧复合物均可以 C(O) 表示。

对于不同的气化反应性而言，发生在碳表面上的吸附只有两种真正的不同方式，以分子状态吸附和分子在吸附中离解。一般认为，分子的化学吸附很难发生，即便是在流动吸附状态下，化学吸附也是离解吸附。在离解吸附中，气体可以是边吸附边离解，或者在一个过渡的独立步骤于吸附前离解。

1986 年开始采用瞬时切换法（TK 法）测定了煤焦的活性点[15]，以气体切换后 CO 释出量估算煤焦的活性点数（n 值），实验证明用这种活性点数的方法[16]，可以很好地解释煤焦的气化反应性之间的差异，并得到一个含活性点的统一的气化速率方程式，这就意味着只要有煤焦活性点的数据就可以估计其气化速率。然而，遗憾的是人们并不了解活性点的实质。因为活性点只是实验中测定的结果，并没有具体的物理意义，这就给人们认识和利用它带来了困难。为此，C-O 复合物的观点被引入气化动力学研究中。在使用 TPD 法[17]考察了部分气化半焦的 CO 释出量情况后，了解到 C-O 复合物有稳定的和不稳定的之分，而不稳定的才可能是气化的活性点。通常意义上气化过程中氧交换过程是形成 C-O 复合物的关键[18]，因此能产生氧交换的点就是活性点。表 6-1 汇总了有关选用不同物理量研究煤焦气化的情况。

表 6-1　选用不同物理量对煤焦气化的研究

选用的物理量	作　者	年　代	研究方法和主要结论
比表面积	Smith[19]	1978	N_2和 CO_2表面积与反应速率关联
	Adschiri[20]	1986	单位表面的反应速率可以用于解释部分焦样气化速率的区别
RSA ASA	Laine[21]	1963	低温 O_2的化学吸附量与 C 氧化的关系
	McEnaney[22]	1985	用 TPD 研究 ASA 与反应速率的关系
	Lizzio[23]	1990	用 TK、TPD 研究 RSA 与反应速率的关系
	Adschiri[24]	1991	用 TK 证明反应性的不同与 ASA 有关
活性点	Freund[25]	1986	首次使用 TK 法测定活性点
	朱子彬[26]	1991	TK，含 n 的统一的气化速率方程式
	Nozaki[27]	1990	TK，反应性的不同源于 n 的区别
表面 C-O 复合物	Huttinger[28]	1990	用 TPD 测得 C(O)有稳定与不稳定之分
	Watanabe[29]	1992	用 TPD 研究氧化物的催化作用
	Tomita[30]	1996	用$^{18}O_2$-TPD 考察气化中的氧传递

对活性点的性质研究，不同的学者采用的方法和对其性质的描述有差异。如采用低温 O_2的吸附量来评价反应活性点数；采用瞬时切换反应气体的办法，在某特定转化率下中断反应，以其 CO 的释出量作为活性点数的评价依据；而更多的研究者为瞬时切换实验测得 CO 释出过程实际上是表面碳氧复合物分解所致，因此可以直接采用表面碳氧复合物的数量来表示反应性的大小。有趣的是一般认为表面存在

着稳定的和不稳定的碳氧复合物，然而实验考察中均以气化实验中断反应后的CO释出过程定义为不稳定的碳氧复合物，以随后的TPD过程的CO释出量定义为稳定的碳氧复合物。Huttinger认为稳定的碳氧复合物的分解是气化的控制步骤，而Lizzio则认为不稳定的碳氧复合物才是气化的活性中心。

6.2 煤气化方法概述

6.2.1 气化用煤的性质及指标要求

煤的性质对煤气化过程及气化炉型的选用和设计有重要影响，对煤气化工艺设计至关重要。煤的性质包括煤的水分、灰分、挥发分、机械强度、黏结性、反应性、粒度分布及化学组成等。

6.2.1.1 水分

煤的水分含量随煤变质程度不同而有很大差别，高变质程度的无烟煤，水分一般小于5%，而低变质程度的煤如褐煤有的水分可达40%以上。不同气化炉对原料煤的水分适应性不同。固定床气化炉因逆流操作，可以适应的水分高达35%，这时要求灰分小于1%。沸腾床气化炉则要求水分含量低于5%，否则需要预干燥。对气流床气化炉，煤中水分可代替部分气化用蒸汽，但消耗部分供给热。

6.2.1.2 灰分及灰熔点

灰分在气化过程中具有催化及传热介质等作用。但原料煤灰分含量越高，煤气化灰渣的后处理工艺越复杂。因此，一般情况下，煤的灰分要尽可能低。不同原料煤其灰分含量从2%到4%以上不等。

固定床固态排渣炉中，灰分以机械方式由炉底排出，液态排渣时，灰分以熔融状态排出。因此对于固态排渣气化炉一般要求灰熔点在1200℃以上。如煤的灰熔点较低，则需加入适当添加剂，提高灰熔点。对于液态排渣气化炉要求用灰熔点较低的煤。如灰熔点较高则需加入助熔剂，如Fe_2O_3、CaO、MgO等降低灰渣熔点和黏度。煤的灰熔点一般在1080～1525℃，灰熔点在1430～1700℃的煤为一级难熔煤，灰熔点在1200～1430℃的煤为二级中等熔结煤，灰熔点在1030～1200℃的煤为三级易熔煤。煤的灰熔点主要与灰分组成有关。

6.2.1.3 黏结性

煤的黏结性是指煤在隔绝空气条件下，加热转化、熔融，形成胶体的能力。煤的黏结性通常可用胶质层厚度（Y）、黏结指数（G）、罗加指数（$G_{R.I.}$）或自由膨胀序数表征。

一般常压气化炉要求煤的自由膨胀序数<2.5或胶质层最大厚度$Y<16$mm，加压气化炉则要求原料煤的自由膨胀序数<1。煤的黏结性不利于气化过程的进行，对于Y值较高的煤，需在炉内黏结区设置搅拌装置。对强黏结性煤如$Y>20$mm时，则需进行破黏预处理。

6.2.1.4 反应性

如前综述，煤的气化反应性是指一定温度下，煤与不同气体介质如 CO_2、O_2、水蒸气相互作用的反应能力。通常以被还原为 CO 的 CO_2 量占通入 CO_2 总量的体积分数，即 CO_2 还原率 d_{CO_2}，作为反应性指标。

不同煤种的反应性有很大差别，反应性高的煤，气化反应速率快，效率高。反应活性高有利于甲烷生成，可在较低温度下与煤气发生气化反应，减少氧耗。此外，由于反应活性高，耗水蒸气少而不致使灰熔融。

影响煤气化活性的因素主要有两个方面：一是煤热解半焦的表面活性及孔结构，二是煤的灰分组成及碳形态结构。由于表面积越大，表面反应活性物种越多，反应活性就越高。灰中一些组分如 CaO、K_2CO_3、Fe_2SO_3 等有利于气化反应的进行。

6.2.1.5 粒度分布，机械强度，热稳定性

对固定床气化炉，要求原料煤块度为 25～100mm 的均匀中块煤，块度均匀，气化炉内气流阻力小，气体分布均匀，有利于提高气化炉的生产能力，并可减少细粒煤被气流带出气化炉。流化床气化炉要求＜8mm 的细粒煤，气流床气化炉则要求＜0.1mm 的粉煤。

气化用煤在进入气化炉之前都应进行筛分和破碎。使气化用煤的机械强度越高越好。热稳定性也称为热强度，是指煤在高温下燃烧或气化过程中对温度剧烈变化的稳定性，即块煤在温度急剧变化时粒度的保持性。热稳定性好的煤，气化过程中粒度保持性能好，不易破碎变细，以致影响气流扩散，降低气化效率。

6.2.2 气化炉分类

煤气化方法分类繁多，以入炉煤粒度大小分类可分成块煤气化（6～100mm）、小粒煤气化（0.5～6mm）、粉煤气化（＜0.1mm）、油煤浆气化和水煤浆气化；以气化压力分类可分为常压或低压（＜0.35MPa）、中压（0.7～3.5MPa）及高压气化（＞7.0MPa）；按气化介质分为空气气化、空气蒸汽气化、氧蒸汽气化及加氢气化；以排渣方式分为干式/湿式、固态/液态、连续/间歇排渣等气化；按供热方式可分成外热式、内热式和热载体气化；按入炉煤在炉中过程动态分为固定床（或称移动床）、沸腾床（或称流化床）、气流床及熔渣池气化，这也是目前广为使用的煤气化方法分类。不同床型和工艺对煤种的适用性见表 6-2。

表 6-2 各种气化工艺的煤种适应性

项目		气流床		流化床	固定床
适用煤种		水煤浆	褐煤、烟煤、无烟煤、石油焦	褐煤、烟煤、无烟煤、石油焦	褐煤、弱黏结烟煤
煤质	灰分/%		＜13～15		
	灰熔点/℃		＜1350	不限制	＞1250
	灰黏度/Pa·s		15～25	不限制	不限制
	硫/%		＜1.5	不限制	不限制

续表

项　目	气　流　床		流化床	固定床
煤粒度/mm	<0.1		<8	5～75
成浆性/%	60～65			
代表工艺	德士古(Texaco)法	Shell 干粉煤气化法多喷嘴气化	温克勒(Winkler)法 HTW(高温 Winkler) 恩德粉煤气化法 U-GAS 法 循环流化床(CFB)法	鲁奇(Lurgi)干灰法 UGI 法

固定床气化工艺的优点：可以使用劣质煤气化；加压操作下的生产能力高；与其他气化方法相比，氧耗量最低。但由于该法只能以不黏块煤为原料，不仅原料昂贵，气化强度低，而且气-固逆流换热还导致粗煤气中含酚类、焦油等较多，使净化流程加长，增加了投资和成本。

气流床需要在 1300～1500℃的高温下运行，气化强度很高，单炉能力已达 2500t/d（煤），气体中不含焦油、酚类，非常适合化工生产和先进发电系统的要求。主要优点：煤种适应范围较宽，工艺灵活，气化压力高，生产能力大，不污染环境，产品气质量好。该工艺缺点：要求所用煤灰熔点低（<1300℃），含灰量低（低于 10%～15%），需加入助熔剂（CaO 或 Fe_2O_3），从而增加了运行成本。此外，气化炉耐火材料和喷嘴寿命偏短，提高了产品气生产成本。

使用碎煤为原料的流化床技术以空气或氧气或富氧和蒸汽为气化剂，在部分燃烧产生的高温下进行煤的气化。其工艺流程包括备煤、进料、供气、气化、除尘、废热回收等系统。该气化技术可以使气固两相充分混合，强化反应条件。

6.3 工业气化炉

6.3.1 固定床气化炉

煤从固定床气化炉炉顶加入，并向下移动，与从炉底进入的气化剂（氧气和水蒸气）逆流相遇。加入的煤通常为常温。水蒸气和空气可以预热，煤下移的速率由炉底排灰的速率来控制。水（水蒸气）气（空气或氧气）比不仅是影响沿床层高度温度分布的最重要因素，而且是排渣方式（干法或湿法）的决定因素。

当煤料沿气化炉下移时，由于温度的变化引起了各断面上的煤原料发生相应的变化，从而显示出层次。如图 6-3 所示，在实际过程中，层次界限往往不分明。

温度>316℃时，煤中可挥发的气体、油和焦油开始析出，形成脱挥发分层或干馏层，再往下的区域是脱挥发分后的半焦与燃烧层上升的气体和水蒸气发生气化的反应层。在燃烧层中，气化后的残余半焦燃烧，并与供入的水蒸气发生反应。最下面，是灰渣冷却，即进入的空气和水蒸气与赤热的灰渣相遇，进行热交换，使灰

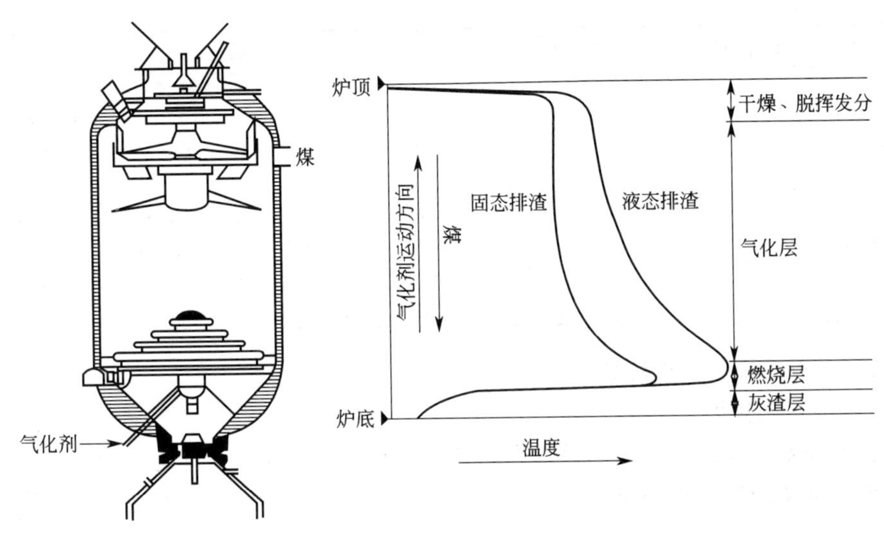

图 6-3　固定床气化炉炉内分层和温度分布

渣冷却。

针对不同的加煤方法、排灰方法、气化剂、操作条件和原料，在设计和选择气化炉时会有不同的考虑。表 6-3 列出了目前一些典型的固定床气化炉的主要特点。

表 6-3　典型固定床气化炉的特点

名　称	操作压力/MPa	气化剂	排灰方式	特点汇总
GE Gas	2.42	空气	干法排灰、单段炉	美国通用电器公司开发，制得煤气 $CO+H_2$ 有效组分40%～42%，可作燃料气或用于燃气透平发电
Lurgi	3.1	空气或氧气	干法排灰、单段炉	2.5～3.2MPa 下用蒸汽与氧使 3～50mm 次烟煤或褐煤气化，1936 年由德国 Lurgi 公司工业化
MERC	0.724	空气	干法排灰、单段炉	美国摩根城能源研究中心开发，为干灰搅拌床气化炉，用空气及蒸汽气化强黏结煤或弱黏结煤制取低热值煤气
Reiley		空气	干法排灰、单段炉	
Wilputta		空气	干法排灰、单段炉	美国威尔普特公司开发的一段干灰炉，在常压下用空气(或氧)与蒸汽气化烟煤制取低热值或中热值燃料气，用旋转臂防止炉渣黏结
Wellman	常压	空气	干法排灰、两段炉	美国韦尔曼公司在 19 世纪末开发的常压单段及两段干灰炉
Stole 法	常压	空气	干法排灰、两段炉	美国福斯特·惠勒能源公司开发，在常压下用空气及蒸汽气化次烟煤制取低热值煤气
Ruhr100	10.34	氧气	干法排灰、两段炉	德国鲁尔煤气、鲁尔煤及斯梯各三家公司联合开发，在≤10MPa 下用氧及蒸汽气化 2～40mm 块状无烟煤，可用于城市煤气或代用天然气生产

续表

名　称	操作压力/MPa	气化剂	排灰方式	特点汇总
BG/Lurgi熔渣法	2.76	氧气	液态排渣	由英国煤气公司开发，煤处理量550～730t/d，3～50mm块状烟煤在2.5MPa及≤1700℃下用氧和蒸汽气化，碳转化率>99%，冷煤气效率88.3%，吨煤氧耗0.579t，汽耗0.407t
GFETC熔渣法	2.76	氧气	液态排渣	美国大福克斯能源研究中心开发，将鲁奇干灰炉改为熔融排渣，操作压力可达2.8MPa，蒸汽用量仅为鲁奇炉的1/4，气化能力大2～3倍。该炉设有燃烧器以降低炉渣黏度，但有破渣机

6.3.1.1　干法排灰、单段炉

(1) GE气化炉

这种固定床气化炉是为了处理高黏结性、高膨胀性煤种设计的。炉内装有三个搅拌耙，可从炉顶垂直向下移动。在1.55MPa的压力下操作，消耗及产率等数据如表6-4所示。

表6-4　GE气化炉运行结果

原料数量	kg/h	粗煤气组成	体积分数/%
煤	598.45		
空气	1573.99	CO	22.1
水蒸气	269.44	H_2	15.8
冷淬灰渣用水	2.27	CH_4	3.0
合计	2444.45	CO_2	6.2
产品数量		N_2	45.5
干煤气	2172.74	O_2	0.2
水	122.93	H_2O	7.2
煤尘	7.26	合计	100
灰渣	86.18		
焦油和油	26.31		
合计	2415.42		

(2) 鲁奇（Lurgi）

鲁奇气化炉设计的操作压力为3.103MPa，加煤是通过炉顶煤锁加入。转动布料器使煤沿床层横断面均匀分布。粗煤气的组成取决于煤种。该炉的生产指标如表6-5所示。

6.3.1.2　干法排灰、两段炉

(1) 威尔曼（Wellman）气化炉

威尔曼气化炉由鼓形给料器给料，可使用自由膨胀指数为1～3，灰熔点为1200℃的次烟煤。上段是含焦油的粗煤气，下段是含尘煤气。

表 6-5 鲁奇气化炉的生产指标

项　　目	褐　煤	次 烟 煤	低挥发分煤
煤质分析/%(质量分数)			
灰	3	27	22
水分	18	8	3
挥发分/%(质量分数,daf)	59	39	9.7
焦油/%(质量分数,daf)	12	15	2.5
发热量/(MJ/kg)	27.059	31.069	35.126
煤气分析/%(体积分数)			
CO_2	31.9	28.2	26.5
C_mH_n	0.5	0.3	0.1
CO	17.4	20.6	21.4
H_2	36.4	39.6	43.5
CH_4	13.5	10.5	8.0
N_2	0.3	0.8	0.5
消耗指标			
无水无灰基煤/kg	657	465	350
氧气/m^3	107	140	150
水蒸气/kg	600	660	697
给水/kg	80	160	200
炉出口温度/℃	290	490	550
煤气水/kg	539	540	525
焦油、油、石脑油/kg	59	44	4
NH_3/kg	6	5	0.4
H_2S 及有机硫	取决于煤中硫含量		

(2) Stole 两段炉

适宜煤种的自由膨胀指数低于 2.7。在还原气氛下，灰熔点不低于 1200℃。

6.3.1.3 液态排渣气化炉

(1) BG/Lurgi 液态排渣气化炉

设计操作压力为 24～27.6MPa。通过煤锁加煤，炉上部装有搅拌耙和布煤器。熔渣在 1482℃下通过炉下部的排渣口排出，可以用加石灰和高炉渣的办法控制熔渣的黏度。

液态排渣炉所需氧气和水蒸气都显著低于干法排灰鲁奇炉，而且处理能力约较干法排灰鲁奇炉高 6 倍。

液态排渣炉是低蒸汽、高炉温操作，所以与干法排灰比较，它的 CO_2 和 H_2 与 CO 比都很低，如表 6-6 所示。

表 6-6 鲁奇气化炉干法和液态排渣煤气组成比较

粗煤气组成/%(体积分数)	干法排渣	液态排渣	粗煤气组成/%(体积分数)	干法排渣	液态排渣
CO_2	24	2.6	CH_4	9	7.6
C_mH_n	1	0.4	N_2	1	1.0
CO	24	60.6	热值/(MJ/m^3)	11.52	13.79
H_2	39	27.8			

(2) GFETC 液态排渣气化炉

这种试验炉的操作压力为 0.55～2.76MPa。

6.3.2 流化床气化炉

6.3.2.1 干法排灰

(1) 温克尔 (Winker) 气化炉

温克尔流化床气化炉使用煤的粒度为 9.5mm 以下。根据煤灰熔点和煤的反应活性，气化温度范围在 815～1100℃之间选择。使用反应活性好的煤，例如褐煤、不黏结的次烟煤，温克尔炉可获得最佳的性能数据。目前，用温克尔气化炉在常压下生产低、中热值煤气已经完全工业化。

以褐煤为原料的常压操作温克尔炉的煤气组成见表 6-7。

表 6-7 温克尔气化炉的煤气组成

煤气组成(干基)/%(体积分数)	氧气	空气	煤气组成(干基)/%(体积分数)	氧气	空气
H_2	35.1	12.6	N_2	0.9	55.7
CO	48.2	22.5	H_2S+COS	0.2	0.8
CO_2	13.8	7.7	热值/(MJ/mol)	10.44	46.6
CH_4	1.8	0.7	产率/(m^3/kg)	1.55	2.94

(2) 高温温克尔 (HTW) 气化法

在一般的常压温克尔气化工艺的基础上，进一步提高气化操作压力和温度，称为高温温克尔气化法，可提高单炉气化强度和改善煤气质量，并节省一部分压缩功。

6.3.2.2 液态排渣 (灰团聚或灰熔聚) 流化床气化炉

(1) U-Gas

U-Gas 方法是为了使用多煤种而开发设计的。粉碎后的原料煤，通过一般煤锁系统达到规定的压力，加入炉内，煤在流化床内与氧、水蒸气作用，生成 CO 和 H_2。区域的温度控制在煤灰初始软化点。

(2) 西屋 (Westinghouse) 流化床气化法

西屋流化床气化法的原理与 U-Gas 气化法类似，两者都在流化床内建立相对高温（以煤灰初始软化点为限）区域，使煤灰团聚，以降低灰渣碳含量，提高碳利用率。它们的差别，主要表现在排灰的结构上。

根据使用目的和要求的不同，西屋流化床气化法可采用热解、气化两段流程，或单段流程。

(3) 中国科学院山西煤化所灰熔聚流化床粉煤气化工艺

该工艺流程见图 6-4，包括备煤、进料、供气、气化、除尘、废热回收等系统。

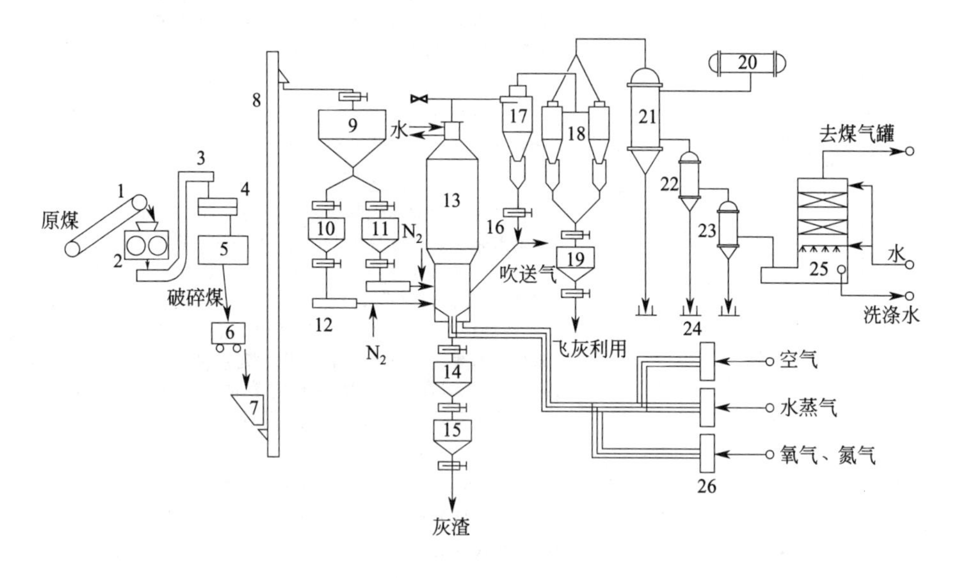

图 6-4 灰熔聚流化床粉煤气化工艺流程

1—皮带输送机；2—破碎机；3—埋刮板输送机；4—筛分机；5—烘干机；6—输送；7—受煤斗；8—斗式升机；9—进煤斗；10—进煤平衡斗 A；11—进煤平衡斗 B；12—螺旋给料机 A/B；13—气化炉；14—上排灰斗；15—下排灰斗；16—高温返料阀；17——级旋风分离器；18—二级旋风分离器；19—二旋排灰斗；20—汽包；21—废热锅炉；22—蒸汽过热器；23—脱氧水预热器；24—水封；25—粗煤气水洗塔；26—气体分气缸

灰熔聚流化床气化炉所适应的煤种范围广，但其气化强度随着煤阶程度增加而降低，随气化压力增加而增加；产气率则随着煤阶程度增加而增加。以空气为气化介质，CO 含量在 11%左右，H_2 含量为 14%左右，其煤气热值在 4.18MJ/m^3 左右，可用作燃料气；以富氧为气化介质，CO 含量 20%～30%，H_2 含量在 30%～40%左右，煤气热值在 6.27～8.36MJ/m^3 左右。所有煤种的操作温度均在 1000℃以上。

6.3.3 气流床煤气化炉

气流床气化炉也有单段与两段之分，单段气化时，煤在氧气或空气-水蒸气中完全气化。两段气化时，一部分煤在氢气或富氢的合成煤气气氛中气化，余下的半焦在第二段中可以仍然采用气流床或者采用其他方式气化。各种气流床煤气化炉列于表 6-8。

表 6-8　各种单段、两段气流床气化炉的操作特点

名称	气化剂		操作压力/MPa	特点汇总
	第一段	第二段		
Ball HMF	空气	—	1.5	贝尔宇航公司借助粉末推进剂用于火箭的经验而开发的煤气化法，小试规模炉径 127mm，投煤量 12t/d，鼓氧制合成管道气。在 1.5MPa 下用氧气化 70%<200 目的煤，产品气中 $CO+H_2$ 86.9%，气化强度 350～700t/(m^2・h)
K-T	氧气和水蒸气	—	0.07	1938 年德国提出的方法。用于制氨工业，投煤量多在 780t/d 左右。将<0.074mm 烟煤、次烟煤或褐煤在常压，<1800℃下用喷嘴将粉煤、氧及蒸汽喷入气化炉，吨煤氧耗 0.942，汽耗 0.415，碳转化率 96%，冷煤气效率 71.3%，有效组分 $CO+H_2$ 87.3%
MFR	氧气和水蒸气	—	1.4	中试炉投煤量 30t/d，在 1.4 MPa 及 1565℃下气化烟煤、次烟煤或褐煤。冷煤气效率 78%～80%，氧耗 0.75～0.77，汽耗 0.17～0.2，有效组分 $CO+H_2$ 87%～90%
Shell K-T	氧气或空气	—	3.103	德国与荷兰国际壳牌石油公司共同开发的中压一段气流床熔渣气化炉，示范装置投煤量 135t/d，在 3～4MPa、1800～2000℃下用氧及蒸汽气化<0.09mm 的褐煤，碳转化率 98%，氧耗 1.0，有效组分 $CO+H_2$ 96.2%，后建成 SCGP-1 示范装置，煤处理量 250～400t/d 生产中热值煤气供发电，可处理高硫煤或褐煤。1988 年在荷兰用于建设 253MW 煤气化联合循环发电装置，在 2.8 MPa 下煤气化，碳转化率在 99%以上
Texaco	氧气或空气	—	0.827	由德士古公司开发的低压或中压熔渣气流床煤气化工艺。中试装置投煤量 15t/d，在 2.4～8.4MPa 压力下操作，可使用烟煤、次烟煤、褐煤及石焦油。其 165t/d 示范装置，在 4.0MPa、1600℃下运行。该装置普遍用于发电、制氨、甲醇、醋酸等
Bi-Gas	合成气和水蒸气	氧气和水蒸气	10.342	美烟煤研究公司开发的两段气化炉，上段煤浆进料干灰，下段干粉煤熔渣气化。示范气化炉 ϕ1.5m×16m，投煤量 110t/d，<200 目煤在 3.5～10.4MPa 及 1480～1650℃下气化，碳转化率>99%，冷煤气效率 84.3%，氧耗 0.708t/t，汽耗 0.635t/t，有效组分 $CO+H_2$ 35.3%
C-E	燃料气和空气	空气	0.1	20 世纪 70 年代由燃烧工程公司开发，炉径 2.7m，投煤量 120t/d。常压下将 70%<200 目含 2.5%的高硫煤在 1760℃下空气蒸汽气化制得低热值煤气。有效组分 $CO+H_2$ 32.9%，冷煤气效率 75%，生产煤气 450000m^3/d 用于发电
Foster Wheeler	合成煤气和水蒸气	空气和水蒸气	0.1	1972 年前后开发的二段气流床气化炉配合循环发电装置，70%通过 200 目且灰熔点<1540℃的煤在 2.5MPa，上段 980～1150℃，下段 1370～1540℃下气化伊利诺伊 6 号煤，有效组分 $CO+H_2$ 43.8%
Peatgas	合成煤气	氧气和水蒸气	3.447	由芝加哥煤气工艺研究所开发，在 3.5 MPa 下用氧与蒸汽气流床二段气化 10～100 目泥煤，炉上段为并流稀相加氢气化，下段为流化床半焦气化，可用氢、氢-蒸汽或合成气为加氢气体，停留时间 4～7s
Rockwell	氢气	—	10.342	由国际罗克韦尔公司开发，为单段气流床短暂停留以烟煤制甲烷的气化炉。1980 年建成 18t/d 中试炉并设计了 150～175t/d 示范装置，中心喷嘴进 70%<200 目烟煤或干泥煤，环布热氢喷嘴，每个炉子有若干喷嘴束，在 7.0 MPa 及 980℃下停留 1.8s，产品气含 CH_4 82.5%，氢耗 0.087t/t，氧耗 0.1t/t
多喷嘴气化技术				华东理工大学的多喷嘴气化炉

6.3.4 煤气化发展的总趋势

煤气化发展的总趋势是大型化、加压、适应煤种广泛（特别是多种粉煤）、低成本、低污染、易净化。不同床型的发展趋势分别如下。

① 固定床　高气化强度，低气化成本；Lurgi炉进一步提高压力和操作温度，采用两段引气技术。

② 流化床　提高操作压力和操作温度，拓宽适用煤种，提高碳转化率和单炉处理能力。

③ 气流床　进一步增加单炉处理能力（＞3000t/d），进一步提高碳转化率（＞98%）和装置年开工率（＞90%）。

开发煤气化技术需要注意各种煤气化技术特点和发展趋势，综合考虑煤炭资源特点、煤气化技术应用现状、采用煤气化技术的对象、环境和经济承受能力等。随着煤炭资源持续的开发利用，煤气化技术需要适应煤种多、烟煤多、粉煤多、高灰含量和高灰熔点的新特点。

6.4 煤气化技术的适用性

目前，在我国煤化工领域中，有很多企业注重研发自己的煤气化技术，还有一些企业引进国外的先进技术。针对国内自主开发和引进的煤气化技术种类较多，煤化工企业总希望寻求到最好技术的现状，专家一致提出，对煤气化技术的认识、选择需要科学的认识观，煤气化技术选择需要注重气化技术的适用性。

由于我国煤种、产品和建厂条件不同，原料多样化必然导致煤气化技术多样化。多种煤气化技术并存是适合我国煤化工产业发展现状的。像无烟煤及热值低的煤就适合用常压固定床气化炉，而且固定床气化炉的煤渣可送到“三废”炉燃烧发电，废水可实现零排放，在环保上也是达标的。

在大规模的煤化工园区，不同煤气化技术都可以共存使用。同时使用固定床、流化床和气流床气化技术中的2种或3种，其优点是将原料煤首先进行简单筛分，10～50mm块煤不需干燥直接用于固定床加压气化。1～10mm部分可用于流化床，也可以与小于1mm的块煤一起用于气流床气化，这在一定程度上可降低煤化工产业备煤成本。而且几种气化技术共存使用可以互补，固定床气化产生的大量甲烷可用于气流床磨煤干燥或燃气轮机发电。

有的煤气化技术耗氧量高，但别的技术指标有优点。另外，也不能以合成气中水蒸气含量高低来判断煤气化技术的效率，应当从煤气化技术到最终生产产品的整个流程去判断。靠单纯比较非同等条件下得到的某个技术指标来选择煤气化技术是不科学的。某种技术有不足的地方，但不等于就应被全盘否定。

企业在选择煤气化技术时，首先要根据自身煤炭资源选择最合适的气化技术，其次要考虑所生产的产品，只要经济上能承担得起，无论国内还是国外煤气化技术都可以选择。在我国煤化工领域中，企业在选择煤气化技术的时候首先要考虑是否适用，技术的适用性要重于技术的先进性。

我国是世界上煤气化技术应用最多的国家，但占总能力90%以上的技术是落后的常压固定床气化炉。近年来相继引进和签约了20余套大型Lurgi、Texaco和Shell气化装置，目前新建项目已很少采用固定床气化装置。

参考文献

[1] 谢克昌．燃料化工，1998，19 (2)：55.

[2] Heredy L. et al. Fuel，1964，43：414.

[3] Holy N L. Chem. Rev.，1974，74：243.

[4] Heredy L A. Am. Chem. Soc. Prepr. Div. Fuel Chem.，1979，24 (1)：142.

[5] Meriam J S. et al. Fuel.，1981，60：542.

[6] Geymer D O. US3844928，1974.

[7] Bodily D M. et al. Am. Chem. Soc. Prepr. Div. Fuel Chem.，1972，16 (2)：163.

[8] Bodily D M. et al. Am. Chem. Soc. Prepr. Div. Fuel Chem.，1974，9 (1)：163.

[9] Tanner K I. et al. Fuel.，1981，60：52.

[10] Oblad H B. Ph. D. Dissertation. University of Utah，1982.

[11] Mobly D P. et al. J. of Catal.，1980，64：494.

[12] Ouchi K. et al. Fuel，1981，60：474.

[13] Anderson L L. et al. ACS Symp. Ser.，169：223.

[14] Elliott M A. 煤利用化学．徐晓等译．北京：化学工业出版社，1991.

[15] Wiser W H. et al. J. Appl. Chem. Biotechnol.，1976，21：82.

[16] Wiser W H. et al. Fuel，1968，47：475.

[17] Benjamin B M. et al. Fuel，1978，57：267.

[18] Roy M M. Fuel，1957，35：296.

[19] Smith I W. Fuel，1978，57：409.

[20] Adschiri T，Shiraha T，Kojima T，Furusawa T. Fuel，1986，65：1688.

[21] Laine N R. et al. J. Phys. Chem.，1963，67，2030.

[22] Causton Peter and McEnaney Brian，Fuel，1985，64，1447.

[23] Lizzio Anthony A，Jiang Hong，Radovic L R. Carbon，1990，28：7.

[24] Adschiri T，Nozaki T，Furusawa T，Zhu Z-B. AIChE Journal，1991，37：897.

[25] Freund Howard，Fuel，1986，65，63.

[26] 朱子彬，张成芳，古泽健彦，阿尻雅文．化工学报，1992，43 (4)：401.

[27] Nozaki T，Adschiri T，Furusawa T. Fuel Processing Technology，1990，24：277.

[28] Klaus Huttinger. Carbon，1990，28 (4)：453.

[29] Suzuki T，Inoue K，Watanabe Y. Fuel，1989，68：626.

[30] Zhang Z-G，Kyotani T，Tomita A. Energy&Fuel，1988，2：679.

第7章 煤气的重整与转化

煤气是以煤为原料加工制得的含有可燃组分的气体。煤气中的甲烷、一氧化碳和氢气是重要的化工原料，可用于合成氨、合成甲醇等。为此，将用作化工原料的煤气称为合成气，它也可用天然气、轻质油和重质油制得。

根据加工方法、煤气性质和用途分为气化煤气和焦炉煤气。气化煤气由煤气化得到，不同的制备方法产生的煤气可细分为水煤气、半水煤气、发生炉煤气等，这些煤气的发热值较低，也称为低热值煤气。焦炉煤气是由煤焦化得到的气体，属于中热值煤气，常用作城市民用燃料。

水煤气由炽热的焦炭与水蒸气反应生成，气体主要成分是一氧化碳、氢气，这种煤气称为水煤气，热值约为 $10.5MJ/m^3$。

$$C+H_2O(\text{高温})\longrightarrow CO+H_2 \tag{7-1}$$

工业上多数情况下常用蒸气和空气按 1∶1 的比例一起作为气化剂，所得的煤气称为半水煤气。这种煤气的氮气含量较高，而氢气的含量较水煤气低，热值较低。常作为合成氨的原料气，也可用作燃料。

相对而言，焦炉煤气的热值和利用价值比气化煤气高。焦炉煤气是烟煤在炼焦炉中经高温干馏后，在产出焦炭和焦油产品的同时所得到的可燃气体，是炼焦产品的副产品。焦炉煤气主要由氢气和甲烷构成，分别占 56%和 27%，并有少量一氧化碳、二氧化碳、氮气、氧气和其他烃类；其发热值为 $18.25MJ/m^3$，密度为 $0.4\sim0.5kg/m^3$，运动黏度为 $25\times10^{-6}m^2/s$。

自德国化学家 Franz Fischer 和 Hans Tropsch 开发成功费托合成催化剂以来，费托合成（Fischer-Tropsch synthesis）技术深刻地改变了人类对化石能源的利用方式。以合成气（CO 和 H_2）为原料在铁系催化剂和适当反应条件下，可以合成以石蜡烃为主的液体燃料。从此，煤化学工业进入了碳一化学化工的发展时代。煤气首先经过转化和制备成为合成气，再以合成气用作原料气合成化学品，成为了新型煤化工的重要发展内容。

7.1 煤气的化学转化

煤气在化学转化过程大致需要经过脱硫、除尘、脱除烃类等步骤，之后为了适应费托合成技术的要求，需要将煤气中的甲烷进行重整转化制备成一氧化碳和氢气，也需要通过化学转化调配氢气和一氧化碳的比例。

7.1.1 煤气转化主要反应

煤气转化过程的主要反应有：

$$CH_4+H_2O \longrightarrow CO+3H_2 \qquad \Delta H_{298}=206kJ/mol \tag{7-2}$$

$$CH_4+CO_2 \longrightarrow 2CO+2H_2 \qquad \Delta H_{298}=247kJ/mol \tag{7-3}$$

$$2CH_4+O_2 \longrightarrow 2CO+4H_2 \qquad \Delta H_{298}=-71kJ/mol \tag{7-4}$$

上述三个反应是甲烷转化制取 H_2 和 CO 的基础。前两个反应是吸热过程，后一个反应是放热反应。

$$CH_4 \longrightarrow C+2H_2 \qquad \Delta H_{298}=75kJ/mol \tag{7-5}$$

$$2CO \longrightarrow CO_2+C \qquad \Delta H_{298}=-172kJ/mol \tag{7-6}$$

式(7-5) 和式(7-6) 是通常认为的甲烷转化过程形成积炭的反应，甲烷分解生成的积炭是无定形的，在比例合适的 CO_2 和 H_2O 气氛下可以发生气化反应。式(7-6) 生成的积炭被认为对催化剂的失活有重要影响。该反应通常发生在催化剂的活性中心，产生的积炭与金属单质化合，使催化剂失活。这类积炭很难与 CO_2 和 H_2O 发生气化反应而达到消炭的目的。目前，已经有对这类积炭的理论和实验研究[1,2]。

$$C+CO_2 \longrightarrow 2CO \qquad \Delta H_{298}=172.495kJ/mol \tag{7-7}$$

$$C+H_2O \longrightarrow H_2+CO \qquad \Delta H_{298}=131.293kJ/mol \tag{7-8}$$

甲烷热分解产生的积炭可以在高温下与气化剂发生气化反应，通常碳的水蒸气气化反应可以在 700～900℃发生，而 CO_2 气化需要更高的温度。

$$CO_2+H_2 \longrightarrow H_2O+CO \qquad \Delta H_{298}=41kJ/mol \tag{7-9}$$

水煤气变换反应在甲烷转化制备合成气的过程中起着重要的作用，在 CO_2 和 H_2O 共气化反应中，水煤气变换反应可以调节合成气中的 H/C 比。在目前已经成熟的甲烷、水蒸气重整制备合成气工艺中，常常采用适当改变 CO_2 和 H_2O 比例，以调节合成气 H/C 比，适应后续化学品合成的需要。

而后续的费托合成反应如下：

$$nCO+(2n+1)H_2 \longrightarrow C_nH_{2n+2}+nH_2O \tag{7-10}$$

$$nCO+nH_2O \longrightarrow nCO_2+nH_2 \tag{7-11}$$

总反应式为：

$$2nCO+(n+1)H_2 \longrightarrow C_nH_{2n+2}+nCO_2 \tag{7-12}$$

费托合成是煤间接液化和煤气甲烷化的关键技术，合成气在以钴、镍、铁为催化剂和适当反应条件下可以合成以石蜡烃为主的液体燃料，选择合适的操作条件，所得产品组成可以是直链烷烃、烯烃、少量芳烃等。在煤间接液化中常使用钴系催化剂，在甲烷化中常使用镍催化。

而合成气在铜基催化剂上可以发生甲醇的合成反应：

$$CO+2H_2 \longrightarrow CH_3OH(g) \qquad \Delta H_{298}=-90.8kJ/mol \tag{7-13}$$

反应气中含有二氧化碳时，发生以下反应：

$$CO_2 + 3H_2 \longrightarrow CH_3OH(g) + H_2O \qquad \Delta H_{298} = -49.5\text{kJ/mol} \qquad (7\text{-}14)$$

式(7-13) 和式(7-14) 就是煤制甲醇的主要反应。

由此可见，以合成气为原料的生产和应用在化学工业中具有极为重要的地位。合成气的原料范围很广，可由煤或焦炭等固体燃料气化产生，也可由天然气和石脑油等轻质烃类制取，还可由重油经部分氧化法生产。按合成气的不同来源、组成和用途，它们也可称为煤气、合成氨原料气、甲醇合成气等。其组成（体积分数）也有很大差别：其中 H_2 的含量在 32%～67%、CO 在 10%～57%、CO_2 在 2%～28%、CH_4 在 0.1%～14%。在一些低热值煤气中还含有 N_2。通常这些气体不能直接满足合成产品的需要。例如：作为合成氨的原料气，要求 H/N 比为 3，生产甲醇的合成气要求 $H_2/CO \approx 2$ 或 $(H_2 - CO_2)/(CO + CO_2) \approx 2$；用羰基合成法生产醇类时，则要求 $H_2/CO \approx 1$；生产甲酸、草酸、醋酸和光气等则仅需要一氧化碳。在合成气制得后，需要通过反应(7-2) 到反应(7-9) 调整其组成。

7.1.2 甲烷的重整转化机理

甲烷具有巨大的资源优势和利用潜力，所以在煤化工研究和天然气转化研究中，甲烷气体的转化利用一直以来都是化学研究的热点。甲烷的氧化偶联曾是研究的热点，但其反应温度在 850～1200K，且甲烷的转化率不高，选择性也不理想，难以在工业上实施。虽然甲烷的氧化偶联直接转化的化学过程距目标产品最近，但技术成熟度低。因而以合成气为基础的甲烷间接转化还是目前最广泛的应用途径。

到目前为止，合成氨、甲醇等大量使用天然气为原料的化工过程，都是先将甲烷转化为合成气然后再进行后续合成。在甲烷的诸多应用途径中，富含 CH_4 气体（如天然气、焦炉荒煤气、煤层气等）的水蒸气和二氧化碳重整制合成气被认为是合理利用甲烷资源的有效途径之一。该过程可以将廉价的甲烷资源转化为重要的化工原料——合成气，用于进一步的转化利用。而转化富含甲烷气体成为合成气的关键是转化甲烷成为 CO 和 H_2。

7.1.2.1 甲烷的活化

甲烷的电子结构类似于惰性气体，本身无任何官能团，C—H 键键能高达 435kJ/mol，很难在温和条件下活化，所以甲烷的活化也一直是人们长期关注的科学难题。甲烷的活化研究相当活跃，但是目前人们对甲烷活化本质的认识还很肤浅。已有的研究工作有[3]：过渡金属、氧化物、金属配合物、超强酸等对甲烷的活化研究。

过渡金属对甲烷起活化作用的主要包括金属膜、金属单晶表面以及担载型金属，其金属活化甲烷的顺序为：Co、Ru、Ni、Rh＞Pt、Re、Ir＞Pd、Cu、W、Fe、Mo，该顺序与甲烷的 H-D 交换活性一致。据信氧化物对甲烷的活化与氧化物表面 O^- 与甲烷间的相互作用有关，因为在有氧和无氧条件下甲烷均可使氧化物表面 O^- 消失，因此认为氧化物对甲烷活化的活化过程为：

$$CH_4 + O^- \longrightarrow CH_3^{\bullet} + OH^- \quad (7\text{-}15)$$

$$CH_3^{\bullet} + O^- \longrightarrow CH_3O^- \quad (7\text{-}16)$$

而甲烷在碱性氧化物表面的活化相当复杂，因为在催化剂表面各种形态的氧互相共存，而且随着反应条件的改变可以互相转化。但一般认为甲烷的活化反应活性取决于碱性氧化物表面酸性的强弱。即：

$$CH_4 + H^+ \longrightarrow CH_5^+ \quad (7\text{-}17)$$

$$CH_5^+ + O_2^- \longrightarrow CH_3^+ + H_2O_2 \quad (7\text{-}18)$$

利用金属配合物也可活化甲烷分子，研究结果显示，酸性的 Na_2PtCl_4-H_2PtCl_6 体系中甲烷在 370～400K、5.05MPa 条件下可以进行 H-D 交换反应，反应过程中通过烃同催化剂的接触发生多次的 H-D 交换。这种 H-D 交换反应可能通过类碳烯机理进行。通常认为 Pt(Ⅱ) 是 H-D 交换的活性物种，因为 Pt(Ⅳ) 是配位饱和结构，而 Pt(0) 则是很弱的受体。这类反应首先是 C—H 键对金属的亲核进攻，然后再进行氧化加成。在 360～400K 的 $PtCl_4^{2-}/PtCl_6^{2-}$ 水溶液中成功地实现了甲烷向甲醇和卤代甲烷的直接转化，也说明 Pt(Ⅳ) 是该过程的氧化剂，Pt(Ⅱ) 为自催化，其机理为：

$$(H_2O)_2PtCl_2 + CH_4 \longrightarrow (H_2O)_2Pt(CH_3)Cl + HCl \quad (7\text{-}19)$$

$$(H_2O)_2Pt(CH_3)Cl + PtCl_6^{2-} \longrightarrow (CH_3PtCl_5)^{2-} + (H_2O)_2PtCl_2 \quad (7\text{-}20)$$

$$(CH_3PtCl_5)^{2-} \longrightarrow CH_3Cl + PtCl_4^{2-} \quad (7\text{-}21)$$

$$(CH_3PtCl_5)^{2-} + H_2O \longrightarrow CH_3OH + PtCl_4^{2-} + HCl \quad (7\text{-}22)$$

甲烷的活化研究已经相当活跃，并且已经取得了不同程度的进展，但是人们对甲烷活化本质的认识还存在不足。这主要有以下几个原因：一方面甲烷的化学性质非常稳定，其活化需要相当苛刻的反应条件，如高温和活泼催化剂。另一方面在这种苛刻的反应条件下很难实现在高转化率和高选择性下将甲烷转化为目的产物。一方面催化剂的活性物种和非活性物种间常伴随相互转化，而且反应条件越苛刻，这种相互转化就越容易，因此很难在原位反应条件下获得真正催化剂活性物种的结构信息。另一方面甲烷在催化剂表面活化分解后所形成的各种碳物种十分复杂，而且随反应条件的改变它们还可以发生相互转化，使得很难找到一种很恰当的表征手段，有效地认识这些表面化学过程和反应中间体的结构。

7.1.2.2 甲烷重整反应的机理过程

在甲烷重整的过程中，既有还原性气氛又有氧化性气氛，在反应中心还原态和氧化态也是同时存在。但普遍认为甲烷的转化首先发生的是氢的解离，氢解离后所生成的新物种再与氧化性气体发生反应。无论是甲烷与氧气，还是甲烷与水蒸气、二氧化碳反应，所用的催化剂的活性和选择性都一致，也说明甲烷转化制合成气的反应遵循热分解氧化反应机理，即甲烷首先离解生成自由基，因此，甲烷的活化过程是甲烷重整的关键步骤。

基于以上事实，以氧化物催化为例，甲烷在催化剂表面活化和重整的机理过程可以用下列公式表示。

$$M+CH_4(g) \longrightarrow M-CH_x(s)+(4-x)H(s) \tag{7-23}$$

$$M-CH_x(s) \longrightarrow M+CH_x(g) \tag{7-24}$$

$$2H(s) \longrightarrow H_2(g) \tag{7-25}$$

转化过程首先是甲烷的解离和氢自由基结合生成氢气。

$$2M+O_2 \longrightarrow 2M-O(s) \tag{7-26}$$

$$M+CO_2 \longrightarrow M-O(s)+CO \tag{7-27}$$

$$M+H_2O \longrightarrow M-O(s)+OH(s) \tag{7-28}$$

甲烷重整过程中使用的氧化性气体（氧气、水蒸气或二氧化碳）在催化剂表面吸附、解析，形成氧化物。

$$C(s)+M-O(s) \longrightarrow M-CO(s) \tag{7-29}$$

$$M-CO(s) \longrightarrow M+CO(g) \tag{7-30}$$

而氧化物与碳生成一氧化碳。

7.1.3 水煤气变换机理

水煤气变换反应（water gas shift reaction，WGSR）是工业上广泛应用的反应过程，主要用于制氢及调节合成气加工过程中的氢碳比值。水煤气变换反应可以廉价地制造合成气以及应用于合成氨厂中合成气的净化和精制。直到现在，除了极少量的电解制氢外，水蒸气重整与变换反应组合仍是廉价制氢的唯一途径。

水煤气变换反应的机理过程可以用图 7-1 描述，首先气态的反应物以吸附态的形式存在于金属表面，并解离，形成的 M-OH（水分子在催化剂表面解离后形成的产物）或一氧化碳反应生成类似甲酸基的物质，然后甲酸基类中间体被还原成吸附态的二氧化碳或者二氧化碳气体。在催化剂的表面上，氢气、一氧化碳、水蒸气、二氧化碳均可存在吸附和解离，且形成的自由基之间的反应过程和反应方式也非常复杂，是一个典型的可逆反应。

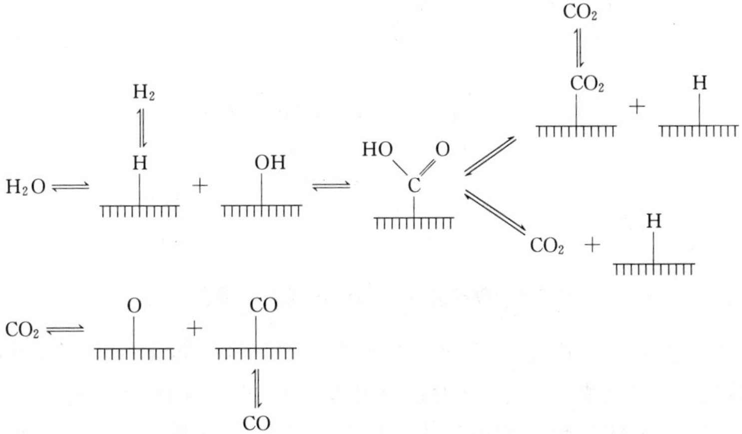

图 7-1 水煤气变换反应的反应机理示意图

7.1.4 甲醇合成机理

用合成气催化合成甲醇的机理已经很清楚了。通过同位素研究证实，甲醇合成中的碳原子来源于二氧化碳，氧原子可以来源于二氧化碳，也可以来源于水，而氢原子来源于合成气中的氢气。显然，合成甲醇的过程中也伴随着水煤气变化过程，以生成二氧化碳。图 7-2 给出了甲醇合成的一种机理过程。

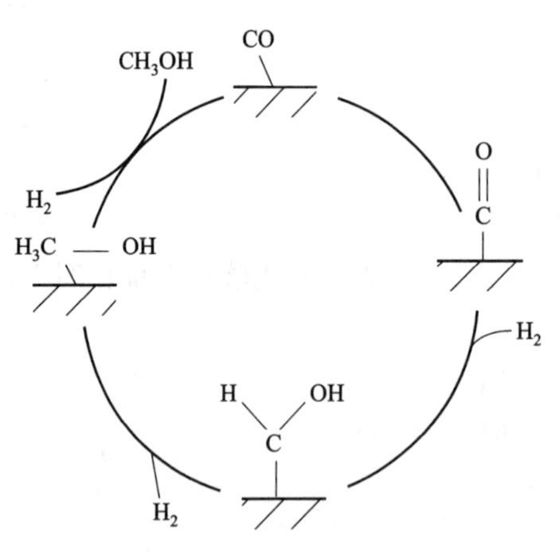

图 7-2　甲醇合成机理过程示意图

7.1.5 费托合成机理

费托合成过程中使用不同的工艺和催化剂可导致产品分布不同，而产品的分布和催化剂的选择有关，因此难以用一种机理过程解释全部的实验事实。下面总结了使用最常用的钴、铁催化剂的产物特点和机理过程。

在钴、铁催化剂表面上的费托合成，水是最主要的初级产物，而大部分的二氧化碳是其后发生的水煤气变换反应生成的。此外还有醇和烯烃类的初级产物。一种机理理论认为，在铁催化剂表面，一氧化碳首先在催化剂表面形成金属碳化物，然后进行氢化生成亚甲基团，亚甲基团经聚合形成反应产物。加氢反应研究表明在氢的存在下，铁催化剂表面上的亚甲基确实存在并聚合生成了直链烃，链增长是通过与催化剂表面相连的亚甲基插入一个金属烷基键而进行的，但这一个机理过程并不适合于所有的金属催化剂表面（图 7-3）。

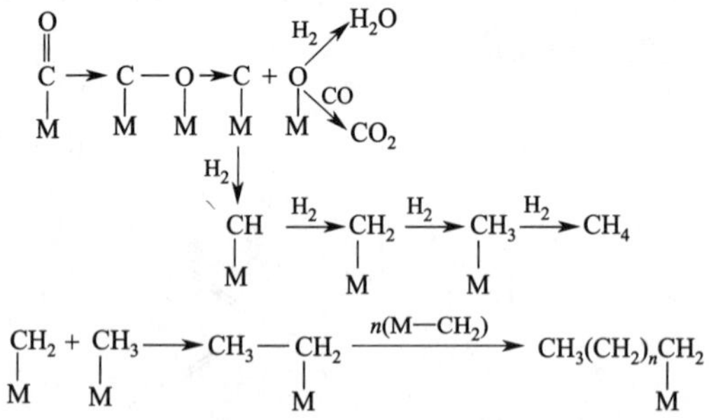

$$\underset{\substack{|\\ \mathrm{M}}}{\overset{\substack{\mathrm{O}\\ \|}}{\mathrm{C}}} \longrightarrow \underset{\substack{|\\ \mathrm{M}}}{\mathrm{C}}-\underset{\substack{|\\ \mathrm{M}}}{\mathrm{O}} \longrightarrow \underset{\substack{|\\ \mathrm{M}}}{\mathrm{C}} + \underset{\substack{|\\ \mathrm{M}}}{\mathrm{O}} \quad (\mathrm{O} \xrightarrow{H_2} H_2O;\ \mathrm{O} \xrightarrow{CO} CO_2)$$

$$\underset{\substack{|\\ \mathrm{M}}}{\mathrm{C}} \xrightarrow{H_2} \underset{\substack{|\\ \mathrm{M}}}{\mathrm{CH}} \xrightarrow{H_2} \underset{\substack{|\\ \mathrm{M}}}{\mathrm{CH_2}} \xrightarrow{H_2} \underset{\substack{|\\ \mathrm{M}}}{\mathrm{CH_3}} \xrightarrow{H_2} \mathrm{CH_4}$$

$$\underset{\substack{|\\ \mathrm{M}}}{\mathrm{CH_2}} + \underset{\substack{|\\ \mathrm{M}}}{\mathrm{CH_3}} \longrightarrow \mathrm{CH_3}-\underset{\substack{|\\ \mathrm{M}}}{\mathrm{CH_2}} \xrightarrow{n(\mathrm{M-CH_2})} \mathrm{CH_3(CH_2)}_n\underset{\substack{|\\ \mathrm{M}}}{\mathrm{CH_2}}$$

图 7-3　费托合成中的催化剂表面碳化

费托合成过程的产物中还常常含有含氧化合物，这一转化过程更常被解释为含氧中间体缩聚的结果（图 7-4）。吸附在催化剂表面的一氧化碳和氢作用，形成一种含氧的碳、氢及金属化物，它由于中间体氢化不完全所致，而 C—C 键的形成则是由于两个中间体之间缩合脱水的结果。另外，未氢化的含氧中间体可脱附形成醛，并继续生成醇、酸、酯等含氧有机物。

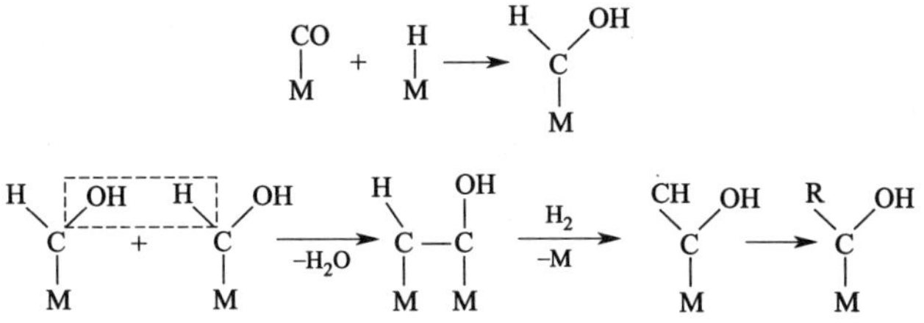

$$\text{M–CO} + \text{M–H} \longrightarrow \text{M–C(H)(OH)}$$

$$\text{M–C(H)(OH)} + \text{M–C(H)(OH)} \xrightarrow{-H_2O} \text{M–C(H)–C(OH)–M} \xrightarrow[-M]{H_2} \text{M–C(CH)(OH)} \longrightarrow \text{M–C(R)(OH)}$$

图 7-4　费托合成中的含氧中间体缩合

此外，在解释费托合成中活性中间体酰基还原过程时还常用一氧化碳的插入过程解释，这一机理可以更详细地解释了直链产物的形成过程（图 7-5）。

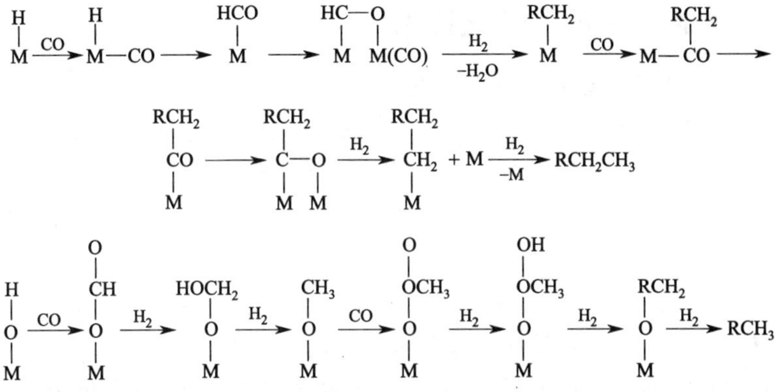

$$\text{M–H} \xrightarrow{CO} \text{H–M–CO} \longrightarrow \text{M–HCO} \longrightarrow \text{HC–O (M, M(CO))} \xrightarrow[-H_2O]{H_2} \text{M–RCH}_2 \xrightarrow{CO} \text{RCH}_2\text{–M–CO} \longrightarrow$$

$$\text{M–CO–RCH}_2 \longrightarrow \text{RCH}_2\text{–C–O (M, M)} \xrightarrow{H_2} \text{M–CH}_2\text{–RCH}_2 + \text{M} \xrightarrow[-M]{H_2} \text{RCH}_2\text{CH}_3$$

$$\text{M–O–H} \xrightarrow{CO} \text{M–O–CH=O} \xrightarrow{H_2} \text{M–O–HOCH}_2 \xrightarrow{H_2} \text{M–O–CH}_3 \xrightarrow{CO} \text{M–O–O–OCH}_3 \xrightarrow{H_2} \text{M–O–OCH}_3\text{–OH} \xrightarrow{H_2} \text{M–O–RCH}_2 \xrightarrow{H_2} \text{RCH}_3$$

图 7-5　费托合成中的一氧化碳插入

由于费托合成产物的分布较广，生成了许多不同链长和含有不同官能团的产物，而不同官能团在反应过程中存在着不同的反应途径和中间体。总结现有的机理模式后，可以将反应机理分成链引发过程和链增长过程两个主要部分，将两部分进行适当组合可得出各种不同的机理模式。显然，这样的机理分析更具有普遍性，因为它可以通过不同组合模式去解释更多的实验事实，因而被更多的人所认可。

7.2　煤气中的甲烷重整转化

甲烷是受关注的一种新兴能源，有可能在未来取代石油成为主要能源和化工原料。因此对富含甲烷气体利用的研究具有非常重要的意义。

甲烷的气体资源主要有天然气、煤层气以及煤热解气等。其中，天然气中甲烷含量常常在 98%以上，是易开采运输的清洁能源，使用方便，燃烧时不产生烟尘和二氧化硫气体，目前对天然气的开发和利用还远不及石油和煤炭，在一次能源消费的构成比例中，天然气的比例列在煤炭和石油之后排在第 3 位。煤层气俗称煤层瓦斯，是煤层和其他含腐植型有机质的泥岩、页岩经地质热力作用而生成的自热自储式非常规天然气，它与煤炭资源伴生，储量丰富，少数的煤层气资源可以抽排获得甲烷含量98%以上的优质气体资源，但也有更多的情况，抽排获得煤层气资源其甲烷含量只有20%～40%，例如矿坑气。煤热解气也称为荒煤气，是焦化工业大规模发展的产物。荒煤气中的甲烷含量在20%～25%，但难以廉价转化制成合成气。因此煤气中的甲烷常常只能称为“富含甲烷气体”资源，其利用技术和转化途径与天然气的转化存在巨大的差别。

富含甲烷气体的用途可以分为两大类：一是做燃料，二是做化工原料。而作为化工原料方面的研究工作多年来一直比较活跃。主要有甲烷的选择氧化制取低碳混合醇[4]，研究开发重点是合成异丁醇和甲醇；甲烷的氧化偶联制烃[5,6]，主要研究方向是制 C_2 烯烃；甲烷的环化制取芳烃[7]，如苯、甲苯、二甲苯；甲烷的等离子法化工利用等。

7.2.1 传统的甲烷重整转化技术

7.2.1.1 CH_4的水蒸气重整制备合成气

CH_4的水蒸气气化法[8,9]是一种比较成熟的生产工艺，目前已经工业化。蒸汽转化法是由外部燃料燃烧提供热量，经过反应器的金属壁传热为反应体系供热，在镍催化剂作用下，CH_4主要通过反应 $CH_4+H_2O \longrightarrow CO+H_2$ 转化成CO和H_2的工艺。烟道气排入大气中。

CH_4-蒸汽转化是强吸热可逆反应，提高温度有利于加快反应速率，但在没有催化剂存在条件下，其转化反应速率是很缓慢的。例如，对水碳比为2的甲烷蒸汽混合气，在700℃和750℃下反应6h，干转化气中残余甲烷含量分别为86%和72%，转化率仅达平衡转化率的3%～8%；当温度升至950℃和1050℃下反应2h，甲烷转化率仍仅为平衡转化率的68%和86%。利用CHEMKIN Collect软件对CH_4水蒸气重整过程中的热力学平衡转化率进行了计算，计算结果如图7-6所示。由图可知，在900K时，CH_4平衡转化率就可以达到100%。

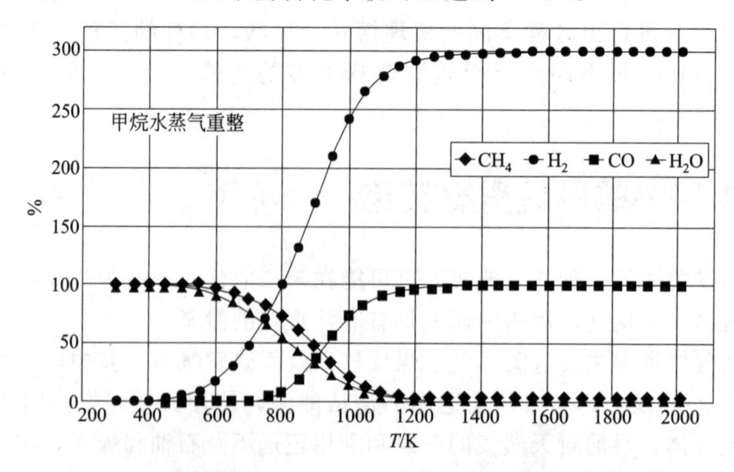

图7-6 CH_4/H_2O重整热力学平衡值

在合成工业中，要求甲烷含量越低越好，如合成氨要求甲烷含量在0.3%～0.5%以下。另外，由于此反应是强吸热反应，因此对反应器的设计要求高，能耗大，所产生的合成气 H_2/CO 等于3，这个比例对于后继合成，如合成甲醇及费托合成等，氢的含量太高了。

7.2.1.2 CH_4部分氧化法

CH_4部分氧化法[10,11]制备合成气是近年来备受国内外关注的新型转化途径。CH_4部分氧化法制合成气与 CH_4 水蒸气气化法制合成气相比至少有三方面优点：一是部分氧化法反应是放热反应，水蒸气气化法是吸热反应，因此部分氧化法在能量的利用上比较有利；二是部分氧化反应的反应速率远大于水蒸气气化反应的反应速率；三是部分氧化反应的产物中 H_2 与 CO 的化学计量比是2，正是合成甲醇和F-T 合成所需要的比例，可以直接用作这些过程的原料气。

7.2.1.3 CH_4的 CO_2重整

近年来，CH_4/CO_2重整反应正逐步成为研究热点[12～14]。不同研究者应用不同的实验方法和手段在诸如催化剂的筛选、积炭、反应热力学、动力学等不同方面做了大量工作并取得了一定进展。该反应之所以如此令人关注，其主要原因是 CO_2是含碳化合物的最终燃烧产物，CH_4/CO_2 重整转化是有效利用 CO_2 的途径。目前，大气中积累的 CO_2 量越来越多，随着世界经济的发展，大气中 CO_2 的含量正在以每年4%的速度递增。CO_2 排放量的增加，使地球表面温度升高（所谓温室效应），严重损害自然环境；但是限制 CO_2 的排放量势必影响工业发展和经济活动。因此研究 CO_2 的有效利用无疑是非常重要的。

如何合理利用 CO_2 作为碳源，已引起世界各国的普遍关注。CO_2 工业化的利用已经有合成尿素、制取水杨酸、生产碳酸盐、调整天然气转化反应中的 CO/H_2 比、合成醇等。由 CO_2 和 CH_4 通过转化反应制取合成气，以及 CO_2 加氢的反应被认为是合理利用 CO_2 的最佳途径之一。目前利用 CO_2 制备高热值的合成气以及其他化工原料的研究工作正在兴起。

7.2.1.4 三元重整

所谓三元重整[15]是指将吸热的 CH_4/CO_2、CH_4/H_2O 重整反应与放热的 CH_4 氧化反应结合起来，从而可以实现 CH_4 转化过程的能量耦合。在三元重整过程中，CH_4、CO_2、H_2O 以及 O_2 为反应物，它们之间可以发生一系列的化学反应，最终生成目标产物——合成气。该过程不仅可以实现能量耦合，而且还可以减少 CO_2 的排放，生成的合成气 H_2/CO 比为1.5～2，有利于后继合成。图7-7为三元重整过程的 CO_2 减排效果示意图，图中的原料气为某电厂排放的废气。

CH_4 的催化三元重整反应，使用镍系列催化剂时，在800～850℃就可以使 CH_4 的转化率达到97%以上，CO_2 的转化率可以达到80%左右。重整反应制得的合成气中 H_2/CO 的比例为1.5～2。在三元重整反应中，催化剂对于三元重整反应的转化率和选择性起非常重要的作用，在没有催化剂存在时，800～850℃下 CH_4 基本上不会转化。通过对反应后镍催化剂的分析表征可以看出，在此反应中催化剂

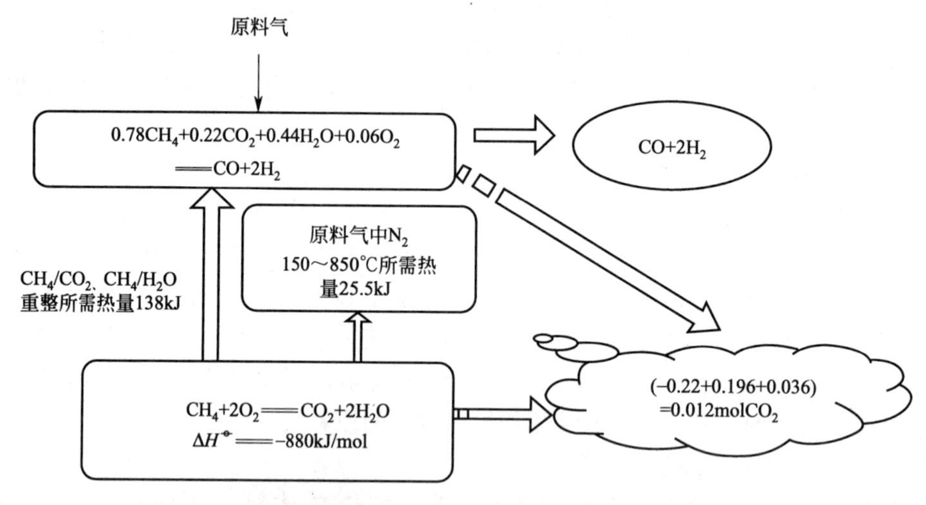

图 7-7 某电厂废气三元重整示意图

上基本上不会有积炭。

7.2.2 煤化工中的甲烷转化新技术

针对煤气中的甲烷利用，提出了许多制备合成气的生产工艺路线。以下是当前国内外煤气中的甲烷制取合成气新工艺的简单介绍。

7.2.2.1 煤与甲烷共气化制备合成气

煤与天然气共气化[16]的主要优点是煤气化过程中所产生的热量可以用于CH_4的水蒸气气化过程，从而可以实现整个过程能量的耦合。而且在此过程中，煤气化所产生的气体中H_2/CO比例为0.4左右，而CH_4的水蒸气气化反应所产生的H_2/CO比例为3左右。因此煤与天然气共气化反应所生成的气体产物中H_2/CO的比例可以调整到1～2之间，这样的气体组分有利于进一步的后继合成。

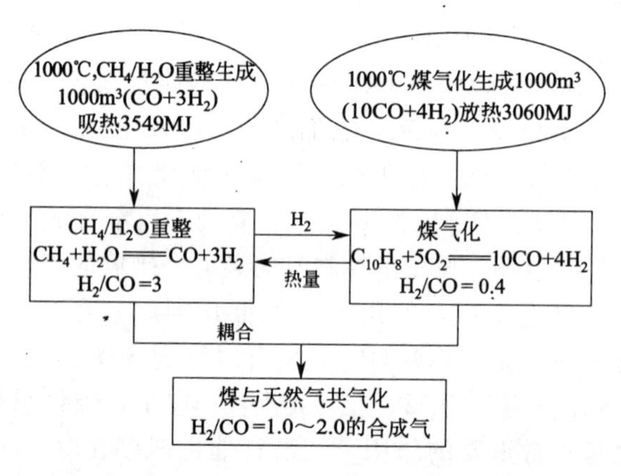

图 7-8 煤与CH_4共气化制备合成气示意图

从图 7-8 可以看出，该工艺不仅可以实现整个过程能量的耦合，而且可以根据后继合成的需要调节 H_2/CO 的比例，有一定的工业应用前景。

煤与甲烷共气化制备合成气的方法可以在流化床中进行[17]，它提供一种廉价高效的由天然气、煤层气或其他富含甲烷的气体制取合成气的方法。在该工艺中，燃烧反应可以提供大量热使气化反应进行。加入甲烷后，只要燃烧反应（碳与氧或甲烷与氧）提供足够的热量，就可以同时进行水蒸气、二氧化碳与碳及甲烷的气化反应。在该工艺中，原煤先破碎至小于 8mm，再经干燥系统、原煤料仓、进煤计量系统进入流化床气化炉，天然气、煤层气或其他富含甲烷的气体由下部或侧部进气管进入流化床气化炉浓相段反应区，在 950～1100℃下与煤共气化制合成气（图 7-9）。

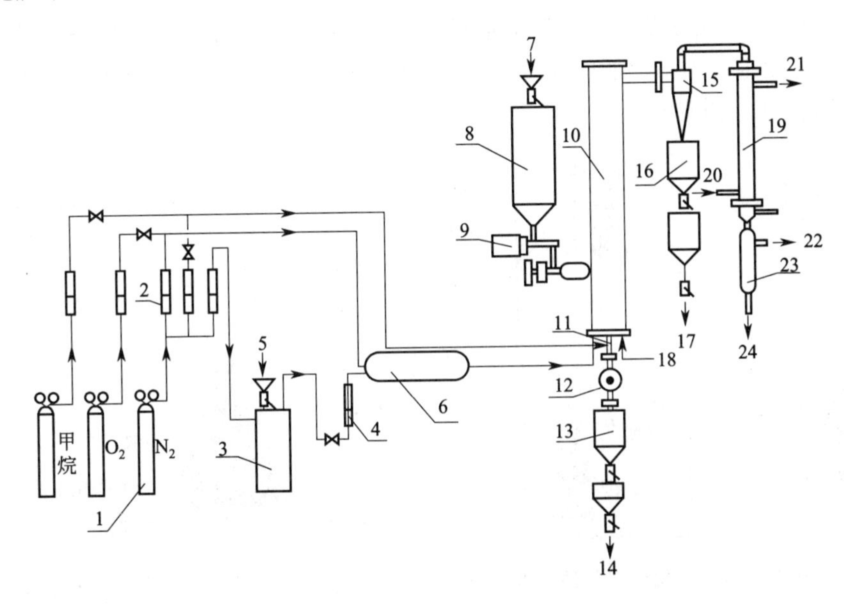

图 7-9　煤与甲烷共气化制备合成气装置示意图

1—气瓶；2—气体流量计；3—蒸馏水储罐；4—水流量计；5—蒸馏水；6—蒸汽发生及气体混合器；7—0～8mm 的原煤；8—煤斗；9—原煤进料器；10—流化床气化炉；11—天然气或甲烷进气管；12—气化炉；13—排灰器；14—排灰器；15—灰斗；16—旋风分离器；17—飞灰收集罐；18—空气；19—旋风分离器；20—气体水冷却器；21—出水；22—合成气；23—气液分离器；24—冷却水

此工艺与现有技术比有以下优点。

① 该过程反应温度适中（950～1100℃），无需催化剂的加入，甲烷转化率最高可以达到 90%，合成气中甲烷含量低，其他烃类物质含量总和小于 0.5%，无 C_6 以上的物质。

② 煤与富甲烷燃料气共气化所制得的合成气组成中 H_2/CO 比小于 1.5，通常为 1.3 左右，完全符合各种化工合成的需要。

③ 操作稳定，操作范围较宽，操作成本低，能耗小。

④ 流化床适合各种煤种，因此煤与天然气共气化不受煤种的限制。

⑤ 该工艺的煤与富甲烷燃料气进料比例可以在较宽范围内调整，因此该工艺既可以以煤为原料制合成气，也可以根据市场价格和合成需求配入一定量的富甲烷燃料气，加入蒸汽转化的二段反应器，实现现有工艺的改进。

7.2.2.2 利用太阳能转化甲烷气体

采用太阳能技术直接进行甲烷的高温（约 2700℃）热分解制备氢气，与甲烷的 CO_2 重整制备合成气[18]，可以解决甲烷转化过程中催化剂的使用带来的催化剂失活问题。利用一套太阳能利用装置（HFSF），可以收集太阳能而达到高温，在平推流反应器中，用直径为 25mm 的石英管反应器在高温下进行甲烷的分解反应和甲烷的 CO_2 重整反应。当太阳能的强度为 2400kW/m² 时，在甲烷的分解反应中，有大约 90%的甲烷可以转化，反应后的积炭为 20～40nm 的无定形炭；在甲烷的 CO_2 重整反应中，当太阳能的强度为 2000kW/m² 时，甲烷的转化率可以达到 70%左右（图 7-10，图 7-11）。

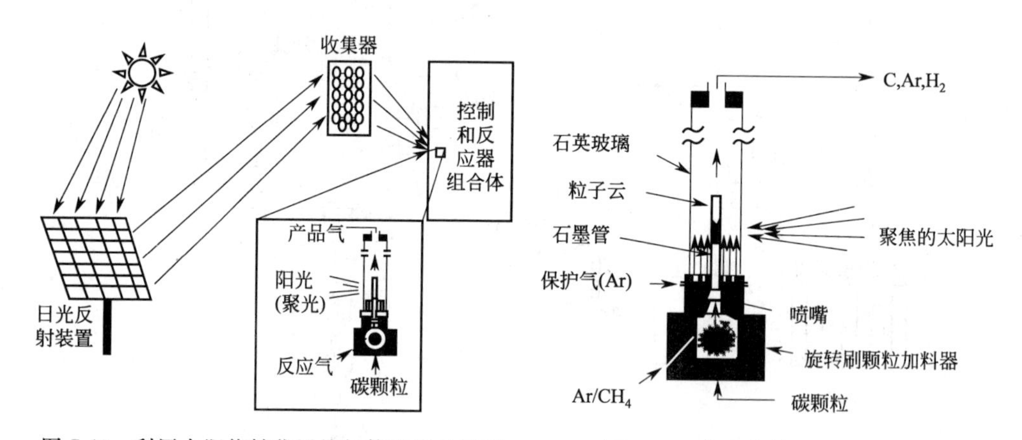

图 7-10 利用太阳能转化甲烷气体系统示意图

图 7-11 太阳能转化甲烷反应器

这一转化是甲烷气体利用的新途径，在该过程中，不需要利用任何催化剂，因此不存在因积炭而导致催化剂的失活问题。而且由于直接利用太阳能为甲烷的转化提供热量，不需要燃烧化石燃料，因此在该过程中不会存在环境污染问题。在甲烷的分解实验中，甲烷分解生成的积炭是优质的炭黑。该工艺引起关注另外一个原因就是它适用于煤气中甲烷的转化。

7.2.2.3 焦炉煤气制氢

焦炉煤气可以用干式气化法制氢[19]，也就是有效利用焦炉煤气的显热或炼钢厂的废热，通过干式气化法将其转换为氢气，即以高温焦炉煤气为原料，在微负压下进行气化，对氢气、一氧化碳和甲烷等干式气体进行改质。为了提高氢气的产量，该工艺还同时引入了部分氧化反应和水蒸气改质反应，开发了氧的高效分离技术以提供大量廉价的氧。该工艺的示意图如图 7-12 所示。

利用一个装煤量为 80kg 的焦炉，使用上述方法在一个温度为 1250℃的小型装置试验进行了实验。试验结果表明，气化后未转化的副产碳小于 2%，据此估计干式气

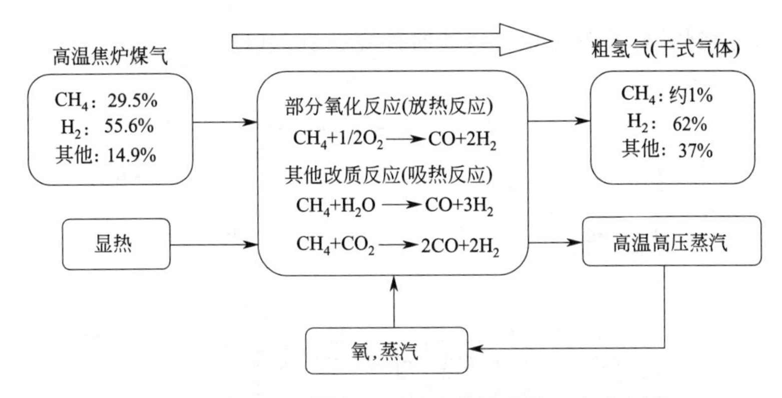

图 7-12　高温焦炉煤气在干式气化炉内的反应示意图

化率可达 98%，过程的热损失为 30%～40%。该工艺制氢的生产成本低于现在采用的轻油制氢成本。

2003 年，太原理工大学也提出了“洁净焦化新工艺”设想（图 7-13）[20,21]，该设想基于“连续封闭焦炉”技术，目的在于从源头上根治装煤、出焦和熄焦过程的污染，进一步利用高温焦炭的显热实现过剩的焦炉煤气的转化，用于化学品合成和电力生产。实现资源的高效充分利用，达到节能、降低投资和成本的目的。

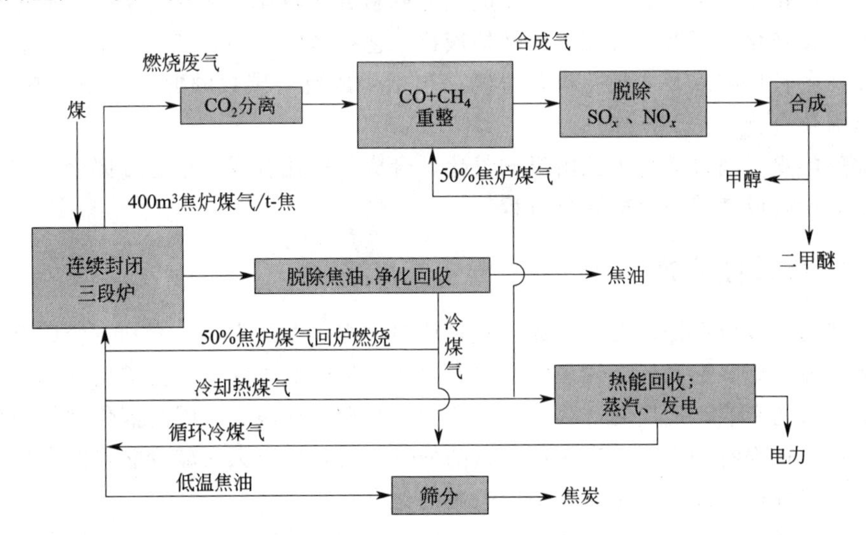

图 7-13　煤洁净焦化为源头的多联产工业园构想

2005 年，太原理工大学又进一步提出了“气化煤气，热解煤气共制合成气的多联产新模式”，也成为双气头多联产模式。

7.2.2.4　双气头多联产

双气头多联产模式不同于国内外已提出的模式，是在 973 项目“煤热解、气化和高温净化过程的基础性研究”和 2003 年提出的“煤洁净焦化为源头的多联产工业园构想”的基础上，结合我国国情提出的。它将气化煤气富碳，热解煤气富 H_2 的特点相结合，将气化气中的 CO_2 与热解煤气中的 CH_4 进行转化制备合成气，调整 H/C 比，达到提高效率和CO_2减排的目的（图 7-14）。

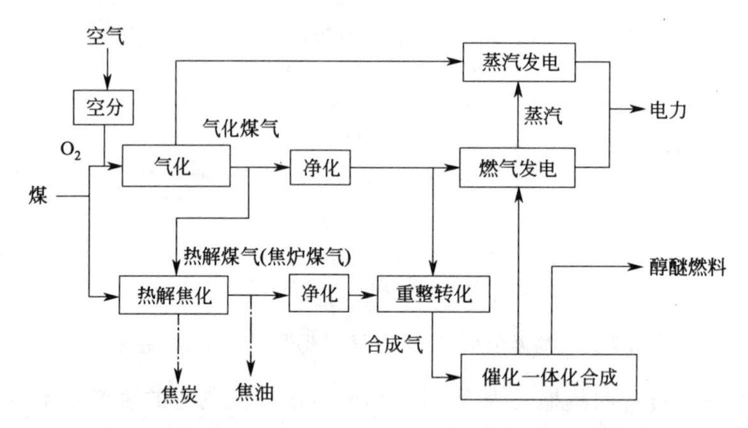

图 7-14　煤热解、气化新型多联产工艺和技术总体框架图

7.3　煤间接液化工艺中的合成气转化

煤炭气化先产生合成气，再以合成气为原料合成液体燃料和化学产品的过程称为煤的间接液化。而费托合成是煤间接液化工艺技术的核心，其目的是以合成气为原料生产各种烃类以及含氧有机化合物，包括生成更高碳数的醇以及醛、酮、酸、酯等含氧化合物。

完整的煤炭间接液化工艺由煤的气化、合成气费托合成和精炼三部分组成。本节重点介绍合成气费托合成转化过程。

7.3.1　合成催化剂

从热力学分析可知，费托合成过程是放热过程，在热力学上有利。合成产物的形成概率按甲烷＞饱和烃＞烯烃＞含氧有机化合物的顺序降低。受催化剂选择和反应工艺参数的影响，反应的产物分布和热力学平衡差异很大，因此催化剂的选择对煤直接液化过程特别重要。当采用合适的催化剂时，可以大大减少非目的产物的生成，有选择性地合成化学工业上价值较高的化合物。

在合成过程具有活性的金属中，铁、钴、镍和钌是最活泼的，在反应条件下这些元素可能以金属态、氧化态和碳化物形态存在，即一氧化碳和氢气容易在其表面形成化学吸附和物理吸附。

7.3.2　合成反应器

费托合成反应放出大量的热，在设计合成反应器时，大量反应热的排出是重要的问题。为了达到产品的最佳选择性和保持催化剂的活性和寿命，反应需要在等温条件下进行，因此合成反应器必须将反应热均匀地排出。

费托合成的反应器有多种，典型的有固定床反应器、流化床反应器和浆态床反应器。

固定床反应器常类似于一个管壳式换热器，管内装催化剂，管间通入沸腾水以便移走反应热，管内反应温度可由管间蒸汽压力来控制和调节，结构见图 7-15。反应器内的钢管内充填催化剂，用栅板承担，栅板安装在底部管板下，由几块扇形栅板组成，更换催化剂时可用器外机构将栅板打开，将催化剂卸出。反应热是依靠管子的径向传热导出，增加管子直径或增大反应器直径都将受到限制，因此大规模放大固定床反应器是困难的。

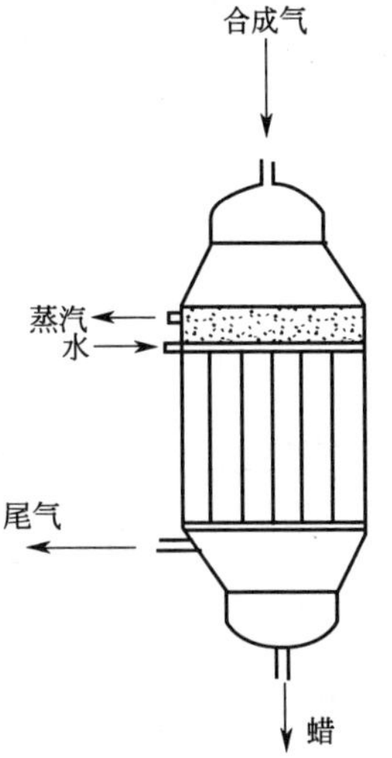

图 7-15　费托合成中使用的固定床反应器示意图

固定床反应器使用沉淀铁催化剂，反应温度较低，一般在 220～245℃，压力 2.5MPa。南非 Sasol-I 的固定床反应器设计用来生产汽油、柴油和蜡。

在费托合成中采用流化床反应器比固定床反应器在传热性能、反应温度控制等方面有许多显著的优点，但有许多不足之处。由于在流态化下进行反应，为减少催化剂的消耗和损失常需要使催化剂循环利用。因此，循环流化床反应器也常用于费托合成。

浆态反应器自身也有显著的优点：①在强放热条件下，浆态反应器易保持温度均匀；②浆态反应器对采用细颗粒催化剂的情形，有利于传质；③当液相连续进出料时，催化剂排出再生比较方便等。这些特点都非常适合其在费托合成上的应用。

7.4 煤气化制甲醇合成工艺中的合成气转化

甲醇是重要的基本有机化工原料，也是 C_1 化学的“基石”，在基本有机原料中的地位仅次于乙烯、丙烯和苯，其众多的下游产品对工农业、交通运输以及国防工业有着重要作用。在中国，煤气化制甲醇是合成甲醇的主要方法。

7.4.1 生产方法

甲醇的合成是强的可逆放热反应，受热力学和动力学控制，通常在一次通过反应器后，转化率达不到 100%，产物分离以后，未反应的气体需再次压缩后循环到反应器中循环使用。

合成甲醇的生产方法有高压法（360～400℃，19.6～29.4MPa）、低压法（240～270℃，5～8MPa）和中压法（250～280℃，9.8～12MPa）。目前，甲醇生产方法主要是中压法和低压法两种工艺，以低压法为主，这两种方法生产的甲醇占甲醇总产量的 90%以上。

高压法采用锌铬催化剂，或活性高的铜系催化剂。其技术历史悠久，但由于原料和动力消耗大，反应温度高，生成粗甲醇中有机杂质含量高，而且投资大，其发展长期以来处于停顿状态。图 7-16 为高压法的工艺流程示意图。

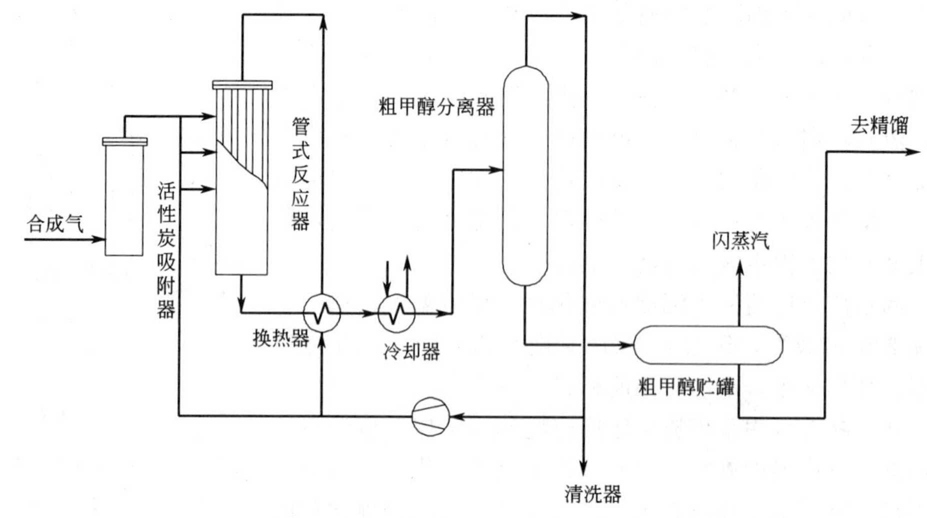

图 7-16　高压合成甲醇生产流程图

工艺过程如下：合成气经压缩后，在活性炭吸附器中脱除杂质后，同循环气一起送入管式反应器中，在 350℃ 和 30MPa 下，一氧化碳和氢经过催化剂层，反应生成粗甲醇。含甲醇的气体经冷却器冷却后，迅速送入分离装置中，使粗甲醇冷凝，未反应的一氧化碳和氢循环回反应器。冷凝的粗甲醇进入精馏装置分离。

低压法以 ICI 工艺和 Lurgi 工艺为代表，采用高活性的铜系催化剂，在较低的压力下可获得较高的甲醇收率。而且选择性好，减少了副反应，改善了甲醇质量，降低了原料的消耗。此外，由于压力低，动力消耗降低很多，工艺设备制造容易。

ICI 低压甲醇合成工艺流程中（图 7-17），合成气首先经离心式压缩机升压至 5MPa，与压缩后的循环气混合，大部分混合气经热交换器预热至 230～245℃后进入合成反应器，合成反应器为四段冷激型合成塔，是一种绝热型反应器。一小部分混合气用作合成反应器冷激气，控制床层反应温度。在合成反应器内采用铜基催化剂合成甲醇，反应在 230～270℃及 5MPa 下进行，副反应少，粗甲醇中杂质含量低。合成反应器出口气经热交换器换热，再经水冷分离得粗甲醇，未反应气返回循环压缩机升压，完成一次循环。

为了使循环系统中惰性气体含量维持在一定范围内，在进循环压缩机前弛放一股气作为燃料。粗甲醇在中间贮罐内压力降至 3.5MPa，使溶解的气体闪蒸，也作为燃料使用。

同属低压甲醇合成的 Lurgi 工艺中采用了管壳式等温反应器，催化剂装在管

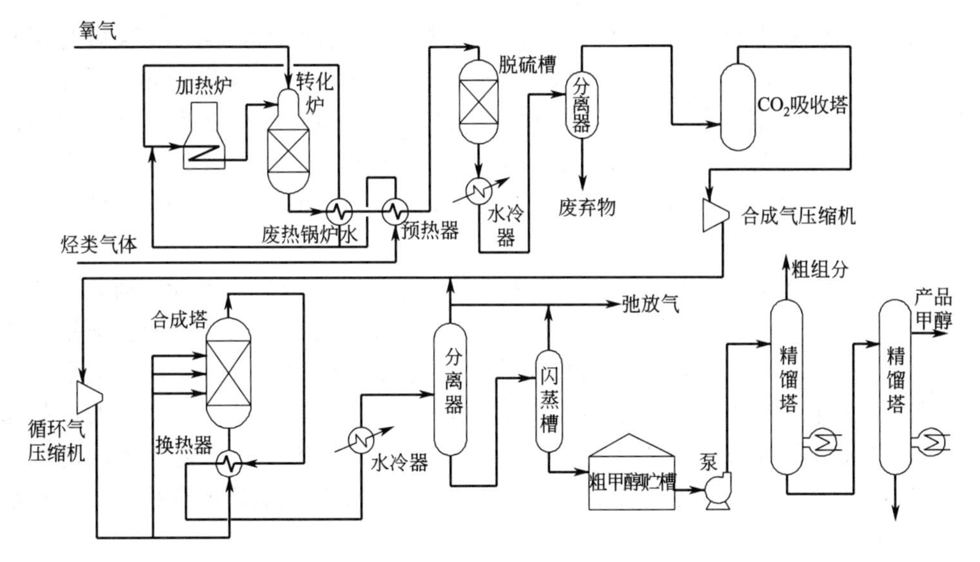

图 7-17　ICI 低压合成甲醇生产流程图

内，反应热由管间的沸腾水移走。这种合成塔温度易控制，同时，由于换热方式好，催化剂层温度分布均匀，可以防止催化剂过热，对催化剂寿命有利，且副反应大大减少。Lurgi 工艺允许 CO 含量高的新鲜气进入合成系统，因而单程气体转化率较高，反应器出口甲醇含量 7%左右，循环气量较少，其结果是设备、管道尺寸小，动力消耗低。但 Lurgi 工艺中合成塔结构较为复杂，装卸催化剂不太方便。

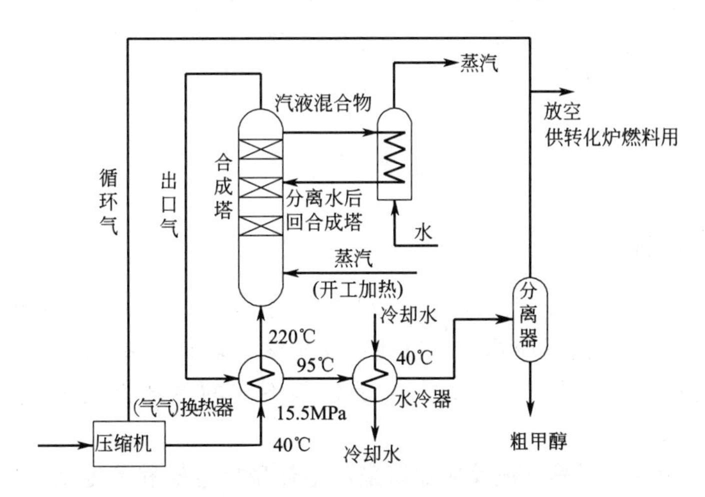

图 7-18　中压合成甲醇生产流程图

采用低压法在甲醇工业规模的大型化时，势必导致工艺管道和设备较大，因此在低压法的基础上，适当提高合成压力，即发展成为中压法。中压法仍采用高活性的铜系催化剂，反应温度与低压法相同，但由于提高了压力，相应的动力消耗略有增加。

在中压合成甲醇生产中（图 7-18），原料气首先加压到 14.5MPa 后与循环气混合，在循环段增压至 15.5MPa 后送入合成部分。合成塔为四层冷激式，内填低温高活性铜基催化剂，主要成分为铜、锌，还有极少量硼，反应后的出塔气经换热、冷凝后至甲醇分离器，分离出的粗甲醇送往精馏部分。分离器出口气体大部分循环，少部分排出系统供转化炉燃料用，流程中还设有开工加热器。

针对小型合成氨装置的特点，合成氨装置也可以联合生产甲醇，通称为联醇工艺（图 7-19）。工艺过程中在合成氨装置的铜洗工段前，设置甲醇合成塔，操作压力 10～12MPa，采用铜基催化剂，催化剂层温度 240～280℃。合成塔一般采用冷管型连续换热式。在小型合成氨装置中设置联醇工段，可以扩大产品品种，提高经济效益，而且可以使变换工段出口一氧化碳指标放宽，蒸汽消耗下降，铜洗工段进口一氧化碳含量亦有所降低，从而使合成氨厂的变换、压缩和铜洗工段能耗下降。

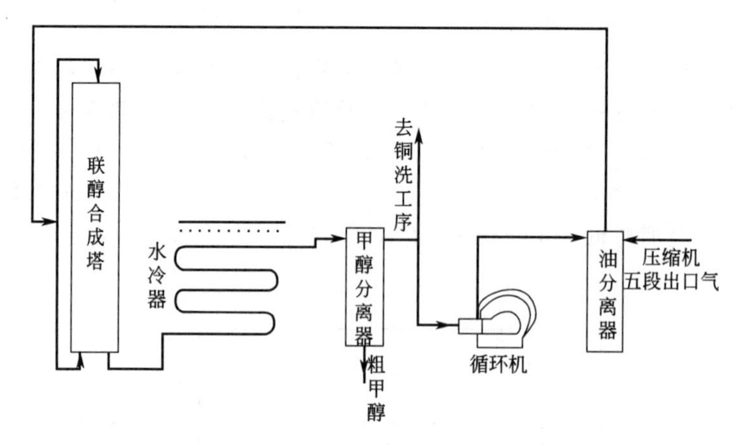

图 7-19　联醇工艺流程图

7.4.2 反应器

甲醇合成反应器的设计同样需要考虑反应热的移出，它影响甲醇生产的最终能耗和成本。及时移出反应热量，以使反应始终在较高速率下进行，是获得高的甲醇收率的技术关键之一。由此产生了各种不同的冷却方式和反应器内构件设计。

从温度控制看，甲醇合成反应器多采用绝热型反应器和等温型反应器。ICI 低压合成工艺中采用的是绝热型冷激式反应器（图 7-20），Lurgi 工艺采用了等温型列管式反应器（图 7-21），两者的综合技术经济指标差别不大。

绝热型反应器反应温度通过催化剂床层间菱形分配器直接喷入冷激气体来调节，反应器结构简单。缺点是催化剂床层温差大，转化率较低，导致循环气量大，反应热不能回收利用。等温型反应器可分为水冷式、气冷式和混合式（水冷加气冷）三种，水冷式又可细分为列管式、套管式和盘管式。Lurgi 列管式反应器是将冷却介质水置于壳程。反应热内管间沸腾水带走副产蒸汽。催化剂床层温度分布均匀，催化剂装量少，转化率高，但反应器结构复杂。与冷激式相比，列管式反应器的能量回收效率要高得多。

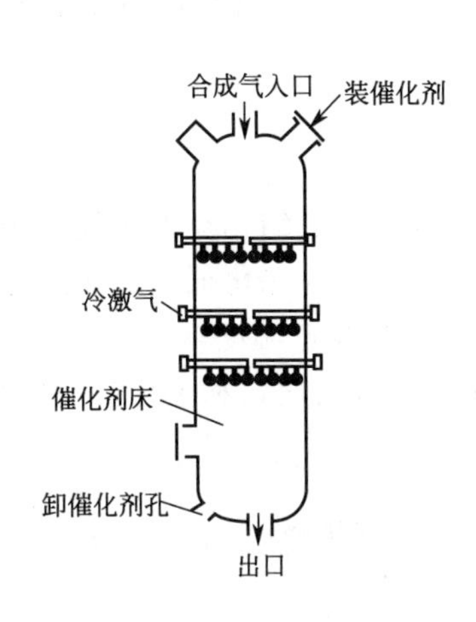

图 7-20　ICI 低压合成工艺中采用的绝热型冷激式反应器模型示意图

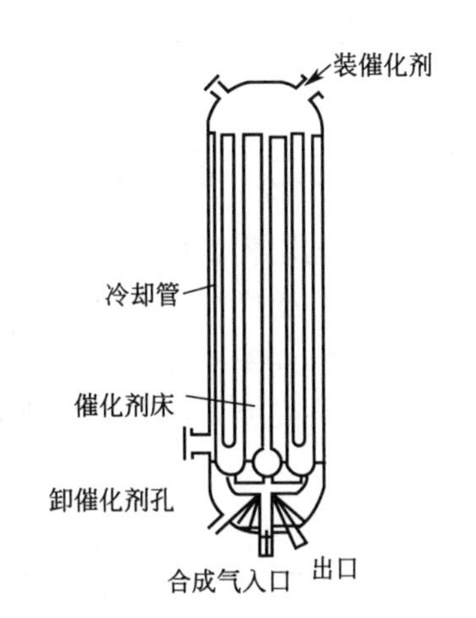

图 7-21　列管式反应器模型示意图

7.5　煤气的甲烷化

用焦炉气或煤气化合成气生产替代天然气也受到广泛关注，一般认为，煤制天然气能量转化率比煤制甲醇、二甲醚及煤制油能量转化率高，且耗水量低。

煤气甲烷化的本质是一氧化碳（也包括二氧化碳）在催化剂作用下与氢气反应转化为甲烷，是早期氮肥生产中的一种传统的气体净化工艺。

7.5.1　甲烷化技术的发展概况

20 世纪 70 年代由于第一次石油危机的出现，鲁奇公司率先在南非和奥地利合作建了两套试验装置，进行了试运转，取得了良好的试验数据。1978 年丹麦托普索在美国建成了 $17.2\times10^4 m^3/d$ 煤制合成天然气装置，后来因油价原因被迫停产。1984 年美国北达科他州建成了 $389\times10^4 m^3/d$ 的大型煤制合成天然气装置（催化剂由英国戴维公司提供），至今已运行 20 多年。

国内 20 世纪 70 年代在引进多套化肥装置时，已有从合成氨原料气中除去微量 CO_2、CO 的甲烷化技术，开发了自己的 Ni 系催化剂。到 90 年代为了解决城市煤气的 CO 含量和热值问题，中科院大连化物所开发了自己的 Ni 系催化剂，相继建成了10多套将水煤气甲烷化制中热值煤气的装置，后来被天然气和焦炉气取代。

国内外甲烷化技术已成熟，并已有大型化装置运行多年的业绩，现今要解决的问题是合理利用资源，高效回收热量，节能降耗，改进流程，节省投资，从而降低生产成本，增加竞争能力。即在现有工业化装置的基础上，根据不同的原料气来源匹配组合净化工艺，开发新的系列化甲烷催化剂，提供新型结构的反应器，优化工艺流程配置。

7.5.2 甲烷化工艺步骤和技术方案

甲烷化工艺流程简单（图7-22），主要设备甲烷化炉的结构类似于变换炉，技术的关键是：将变换气CO含量稳定降至0.3%内，确保甲烷化催化剂床层温度稳定。方法是：①变换系统尽量采用多段反应，降低末段反应温度；②采用二次变换和脱碳工艺，将变换气中的CO_2脱除后再进行末段变换反应，利于变换反应平衡，降低CO含量。

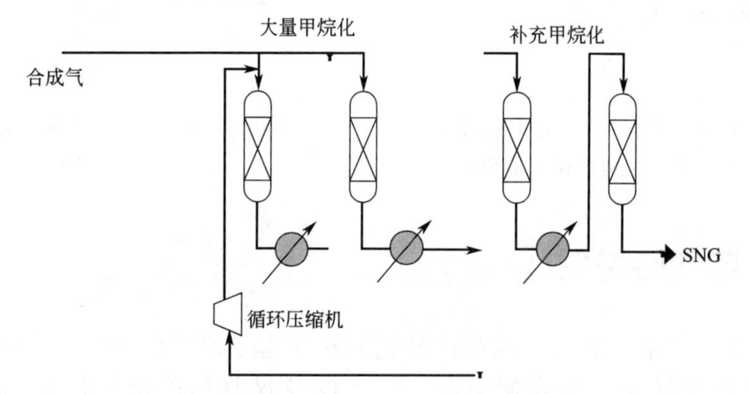

图7-22　典型的甲烷化工艺流程图

（操作压力3～6MPa，操作温度230～650℃）

甲烷化操作压力一般在0.75～3.5MPa，并与水煤气变换系统相匹配，甲烷化炉出气温度一般在300～340℃，而入炉脱碳气需升至300℃左右，要借助于中温变换气作为热源提升（亦可自热），然后变换气返回变换系统。

甲烷化是体积缩小的反应，提高压力有利于降低微量的CO和CO_2含量，但由于气相中反应物H_2含量高，经计算在操作温度条件下，压力达到2.5MPa即可使微量的CO和CO_2含量处于10^{-6}数量级，所以甲烷化净化压力不必提至很高。

甲烷化生产使用镍催化剂，与联醇催化剂对原料气的净化脱硫要求基本是相同的。生产前要还原为金属镍，还原气要求$(CO+CO_2)\leqslant 1\%$。

以煤气和焦炉煤气为原料甲烷化制备天然气大致要经过图3-10所示的工艺过程。

工艺过程大致为，煤气经净化除去NH_3、焦油、硫等杂质后与CO_2混合压缩升压到1.1MPa，进入甲烷化工序，合成天然气。甲烷化反应热将锅炉给水加热生产中压蒸汽，合成的天然气脱除水分，出口压力为0.8MPa。

在整个工艺过程中尚存在以下一些关键工序。

7.5.2.1 电捕除焦油

煤气中含有大量杂质，除硫化物外，焦油和尘约$10mg/m^3$，萘约$100mg/m^3$，氨约$50mg/m^3$，这些杂质对压缩机操作会造成不良后果，在压缩机前设置电捕焦油工序，使焦油和尘、萘等均小于$5mg/m^3$以下。

7.5.2.2 煤气的压缩

本工序的任务是将煤气脱除焦油、除尘以后，与CO_2混合并达到符合合成天然气化学计量比，并压缩到3.3MPa。这样可确保在离开甲烷化工序的合成压力约3.0MPa。

7.5.2.3 甲烷化

甲烷化是工艺过程的核心。甲烷化反应的固有特点是：甲烷化反应是一个快速的反应，反应气体在催化剂床层中只停留几秒或十几秒钟即可完成全部反应；甲烷化反应又是一个强放热反应，其每摩尔的反应热约为合成甲醇的2.5倍，反应热不能及时移走或局部过热常常会引起催化剂失活或降低寿命。甲烷化反应的另一特点是温度对平衡常数的影响大大高于压力的影响，且温度越高对平衡越不利。表7-1是CO、CO_2甲烷化反应的平衡常数。

$$CO+3H_2 \xrightarrow{K_{p_1}} CH_4+H_2O \tag{7-31}$$

$$CO_2+4H_2 \xrightarrow{K_{p_2}} CH_4+2H_2O \tag{7-32}$$

表7-1 甲烷化反应的平衡常数

温度/℃	K_{p_1}	K_{p_2}
227	1.60×10^9	8.69×10^7
327	1.98×10^6	73000
427	3720	413
527	32.1	7.9
627	0.766	0.351
727	0.0378	0.0274

从表中可以看出在300～400℃的反应已很彻底。

甲烷化反应中需要催化剂，目前大多选用镍基催化剂。

7.5.2.4 脱水

脱水是合成天然气加工过程中一个环节，它是指从合成天然气中脱除水蒸气过程，目的是达到符合天然气产品对水露点质量指标的要求。目前工业上天然气脱水的方法主要有三种：吸收法、吸附法和低温法。低温法常用来同时脱水和脱油，吸收法用于脱水和脱硫，吸附法适用于要求干气露点低的场合，即适合在天然气的液化和压缩天然气生产 CNG 等过程中。

7.5.3 甲烷化反应器

甲烷化反应器多采用固定床绝热式或列管式反应器，采用固定床绝热式反应器的工艺是将多台反应器（一般 3～4 台）串联，反应器之间设置换热器回收热量。这种工艺流程长，投资高，反应器进出口温差大，催化剂易出现过热，热能回收率低。采用列管式反应器时，催化剂装管内，反应气走管程，壳程由导热油将反应热带走，导热油带出的热量生产蒸汽。这种工艺反应器进出口温差小，催化剂不易过热。虽然甲烷化反应器数量减少了，但增加了油回路和水回路，两次换热过程中降低了热能回收率，且不易大型化。

在甲醇合成中已经有使用水冷式列管反应器的成功事例，其催化剂装填在壳内，反应气走壳程，水走管程，移走反应热生产中高压蒸汽。该类反应器若用于甲烷化工艺时，可以迅速移走反应热，生产中高压蒸汽。从理论分析看可以满足甲烷化工艺单系列大型化的要求。

合成甲烷的反应也为强放热反应，反应过程中需不断带走热量。在合成甲烷的反应器设计上，均温型反应器和绝热式反应器均有采用，但两者的流程相差很大。从反应器的结构特点和所配置的流程可以看出，采用绝热式反应器时需在反应器外移走反应热，反应器设计时空速不可能太大，特别是在反应器中增加气体循环回路时，这样带来的问题是流程长，催化剂用量大，投资高，热能利用率低，但这种流程较为安全。采用均温型反应器流程短，催化剂空速大，投资低，热能回收率高，但要求反应器的设计水平和加工制造的等级要高。

图 7-23 为水冷式列管均温型反应器的结构简图。

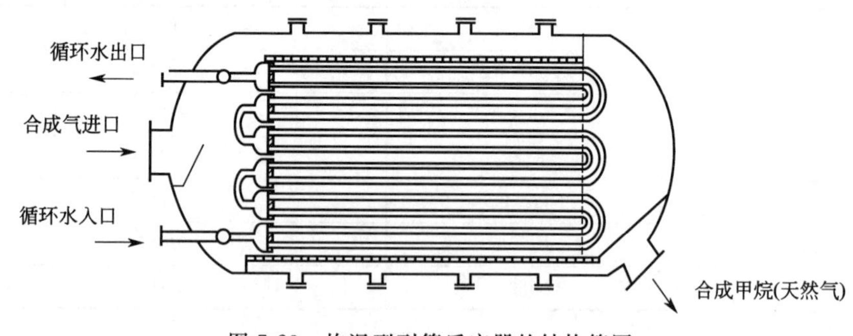

图 7-23　均温型列管反应器的结构简图

7.6 一氧化碳变换制氢

利用水煤气变换制氢是目前最廉价、最经济的制氢方法，它是 CO 与水反应，生成 CO_2 和 H_2，也是合成氨工艺的重要步骤。

一氧化碳变换为放热反应，低温有利于反应的平衡，故多数工艺采用高温变换串低温变换的流程；前者用以加快反应，后者用以保证达到足够的 CO 变换率。此外，也有的工艺采用一段等温变换的流程。

7.6.1 CO 变换催化剂

CO 变换反应需要使用催化剂。高温变换使用铁系催化剂，其主要组分为 Fe_2O_3，还原成 Fe_3O_4 而具有活性。低温变换则多使用 Cu-Zn-Al 催化剂，也有使用 Cu-Zn-Cr 催化剂。变换催化剂的一个重要发展方向是降低高温变换催化剂中的铬含量，而低温变换催化剂则不用铬。

7.6.2 CO 中温和低温变换流程

在 CO 变换过程中，压力对其反应平衡无影响，但加压可增加反应速率从而可提高空速运行；较低的温度有利于平衡但不利于反应速率。增加水气比对变换反应是有利的，但这将导致能耗上升。

原先 CO 变换流程都在常压下进行，随着技术的发展，现在都采用加压操作。加压变换的优点是：①加压下有较快的反应速率。变换催化剂在加压下的活性比常压下为高，可处理比常压多一倍以上的气量；②加压下设备体积比常压为小，布置紧凑。③可节约总的压缩动力。但无论常压操作还是加压操作，流程的原则是相似的。加压变换的流程如图 7-24 所示。

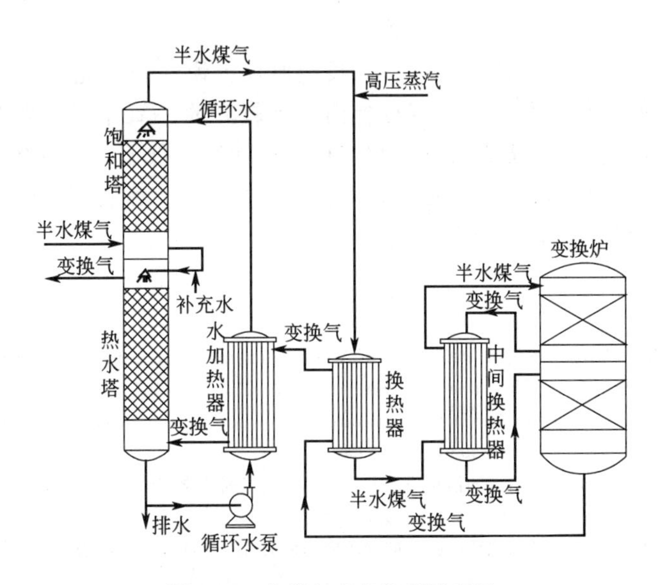

图 7-24　水煤气变换流程示意图

煤气压缩到指定压力后送入饱和塔，饱和塔上部淋洒的是与变换后气体换热来的热水，使煤气加热到 70～75℃，并带有一定量的水蒸气。出饱和塔的半水煤气在混合器中掺入补充的蒸汽，使煤气中氧碳比接近于 4∶1，随即送入热交换塔，

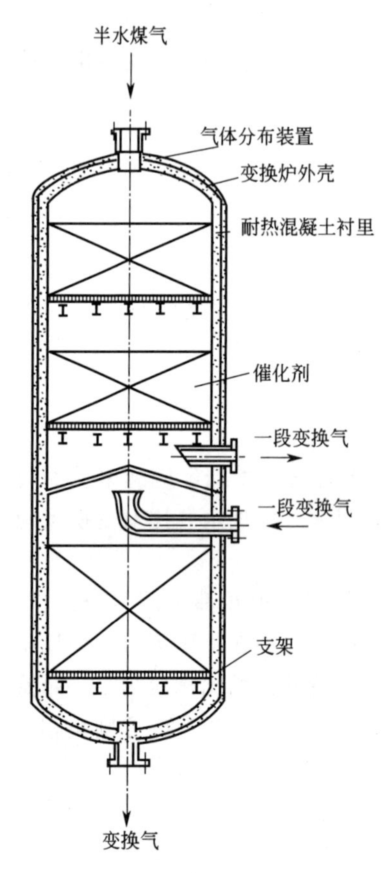

图 7-25 加压 CO 变换炉

与变换气换热到 320～330℃后进入变换炉。变换反应是放热的，变换后气体约为 400℃，经热交换器换热后约为 260℃，再经水加热器冷却到 200℃左右后进入热水塔，出热水塔的变换气约为 155℃，经间接冷却冷凝后送往下一工序。出饱和塔的热水约 140℃，在热水塔中加热到 165℃左右，再经水加热器加热到 170℃左右，送往饱和塔循环使用。

变换炉是多段式的气固相催化反应器。原料气中一氧化碳含量在 13%左右时，用一段变换。一氧化碳含量在 30%～35%时，用二段变换。段间的冷却方式可以是喷洒冷凝水使水加热并蒸发的冷激方式，也可以是引出变换气用热交换器的换热方式。饱和塔和热水塔主要为回收热量，利用回收的热量使水直接气化，提供变换需要的部分蒸汽。饱和塔和热水塔常相叠在一起，利用位差使水从饱和塔流入热水塔，以减少能耗。

图 7-25 为加压变换炉，炉外壳是钢板，内衬耐热混凝土，一段变换气引出冷却后再返回二段变换。

从反应原理上说，一氧化碳气体可以通过低温变换而得到较高的一氧化碳变换率，但由于低温变换对毒物相对热敏，需彻底除去煤气中的硫化物。低温变换也常与中温变换串联，作为中混变换的后继工序，使经过中温变换的残余 CO 在更低温度下变换得更完全。低温变换常在 200～250℃进行。

参考文献

[1] Graeme J. Millar. Carbon Dioxide Reforming of Methane to Produce Synthesis gas over Metal-Supported Catalyst：State of the Art [J]. Energy Fuels，1996，10 (7)：896-904.

[2] Abolghasem Shamsi，Christopher D. Johnson. Effect of pressure on the carbon deposition route in CO_2 reforming of CH_4 [J]，Catalysis today，2003，84 (1)：17-25.

[3] 宋林花，阎子峰，沈师孔．甲烷的活化进展 [J]. 石油化工高等学校学报．1996，9 (3)：1-6.

[4] 张昕，贺德华，张启俭等．甲烷气相均相选择氧化合成甲醇 [J]．石油化工，2003，32 (4)：195-199.

[5] 吴廷华，汪海有．甲烷部分氧化反应机理的键级守衡研究 [J]，浙江师大学报（自然科学版），1996，2 (19)：48-52.

[6] 李文钊．天然气化学转化新途径 [J]．化学进展，1995，7 (3)：201-213.

[7] 陈赓良．甲烷直接转化的新进展 [J]．石油与天然气化工，2002，31 (1)：8-12.

[8] Pepply B A，Amphlett J C，Kearns L M，et al. Methanol-steam reforming on $Cu/ZnO/Al_2O_3$. Part 1：the reaction network [J]. Appl Catal A，1999，17：9-21.

[9] Agrell J，Birgersson H，Boutonnet M. Steam reforming of methanol over $Cu/ZnO/Al_2O_3$ catalyst [J].

Power Sources，2002，106：57-249.

[10] 王军科，胡云行．甲烷直接部分氧化制合成气催化剂进展 [J]．天然气化工，1995 (20)：43-46.

[11] 姜玄珍．甲烷部分氧化法制合成气 [J]．分子催化，1994，8 (4)：272-277.

[12] S. C. Tsang，J. B. Claridge，M. L. H. Green. Recent advances in the conversion of methane to synthesis gas [J]，Catalysis Today，1995，23. 3-15.

[13] Verina J. Wargadalam，Norman R. Hunter，Hyman D. Gesser. The carbon dioxide reforming of methane in a thermal diffusion column (TDC) hot wire reactor [J]，Fuel Processing Technology，1999，59：201-206.

[14] 徐占林，毕颖丽，甄开吉．甲烷催化二氧化碳重整制合成气反应研究进展 [J]．化学进展，2000，12 (2)：121-130.

[15] Chunshan Song，Wei Pan. Tri-reforming of methane：a novel concept for catalytic production of industrially useful synthesis gas with desired H_2/CO ratios [J]．Catalysis Today，2004，98：463-484.

[16] Xuping Song，Zhancheng Guo. A new process for synthesis gas by co-gasifying coal and natural gas [J]. Fuel，2005，84：525-531.

[17] 房倚天，王洋，张建民等．流化床煤与富甲烷燃料气共气化制合成气的方法．ZL 01131674. 8，2005.

[18] Jaimee K. Dahl，Joseph Tamburini，Alan W. Weimer. Solar-Thermal Processing of Methane to Produce Hydrogen and Syngas [J]．Energy & Fuels，2001，15：1227-1232.

[19] 桥本孝雄．焦炉煤气用干式气化法制氢 [J]．燃料与化工，2004，35 (5)：59-60.

[20] Zhang Yong Fa. A new technology of three products from coal based on a L T integrated apparatus [J]，Proceeding of workshop on coal gasification for clean and secure energy for china，Beijing，2003，235-246.

[21] 谢克昌．以煤气化为核心的多联产系统的技术基础和科学问题．上海：2004 年中国国际煤化工及煤转化高科技术研讨会，2004.

第8章 煤转化过程中的催化

化学反应在工业上的实现要求反应具有一定的反应速率，即在单位时间内有尽可能多的产品数量。从反应动力学可知，欲提高反应速率可有多种手段，如加热、加压、催化等。应用催化方法，既能提高反应速率，又能对反应方向进行控制。因此，应用催化剂是提高反应速率和控制反应方向的有效方法。催化在充分利用资源、减少污染、提高工业化装置生产效率等方面有着广泛的应用，是近代化学工业的支柱，是化学工业进步的基础。

催化过程无处不在，既存在于生物体内发生的复杂生化过程（酶的催化），也存在于非生命的物质转化过程中（化学催化）。在化学催化中，以催化剂与反应物所处状态不同，可分为均相催化和非均相催化两大类。均相催化反应在同一均匀相（气相或液相）内进行；如果催化剂和反应物被相界面分开，催化反应在不同物相的界面上进行，则为非均相催化。

均相催化剂是可溶性过渡金属配合物和盐类，包括路易斯酸、碱在内的酸、碱催化剂。其特点是以分子或离子状态独立起作用，比较单一，易于研究和改进，但使用范围有限。非均相催化反应所采用的催化剂多为固体催化剂，固体催化剂包括金属，过渡金属配合物，金属盐类的负载催化剂，半导体型金属氧化物、硫化物、固体酸、固体碱以及绝缘性氧化物等多类。固体催化剂的特点是能耐受较苛刻的反应条件，回收利用较容易。两类催化剂性能对比见表8-1。

表8-1　均相和非均相催化剂的对比[1]

项　　目	均相催化剂	非均相催化剂
组成	单分子或离子	载体＋主催化剂＋助剂
活性中心	一个金属原子或离子，酸碱中心	催化表面活性位
溶解性	溶	不溶
热稳定性	差	耐高温
反应选择性	高	一般
反应条件	温和	苛刻
改性	容易	难
机理研究	易	难
分离	难	易

非均相固体催化剂在煤化学工业中使用的比例很高，涉及了包括气-固相和液-固相的反应体系。从化学成分上看大部分固体催化剂都是由多种单质或化合物组成的混合体。这些组分，可根据其各自在催化剂中的作用，分别定义如下。

① 主催化剂　起催化作用的根本性物质，也称之为活性组分。主催化剂有时是单一物质，有时是多种物质组成。

② 共催化剂　与主催化剂同时起作用的组分。

③ 助催化剂　具有提高主催化剂的活性、选择性，改善催化剂的耐热性、抗毒性、机械强度和寿命等性能的组分。虽然助催化剂本身并无活性，但只要在催化剂中添加少量的助催化剂，即可明显达到改进催化剂性能的目的。

④ 载体　催化活性组分的分散剂、黏合物或支撑体，是负载活性组分的骨架。

煤化工过程中，各个转化过程选择的催化剂各不相同，这里将对催化过程的各自特点和共性问题进行论述。

8.1 煤转化中的催化

煤的转化如干馏、气化、液化，均包含有许多反应，如分解、缩合、氧化、氢化、氢解、氧解等。煤化工正是通过这些过程，获得所需的固态、液态和气态产物或热能。煤在转化过程中，存在着许多的需要催化剂的转化过程，如在氧化剂存在下，经轻度氧化生成腐植酸，深度氧化生成低分子有机酸，剧烈氧化（即燃烧）条件下完全转化生成二氧化碳、一氧化碳和水；煤在一定氢气压力下加热，会发生氢化反应，使煤增加黏结性和结焦性；在有机溶剂和催化剂存在下加氢，可以得到液化油；和氯、溴等卤素可以起取代反应和加成反应；在碱性介质中水解，获得酚类、碱性含氮化合物；与浓硫酸作用可得磺化煤等。表 8-2 中列出一些主要煤转化催化过程，以及使用的催化剂和反应类型。

表 8-2　工业中的煤转化催化过程

反应		催化剂	活化能/(kJ/mol)	反应类型
气-固反应	煤的水蒸气催化气化	碱金属、碱土金属的氧化物、氢氧化物、碳酸盐	150～220	氧化
	粉煤催化燃烧	氧化铁	100～200	氧化
液-固反应	煤炭液化	氧化铁、钴、钼		裂解、加氢
气体反应	焦炉煤气重整制合成气	过渡金属		氧化
	甲烷化	过渡金属		加氢
	水煤气变换	过渡金属氧化物		氧化
液体反应	煤焦油加氢提质	钴、钼		裂解、加氢
	粗苯加氢	钴、钼		裂解、加氢、烷基化

从化学反应的类型区分，煤转化过程中涉及的催化过程主要是加氢、氧化、气体变换以及碳碳键的断裂等。在实际的煤转化工程中，涉及催化研究和催化剂的选择时，既遵循通常的催化化学原理，同时在实际使用中又有其各自的特殊性。

8.2 煤燃烧中的催化

催化与燃烧一直是紧密相连的，甚至有研究认为催化科学也是源于对燃烧的催化研究。在燃烧过程中，催化在提高能源转化效率，减少污染（比如炭黑和热 NO_x 的产生）方面有着重要的作用，比如在 CST（catalytically stabilized thermal combustor）燃烧器中，用非均相催化剂来促进燃烧，提高燃烧效率，降低带火焰燃烧器的温度，使温度低于热力 NO_x 形成的条件而又同时具有高的接近火焰燃烧器的存积热负荷。

催化燃烧研究在气体燃料、液体燃料的燃烧中开展广泛，对复杂的多元结构的煤也有研究和应用。例如，在冶金行业中采用的高炉喷煤技术，它是现代高炉炼铁技术发展史上的一项重大技术革命，它从高炉风口向炉内直接喷吹磨细了的无烟煤粉或烟煤粉或者两者的混合煤粉，以替代焦炭提供热量和还原剂的作用，从而降低焦比，降低生铁成本。实际操作中，如何提高高炉煤粉喷吹量是许多钢铁企业生产实践和研究工作中的重点。因为，煤比的进一步提高，会使高炉风口前未燃尽煤粉的数量增多，容易导致高炉料层透气性和透液性的降低。因此必须采取强化燃烧的措施，促使煤粉在高炉风口区快速燃烧。降低煤粉的着火点、提高燃烧速率及燃烧效率都有利于煤粉在短时间内完全燃烧。为了提高煤粉自身燃烧性能，在煤粉中掺入适量的催化剂，可降低煤粉入炉的着火温度，提高燃烧速率和燃烧效率。

8.2.1 煤粉燃烧中的催化原理

根据其作用原理，燃烧中使用的催化剂可分为催化着火助燃、催化燃烧转化、催化低 NO_x 燃烧、催化脱硫等作用。

燃烧催化所涉及的催化剂一般为非均相固体催化剂，普遍被接受的催化理论在解释催化反应的观点时彼此之间有些不同，不过每种理论都认为，催化剂表面存在活性中心，反应物分子和活性中心的作用可使反应物分子的价键发生松弛，有利于新键的形成。

8.2.1.1 氧传递理论

氧传递理论认为在加热条件下催化剂首先被还原成金属（或低价金属氧化物），然后依靠金属（或低价金属氧化物）吸附氧气，使金属（或低价金属氧化物）氧化得到金属氧化物（或高价金属氧化物），紧接着碳再次还原金属氧化物（或高价金属氧化物），就这样金属（或低价金属氧化物）一直处于氧化-还原循环中，在金属（或低价金属氧化物）和氧化物（或高价金属氧化物）两种状态来回变动。从宏观上，氧原子不断从金属（或低价金属氧化物）向碳原子传递，加快氧气扩散速率，使煤燃烧反应易于进行。

试验表明，碱金属、碱土金属的盐及氧化物的催化作用可以用氧传递理论来阐明。以碳酸钾为例，K^+ 能与煤表面含氧基团形成表面络合盐 CO_2K^+，它可以与芳性碳和脂肪碳相连，由于钾的供电子效应，可通过氧传递到碳环或碳链上，迫使它不稳定而破裂，生成 CO、CO_2 逸出，在水分子的作用下，再重新形成表面络合盐，表面络合盐担负着活性中心的作用，催化反应方程式为：

$$K_2CO_3 + C + O_2 \longrightarrow K_2O + 2CO_2 \quad (8\text{-}1)$$

催化剂在反应过程中产生中间化合物，如金属氧化物，充当了氧的载体，促进了氧从气相向碳表面的扩散。

$$K_2O + \frac{n}{2}O_2 \longrightarrow K_2O_{1+n} \quad (8\text{-}2)$$

$$K_2O_{1+n} + nC \longrightarrow K_2O + nCO \quad (8\text{-}3)$$

碱金属氧化物还可以通过下面两个反应方程进行反应：

$$K_2CO_3 \longrightarrow K_2O + CO_2 \quad (8\text{-}4)$$

$$K_2CO_3 + \frac{1}{2}O_2 \longrightarrow K_2O_2 + CO_2 \quad (8\text{-}5)$$

催化氧化反应过程为：

$$K_2CO_3 + \frac{1}{2}O_2 \longrightarrow K_2O_2 + CO_2 \quad (8\text{-}6)$$

$$2K_2O_2 + C \longrightarrow 2K_2O + CO_2 \quad (8\text{-}7)$$

$$K_2O + \frac{1}{2}O_2 \longrightarrow K_2O_2 \quad (8\text{-}8)$$

$$K_2O + CO_2 \longrightarrow K_2CO_3 \quad (8\text{-}9)$$

用 X 射线衍射仪分析 K_2CO_3 催化燃烧产物，结果显示化合物中含有 $KHCO_3$、$K_2CO_3 \cdot nH_2O$、KOH、K_2O、K_2O_2 等衍生物，可见上述催化反应机理推断有一定的事实依据。

8.2.1.2 电子转移理论

电子转移理论从电子催化理论入手，认为金属离子嵌入碳晶格的内部使碳的微观结构发生变化，并作为电子给予体，通过电子转移加速部分反应步骤。电子转移学说认为，催化剂中的金属离子在加热过程中能够被活化，从而其自身的电子发生转移，成为电子给予体。结果，金属离子将形成空穴，而碳表面的电子构型也将发生变化，这种电荷的迁移将加速某些反应，从而提高了整个反应的速率，使碳燃烧得更完全。试验表明碱金属、碱土金属的盐及氧化物的催化作用也可以用电子转移理论来阐明。

8.2.2 燃烧用催化剂的活性组分

催化燃烧中使用的固体催化剂一般也由催化活性物质、助催化剂和载体组成。为便于成型或改善催化剂的微孔结构，还常加入一些成型剂和造孔物质。催化剂的活性主要取决于催化活性物质的性质，因此对催化燃烧来说，主要的催化活性物质及其排列顺序大致如下：

$$Pd > Pt > CO_2O_4 > PdO > Cr_2O_3 > Mn_2O_3 > CuO >$$
$$CoO_2 > Fe_2O_3 > V_2O_5 > NiO > Mo_2O_3 > TiO_2$$

铂、铱、铑、钯等贵金属所具有的催化作用不仅与物质本身的性质有关，而且与载体性质关系很大。当以铝为载体时，铱的活性最好；以沸石为载体时，钯的活性最好。金属铂的催化作用还与助催化剂有关，向以铂为催化活性物质的催化剂中加入少量的钴，可以大大提高催化剂的活性。

8.3 煤气化中的催化

煤气化过程中添加催化剂可加速气化反应的速率，还可提高煤气化产品的选择性。煤催化气化有许多突出的优点，气化过程中添加的催化剂可以降低反应的活化能，使气化反应在较低温度以较高的气化反应速率进行。

8.3.1 煤气化中的催化原理

煤、焦等碳质材料与 H_2O、CO_2、H_2 等气化剂的气化反应均可选用不同类型的无机盐或金属作为催化剂，同时煤中矿物质也对煤的气化有催化作用。

早期的研究中，人们发现碳酸钾和碳酸钠是有效的催化剂，并且其影响的确是催化作用。一般认为催化剂加速了碳氧表面复合物的分解，同时将干净的碳表面暴露出来，这种干净的碳表面对 CO_2 是有活性的。加速反应是由碱-碳酸钠以下面的方式交替还原和再形成引起的：碳酸钠首先与碳生成 CO 和钠，摩尔比为 3：2，这样钠被送入气相并任意地与 CO_2 反应，生成 CO 和氧化钠。氧化钠可以进一步与 CO_2 反应生成碳酸钠，它沉积在碳表面上，因而能再反应[2]。

$$Na_2CO_3 + 2C \longrightarrow 2Na + 3CO \tag{8-10}$$

在气化的催化机理方面，不同的研究者提出了各种各样的气化中间物来描述碱金属或其化合物的催化气化本质。其中包括 Na[3,4]，Na_2O[5~8]，Na_2O_2[9]，Na_2CO_3[10]等催化机理。其中基于氧交换过程的催化机理可用下述反应式来描述。

$$2Na + CO_2 \longrightarrow Na_2O + CO \tag{8-11}$$

$$Na_2O + C \longrightarrow 2Na + CO \tag{8-12}$$

同理，对于 K 的催化机理可以用下式描述：

$$2K + CO_2 \longrightarrow K_2O + CO \tag{8-13}$$

$$K_2O + C \longrightarrow 2K + CO \tag{8-14}$$

量子化学计算的研究结果更倾向于碱金属的催化作用是由于在碳表面的结晶缺陷位上形成 C-O-M 簇群而改变了半焦表面的电子云密度分布所致[11]。

如图 8-1 所示，当半焦表面的边缘与碱金属结合后，与之相邻的碳原子由于共轭影响而带有了正电荷［图 8-1(A)］，CO_2 和 H_2O 分子优先化学吸附在带有了正电荷的边缘碳原子上，形成如图 8-1(B) 的碳氧化合物，因此 C-O-M 簇团的存在促进了该碳原子与氧结合形成碳氧复合物，在气化中起到了催化作用。

使用 TPD 的方法考察了浸渍 $Fe(NO_3)_3$ 后焦样的表面脱附性质[13]。在 TPD 图（图 8-2）中可以看到 CO 和 CO_2 的脱附峰，CO_2 的脱附峰发生的温度较低，且其脱附量与加入的无机盐有关，因此，CO_2 的脱附似乎与气化的反应性无关。在 750～800℃范围内存在一个尖锐的 CO 脱附峰，对于非催化的样品而言，CO 的脱附量大约为 40～60μmol/g(焦)，而添加了 $Fe(NO_3)_3$ 后，脱附量达 0.2～0.6mmol/g(焦)，这一结果说明，高温时 CO 的脱附过程与半焦中的金属颗粒的量的关系是十分密切的，它暗示着金属氧化物在半焦中被还原的过程。

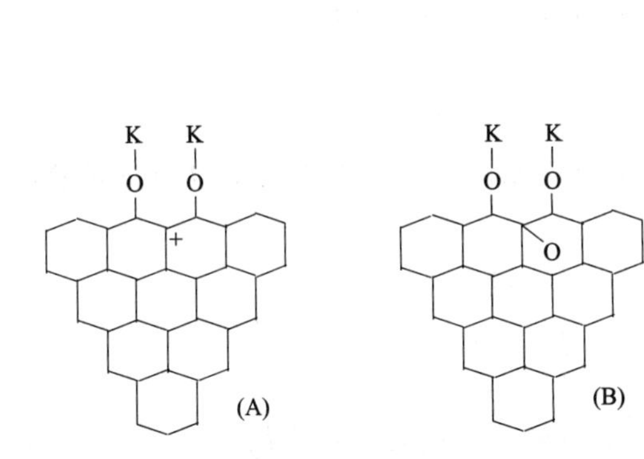

图 8-1　C-O-M 簇群对半焦表面性质的改变[12]

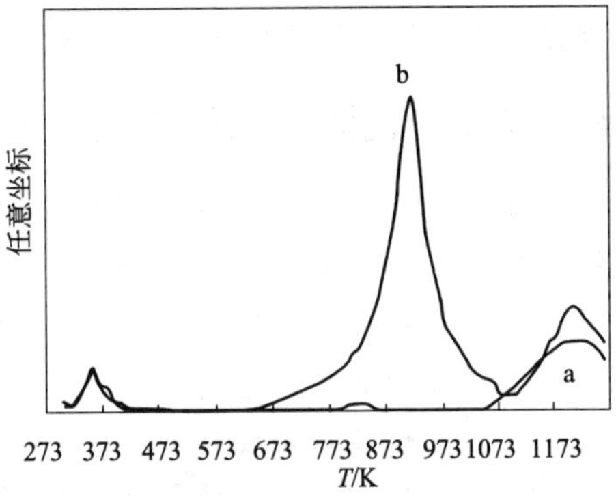

图 8-2　添加 $Fe(NO_3)_3$ 的煤焦 TPD 结果
a 为表面洁净处理后；b 为 CO_2，873K 处理后

用 ^{13}C 的同位素示踪实验考察，看出使用 $^{13}CO_2$ 在高温下部分气化焦样后再次进行 TPD，过程中有明显的 ^{12}CO 脱附峰，而不存在 ^{13}CO 的脱附峰。^{13}C 的同位素研究充分证明了在含铁的催化反应中存在下列的氧交换过程。

$$Fe_nO_m + CO_2 \longrightarrow Fe_nO_{m+1} + CO \tag{8-15}$$

$$Fe_nO_{m+1} + C \longrightarrow Fe_nO_m + CO \tag{8-16}$$

对钙化合物在气化中的催化作用，不同的学者也有不同的描述。添加 $CaCO_3$ 为催化剂时，钙会与表面的羧基发生离子交换，形成—$(COO)_2Ca$，并且这种结构对提高反应速率极为有利[14,15]。

$$Ca^+ + 2[—(COOH)] \longrightarrow —(COO)_2Ca + 2H^+ \tag{8-17}$$

也有研究认为氧化钙的催化过程实际上与硝酸铁的催化过程相似，可用下式表示。

$$Ca_nO_m + CO_2 \longrightarrow Ca_nO_{m+1} + CO \tag{8-18}$$

$$Ca_nO_{m+1}+C \longrightarrow Ca_nO_m+CO \tag{8-19}$$

在已有的煤催化气化基础研究工作中，表面C-O复合物的分解理论同时被用于煤的气化和催化气化研究[16]。

$$C_f+CO_2 \longrightarrow C_f(O)+CO \tag{8-20}$$

$$C_f(O) \longrightarrow CO+C_f \tag{8-21}$$

式中，C_f 代表母体碳表面边缘的碳原子，$C_f(O)$ 为气化中形成的表面C-O复合物。使用各种技术对表面C-O复合物进行了测量和表征说明，表面复合物的形成与气化过程中氧的传递过程有关，正确理解气化过程的机理，关键在于对气化过程中表面C-O复合物的形成进行深入的考察。

虽然不同的研究者对碳表面C-O复合物描述的差异很大。但在选择气化催化时的选择原则十分明确，正是因为碱金属和碱土金属化合物可以与氧形成缔合物，因此催化气化过程的活性组分通常为碱金属和碱土金属化合物。

8.3.2 气化催化剂的有效组分

可以对煤气化起催化作用的化合物几乎包括元素周期表中绝大多数金属元素，常用的催化活性较高的催化剂有以下几类：

① 碱金属盐：主要有 Na_2CO_3，K_2CO_3，KOH 等；

② 碱土金属盐：主要有 $CaCO_3$，CaO，Ca^{2+} 等；

③ 过渡金属：主要有 Fe，Ni 等；

④ 复合催化剂：如碱土金属-钼酸钴，各种碱金属盐复合催化剂。

其中碱金属的碳酸盐最有实用化前景，因此关于煤催化气化的大量工作集中在这类催化剂的研究开发上。此外，工业废渣、废液及一些矿物资源也可用作催化剂，这些催化剂价格低廉，不需回收。

8.4 煤直接液化中的催化

8.4.1 煤直接液化催化原理

在高温高压和氢气气氛下，煤直接液化发生了加氢和裂解反应解聚成小分子产物的过程。这一过程复杂，影响因素多，还难以从简单的反应类型上加以定义和区分。在催化剂作用下的液化反应机理与无催化剂条件下的液化机理有所不同。迄今为止，国内外许多研究者对煤的催化液化，特别是催化剂的研制和开发进行的研究工作，也集中在催化剂的开发，详细机理的动力学模型过程尚难以建立。

对煤直接液化中大分子结构发生加氢和裂解反应解聚成小分子液体和气体产物的过程进行分析可知，煤直接液化中形成了分子量较大的沥青烯、前沥青烯及液化残渣。煤催化液化反应机理应可表述为以下几个反应过程。

① 煤受热后其大分子结构间的共价键首先发生热断裂，形成自由基碎片。

② 煤热解产生的自由基碎片与催化剂所吸附的活性氢或供氢溶剂提供的氢原子相结合而形成稳定的小分子产物。

③ 煤热解产生的芳烃碎片进行加氢和加氢热解生成轻质油馏分。

后两步反应过程对提高煤液化油的产率起到至关重要的作用。为保证煤热解产生的自由基碎片能有效地得到活性氢，要求催化剂与煤要有良好的接触效果，以增加煤热解产生的自由基碎片和活性氢分子相互结合的机会。同时，为保证煤大分子结构中化学键有效地断裂，所用催化剂的活性和选择性对煤的液化反应过程具有重要的作用。

8.4.2 煤直接液化催化剂

煤直接液化反应中，催化剂的作用是产生活性氢原子，并通过溶剂为媒介实现了氢的间接转移，使液化反应得以顺利地进行。过渡金属及其氧化物、硫化物、卤化物均可作为煤直接加氢液化的催化剂。但一般认为 Fe、Ni、Co、Mo、Ti 和 W 等过渡金属对氢化反应具有活性，这是由于催化剂通过对氢分子的化学吸附形成化学吸附键，致使被吸附分子的电子或几何结构发生变化，FeS_2 等也可与氢分子形成化学吸附键。受化学吸附键的作用，氢分子分解成具有自由基特性的活性氢原子，从而提高了化学反应活性。卤化物催化剂因对设备有腐蚀性，在工业上很少应用。

煤直接液化中使用的催化剂一般选用铁系催化剂或镍、钼、钴类催化剂。其活性和选择性影响煤液化的反应速率、转化率、油收率、气体产率和氢耗。Co-Mo/Al_2O_3、Ni-Mo/Al_2O_3 和 $(NH_4)_2MoO_4$ 等催化剂活性高、用量少，但是这种催化剂因价格高，必须再生反复使用。氧化铁（Fe_2O_3）和 FeS_2、硫酸亚铁（$FeSO_4$）等铁系催化剂活性稍差、用量较多，但来源广且便宜，可不用再生，称之为“廉价可弃催化剂”。铁系催化剂的活性物质是磁黄铁矿氧化铁，黄铁矿或硫酸亚铁等只是催化剂的前驱体，在反应条件下它们与系统中的氢气和硫化氢反应生成具有催化活性的黄铁矿，才具有吸附氢和传递氢的作用。

8.5 焦油的液相加氢提质

焦油深加工的加氢反应系统包括加氢精制和加氢裂化两部分。加氢精制目的是油品轻质化及脱出硫、氮等杂质，加氢裂化目的是将未转化的高沸点油进一步裂化，以实现加氢油品完全转化的要求。

焦油加氢过程在高压氢气、催化剂或添加物的存在下进行，加氢过程的反应包括加氢脱硫、加氢脱氮、烯烃和芳烃加氢饱和以及各种烃类的加氢裂化等。其中，加氢脱硫、加氢脱氮和加氢饱和反应主要在催化剂的金属活性组分上进行，加氢裂化反应则要求催化剂同时具有酸性功能。由于焦油化学组成的复杂性，它在加氢过程中进行的反应就极其复杂，既有一次反应，又有二次反应，导致其反应产物的分析及分离均十分困难。因此，目前对焦油及其各组分的加氢反应研究得很不充分，通常只是从简单模型化合物入手研究各类加氢反应的一般规律，并依此来探讨加氢反应。

8.5.1 催化原理及反应性

8.5.1.1 加氢脱硫（HDS）

焦油中的含硫结构大部分属具有芳香性的噻吩结构和硫醚结构。其中的噻吩环一般均与一个或多个芳香环并合，而硫醚结构则多数为芳香硫醚。

从热力学的角度来看，加氢脱硫是强的放热反应，反应平衡常数随温度的升高而降低。在较高温度下，噻吩的脱硫反应受到化学平衡的限制，只有提高反应压力，才能达到深度转化。所以焦油脱硫反应需要在较苛刻的反应条件下进行，才能取得较高的脱硫率。

动力学研究表明，单体含硫化合物的加氢脱硫反应大体都属于表观一级反应。如果原料为较窄的馏分，其加氢脱硫表观反应级数也接近于 1；而对于较宽馏分，由于其中含硫化合物的组成和结构比较复杂，有的易于反应，有的则不易反应，这样其表观反应级数便在 1～2 级之间。

研究还表明，含硫化合物的加氢反应速率与其分子结构有密切联系，其反应速率常数一般按如下顺序依次增大：噻吩＜四氢噻吩～硫醚＜二硫化物＜硫醇。

硫醚在加氢时先转化为硫醇，然后进一步脱硫。二硫化物在加氢条件下首先发生 S—S 键断裂反应生成硫醇，进而再脱硫。噻吩及其衍生物由于其中硫杂环的芳香性，所以特别不易氢解，这就导致噻吩硫要比非噻吩硫难以脱除得多（图 8-3）。

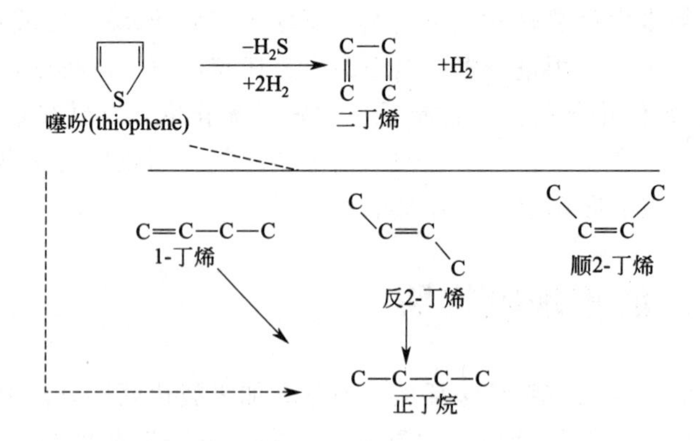

图 8-3 噻吩加氢脱除硫元素过程

随着含硫化合物分子中环烷环和芳香环数目的增加，其加氢反应速率下降，这种现象可能是由于空间位阻所致。在不同位置上甲基取代的二苯并噻吩的反应性能有很大差别，当甲基靠近噻吩环的硫原子时，其加氢脱硫反应速率常数要减小一个数量级，这充分反映了取代基的空间位阻对含硫化合物加氢脱硫反应性能的影响。

8.5.1.2 加氢脱氮（HDN）

焦油中的含氮结构绝大部分属具有芳香性的吡咯和吡啶类氮杂环，胺类和腈类结构很少。此外，重质油中的胶质和沥青质结构中往往同时含有多个杂原子（硫、氮、氧等），氮杂环则大多还与芳环并合，如吲哚、咔唑、苯并喹啉和苯并萘并喹啉等。由于吡咯和吡啶环具有较强的芳香性，其结构十分稳定，所以重质油的加氢脱氮比加氢脱硫要难得多。

吡咯环和吡啶环都要首先加氢饱和，然后发生 N—N 键的氢解反应。氮杂环的加氢反应均为放热反应，所以其平衡常数随反应温度的升高而减小。从动力学上看，各类含氮化合物中胺类是最容易加氢脱氮的，而吡咯和吡啶环上的氮是较难脱除的。在较低的温度下氮杂环的脱氮率很低，只有在较高的温度下脱氮才比较完全。

图 8-4 给出用于硫化的 NiMo/Al_2O_3 催化脱除吡啶环中氮元素的过程。

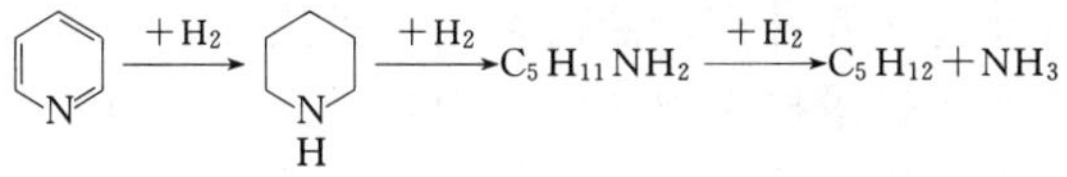

$$\xrightarrow{+H_2} \xrightarrow{+H_2} C_5H_{11}NH_2 \xrightarrow{+H_2} C_5H_{12} + NH_3$$

图 8-4 吡啶加氢脱除氮元素过程

8.5.1.3 加氢脱氧（HDO）

有机含氧化合物主要有酚类（苯酚和萘酚）及氧杂环化合物（呋喃类）两大类。此外，还含有少量醇类、羧酸类和酮类化合物。从热力学上看，有机含氧化合物的加氢脱氧基本上是不可逆的放热反应。醇类、羧酸类和酮类化合物比较容易加氢脱氧，醇类和酮类化合物加氢脱氧生成相应的烃和水，羧酸类化合物在加氢条件下进行脱羧基或羧基转化为甲基的反应。酚和呋喃类化合物的加氢脱氧比较困难（分别见图 8-5、图 8-6）。

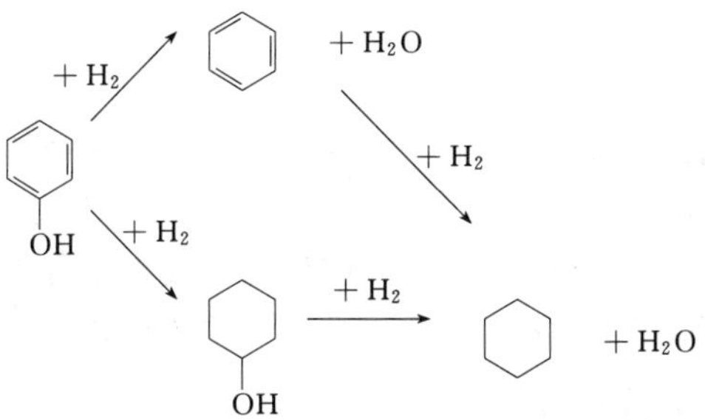

图 8-5 酚类加氢脱除氧元素过程示意图

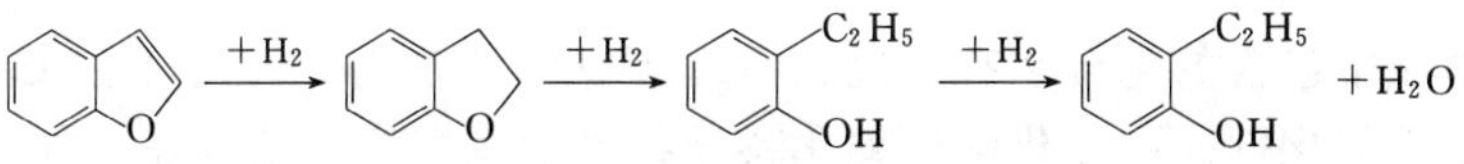

图 8-6 氧杂环化合物类加氢脱除氧元素过程示意图

8.5.1.4 烃的加氢反应

加氢条件下，芳香烃除发生侧链断裂外，还会发生芳香环的加氢饱和反应。芳香烃的加氢是可逆放热反应，研究表明其平衡转化率随温度升高而降低。因此，必须在较高的氢压下才能使其具有较高的平衡转化率。

动力学研究发现，稠环芳烃加氢饱和反应是连串反应，其中第一个芳香环的加氢比较容易，其反应速率常数比苯加氢饱和要大一个数量级；而最后剩下的一个芳香环的加氢饱和较难，其反应速率常数与苯接近。其被加氢饱和的环易于开裂成为芳环的侧链，然后侧链再断裂，直至成为较小分子的单环芳烃。

苯、乙苯、二联苯、环己基苯、二苯甲烷和苄基环己烷的加氢反应动力学研究表明：单个烃基取代基对苯环加氢的影响较小，其加氢反应中空间和电子效应都不大。

不饱和烃在加氢条件下主要发生加氢饱和反应。

8.5.1.5 加氢裂解

催化加氢裂解主要是用于加工高沸点馏分及残渣油等。此反应的机理包括催化裂化和催化加氢，两反应相互补充。催化裂化是吸热反应，生成烯烃类，烯烃随即加氢。加氢反应所放出的热量提供裂解所需的热量。催化加氢裂解所得出的产物主要是饱和化合物，具有高浓度的异构链烷烃和氢化芳香烃。

加氢裂解所采用的催化剂多为铂、钯、钨等金属氧化物。金属氧化物具有加氢活性，硅铝载体具有裂解活性。加氢裂解的典型化学变化如图 8-7 所示。

$$n\text{-}C_7H_{16} \xrightarrow{\triangle} n\text{-}C_3H_8 + CH_2=CH-CH_2-CH_3$$

$$CH_2=CH-CH_2-CH_3 + H_2 \longrightarrow n\text{-}C_4H_{10}$$

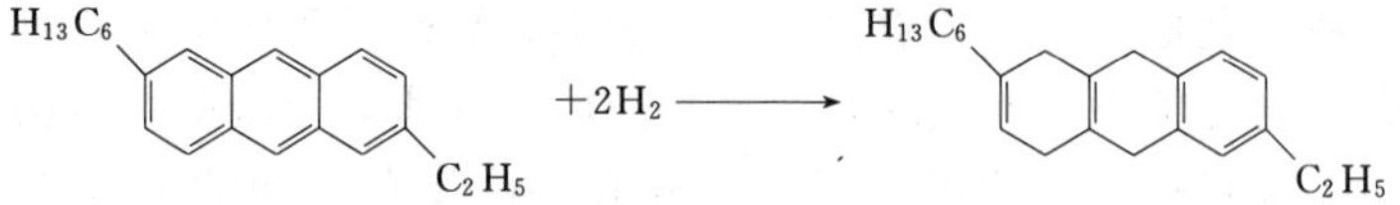

$H_{13}C_6$ ... C_2H_5 $+2H_2 \longrightarrow$ $H_{13}C_6$ ... C_2H_5

图 8-7 加氢裂解化学变化示意图

8.5.2 催化剂

焦油深加工加氢催化剂一般都是负载型催化剂，是由载体浸渍上活性金属组分制成的。通常用的载体是 $\gamma\text{-}Al_2O_3$，活性组分是二元活性组分 Co-Mo、Ni-Mo 或 Ni-W 等，最常用的是 Co-Mo 或 Ni-Mo。催化剂上金属组分是氧化物，使用前需要经过预硫化，将金属氧化物转化成具有加氢活性的硫化物。

8.6 一碳化学中的催化

一碳领域中包含的化合物有甲烷、CO、CO_2、甲醇等，工业上的 C_1 化学过程基本上都使用催化剂。一碳化学中催化科学技术的发展可为油、煤、气资源的优化利用和环境污染的减少开辟新途径。

8.6.1 一氧化碳加氢：烃类、甲醇、低碳醇等的合成

煤炭转化利用的一个重要途径是先转化为合成气（CO 和 H_2），再合成转化为目标产物，这一过程也常被称为煤的间接液化。合成过程中的反应统称为 F-T 合成，合成的产物可以有烷烃、烯烃、甲烷、醇、醛、酮、酸、酯等含氧化合物。

由热力学可以看出，F-T 合成烃类的反应在热力学上有利，产物形成的概率按饱和烃＞烯烃＞含氧有机化合物的顺序降低。受动力学条件的限制，可通过控制反应条件和选择合适的催化剂，有选择性地合成得到的反应产物。在催化剂和反应工艺参数中，其中尤其是催化剂的影响特别重要，合适的催化剂，可以减少烃类的生成，有选择性地合成化学工业上价值较高的化合物。

8.6.1.1 催化机理：一氧化碳和氢气的吸附和活化

一碳化学中的小分子，如 CO、H_2、CH_4 等的定向催化转化中，其活化与其在金属（特别是过渡金属）和金属化合物（特别是金属氧化物）表面的吸附有关。小分子的吸附与催化反应机理密切相关。

对 F-T 合成具有活性的金属中，铁、钴、镍和钌是最活泼的，在反应条件下这些元素可能以金属态、氧化态和碳化物形态存在，这时合成气中的一氧化碳和氢气的化学吸附和物理吸附都有可能存在，因此金属对合成气中的一氧化碳和氢气高度亲合是十分必要的。反应物在金属催化剂表面的吸附态、吸附形式、吸附键的强弱等都对催化至关重要。通常气体在金属上化学吸附的强弱与化学活泼顺序一致。即：

$$O_2 > C_2H_2 > C_2H_4 > CO > CH_4 > H_2 > CO_2 > N_2$$

参照文献，这些分子在金属表面的吸附和吸附热列于表 8-3 中。

表 8-3 气体在金属表面的化学吸附和吸附热

金属	N_2	CO_2	CH_4	H_2	C_2H_4	C_2H_2	CO	O_2
	吸附热/(kJ/mol)							
碱金属(ⅠA)								
K、Li、Na、Rb、Cs	不吸附			不吸附		吸附		吸附
碱土金属(ⅡA)								
Ca、Ba、Mg、Sr	吸附	吸附	吸附	吸附	吸附	吸附	吸附	吸附
过渡金属(ⅣB～ⅥB)								
Ti	吸附	吸附	吸附	吸附	吸附	吸附	640.2	吸附
Ta	585.8	吸附	吸附	188.3	576.8	吸附	吸附	吸附
Cr	不吸附	吸附	吸附	188.3	吸附	吸附	吸附	吸附
Mo	吸附	吸附	吸附	167.4	吸附	吸附	251.0	719.6
W	399.5	吸附	吸附	188.3	426.4	吸附	334.7	811.7
过渡金属(ⅦB)								
Mn	不吸附	吸附		71.1	吸附	吸附	318.0	吸附

续表

金　　属	N_2	CO_2	CH_4	H_2	C_2H_4	C_2H_2	CO	O_2
	吸附热/(kJ/mol)							
过渡金属(Ⅷ)								
Fe	292.9	吸附	吸附	133.9	284.2	吸附	146.4	吸附
Co	不吸附	吸附	吸附	吸附	吸附	吸附	192.5	吸附
Rh	不吸附	不吸附	吸附	117.2	吸附	吸附	184.1	493.7
Ir	不吸附		吸附	92	吸附	吸附		
Ni	不吸附			125.5	244.5		167.4	
Pd	不吸附	不吸附	吸附	66.9	吸附	吸附	167.4	280.3
Pt	不吸附		吸附	吸附	吸附	吸附	184.1	292.9
过渡金属(ⅠB、ⅡB)								
Cu	不吸附	不吸附	吸附	弱吸附	吸附	吸附	吸附	吸附
Ag	不吸附	不吸附	吸附	不吸附	吸附	吸附	吸附	80.0
Au	不吸附	不吸附	吸附	不吸附	吸附	吸附	吸附	吸附
Zn	不吸附	不吸附	不吸附	不吸附	不吸附	不吸附	不吸附	吸附
Cd	不吸附	不吸附	不吸附	不吸附	不吸附	不吸附	不吸附	吸附
主族金属(ⅢA,ⅣA)								
Sn	不吸附		不吸附	不吸附	不吸附	不吸附	不吸附	吸附
Pd	不吸附		不吸附	不吸附	不吸附	不吸附	不吸附	吸附
Al	不吸附					吸附	吸附	吸附
In	不吸附	不吸附		不吸附	不吸附	不吸附	不吸附	吸附
Ga	不吸附	不吸附		不吸附	不吸附	不吸附	不吸附	吸附
Te	不吸附	不吸附		不吸附	不吸附	不吸附	不吸附	吸附

过渡金属中除 Mn 和 Cu 之外，金属元素的外层均有未配对的电子，对大部分气体分子的吸附能力大，吸附活化能小，而碱金属、碱土金属，以及第Ⅲ主族的元素气体的吸附能力弱，不适合做催化剂的活性组分。

8.6.1.2　F-T 合成催化剂

F-T 合成烃类所用催化剂通常包括多种组分，元素周期表中的第Ⅷ族过渡金属元素 Fe、Co、Ni、Ru 等因具有 CO 解离能力而成为 F-T 合成中活泼的催化剂主成分。Ni、Ru 的催化活性高，Fe、Co 活性虽不及 Ni、Ru，但价格相对低廉，具有很高的工业价值。在合成烯烃的过程中，常使用 Ni 和 Co 为主金属成分，因为其加氢的活性高，使用 Mo 和 W 作为金属成分，具有耐硫性。Fe-ZnO-K_2O 是一种优良的低碳烃合成催化剂，在催化剂中加入 Mn 或 Ti 可以提高催化过程中烯烃的选择性。

甲醇合成的催化剂有 ZnO-Cr_2O_3 及 Cu-ZnO 催化剂。ZnO-Cr_2O_3 催化剂耐硫，但活性较低，需在较高温度（350～400℃）条件下进行。为提高反应转化率，反应要求高压操作（25～35MPa）。Cu-ZnO 催化剂要求合成气必须预先净化脱硫，由于催化剂活性高，因此反应在低温（250～300℃）、低压（5～25MPa）下进行，工业用 Cu-ZnO 催化剂还含有其他金属如铬、铝、锰、钡、银等组分，其作用是抑制副反应、提高催化剂选择性。

8.6.2 一碳催化中的金属氧化物催化

过渡金属的氧化物（如 V_2O_5、Cr_2O_3、Fe_2O_3 等）的导电性介于金属和绝缘体之间，能加速电子转移，表面存在着给出电子和接受电子的吸附活性位，使其可以吸附和活化 H_2 等小分子。在工业中，常常用于氧化反应的催化剂，例如，用 V_2O_5-MoO_3-P_2O_5/TiO_2 为催化剂氧化苯制顺酐：

$$C_6H_6 + 9/2O_2 \longrightarrow C_4H_2O_3 + 2H_2O + 2CO_2 \quad (8\text{-}22)$$

用 V_2O_5-K_2SO_4/TiO_2 为催化剂氧化邻二甲苯制苯酐：

$$C_6H_4(CH_3)_2 + 3O_2 \longrightarrow C_8H_4O_3 + 3H_2O \quad (8\text{-}23)$$

用 Bi_2O_3-MoO_3/SiO_2 为催化剂氧化丙烯制丙烯醛：

$$H_2C{=}CH{-}CH_3 + O_2 \longrightarrow H_2C{=}CH{-}CH{=}O + H_2O \quad (8\text{-}24)$$

用 Bi_2O_3-MoO_3-P_2O_5/SiO_2 为催化剂氧化丁烯制丁二烯：

$$H_2C{=}CH{-}CH_2{-}CH_3 + 1/2\ O_2 \longrightarrow H_2C{=}CH{-}CH{=}CH_2 + H_2O \quad (8\text{-}25)$$

煤化工中由气化煤气为原料的化学品合成中，气化煤气中的部分一氧化碳需要变换产生氢气，这样反应过程也使用了铁金属氧化物催化剂。

CO 水蒸气变换反应所用催化剂为 Fe_2O_3-Cr_2O_3-K_2O，活性组分为 Fe_2O_3。

8.6.3 甲烷重整

煤化工转化过程中常常产生富甲烷的气体，以现有的工业技术，化学品的合成需从合成气开始。一般说来，CH_4 直接转化的化学过程距目标产品最近，但技术成熟度低。因而以合成气为基础的 CH_4 间接转化得到广泛应用。到目前为止，合成氨、甲醇等大量使用天然气为原料的化工过程，都是先将 CH_4 转化为合成气然后再进行后续合成。因此富甲烷的气体，如焦炉煤气的重整也成为了新型煤化工的研究内容。

CH_4 的电子结构类似于惰性气体，本身无任何官能团，C—H 键键能高达 435kJ/mol，很难在温和条件下活化。目前已有的 CH_4 研究工作有[17]：金属配合物、超强酸、过渡金属、氧化物等对 CH_4 的活化研究。用金属配合物活化 CH_4 分子中 C—H 键可实现在 360～400K，Pt(Ⅱ) 自催化作用下 CH_4 向甲醇和卤代烷的直接转化，但均相催化体系中金属配合物对 CH_4 的活化效率仍然很低，反应机理的认识仍比较肤浅，有待于进一步深入探讨；超强酸 SbF_5/HSO_3F 也可以促进 CH_4 分子 C—H 键的离子化，进而使其发生同系聚合作用生成 C_2 以上烃和 H_2。CH_4 的活化研究已经相当活跃，并且已经取得了不同程度的进展，但是人们对 CH_4 活化本质的认识还很肤浅。

8.6.3.1　重整过程概述

CH_4 重整有水蒸气气化法[18,19]、部分氧化法[20]、CO_2 重整[21～23]以及三元重整[24]。CH_4 重整在没有催化剂存在条件下，其转化反应速度是很缓慢的。热力学平衡计算显示在 900K 时，CH_4 平衡转化率就可以达到 100%。然而动力学的结果显示在 700℃和 750℃下反应 6h，干转化气中残余甲烷含量分别为 86%和 72%，当温度升至 950℃和 1050℃下反应 2h，甲烷转化率仍仅为平衡转化率的 68%和 86%。图 8-8 所示为 CH_4 在水蒸气和二氧化碳气氛中重整的热力学平衡转化率计算结果。

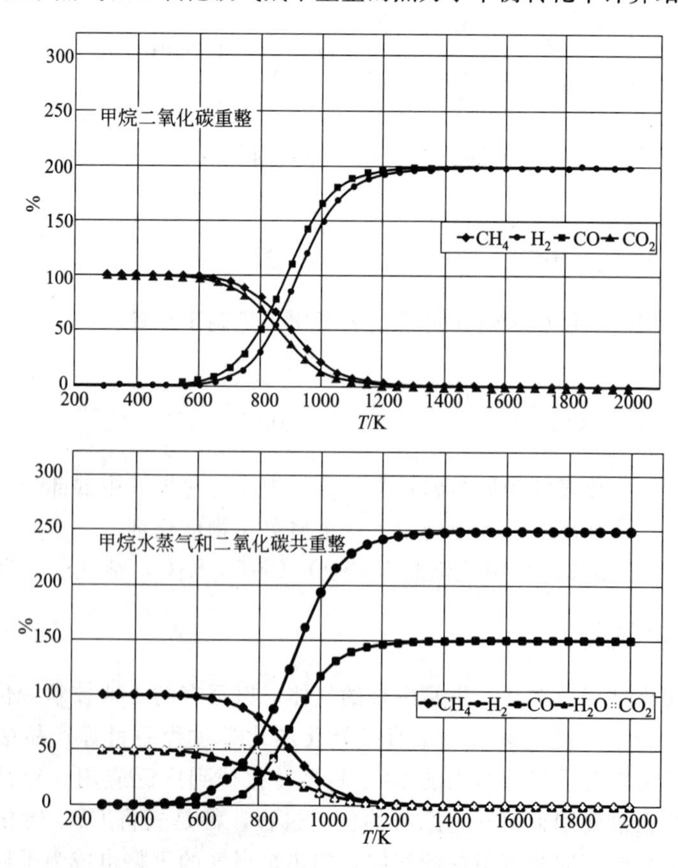

图 8-8　CH_4 在水蒸气和二氧化碳气氛中重整热力学平衡值

8.6.3.2 CH_4 转化制备合成气的催化剂

用作 CH_4 转化制合成气反应的催化剂，目前已经研究了 Ni、Co、Pd、Pt、Rh、Ru、Ir 等多种过渡金属的负载或非负载型催化剂[22~24]。对于同样的材料，虽然不同研究者所测得的数据稍有不同，但总体上看，所研究过的几种催化剂体系对 CH_4 转化制备合成气的反应都有很好的催化性能、CH_4 的转化率、CO 和 H_2 的选择性和收率都很高。当温度为 700℃以上时，Ni、Pd、Pt、Ru、Ir 催化剂都能在高空速下使反应达到热力学平衡，CH_4 的转化率达到 90%以上，CO 和 H_2 的选择性达到 95%以上。目前，在 CH_4 转化制合成气过程中使用催化剂，主要存在的问题是催化剂的积炭影响催化剂的寿命。

8.6.3.3 甲烷重整的新催化概念

近年来国内提出了一种焦炉煤气与气化煤气共制合成气的新煤化工工艺思路[25,26]，在这一构想中，焦炉煤气中的甲烷和气化煤气中的二氧化碳被提出在以焦炭为催化剂的体系中进行重整，自 2003 年，太原理工大学在这一构想下进行了探索性研究。

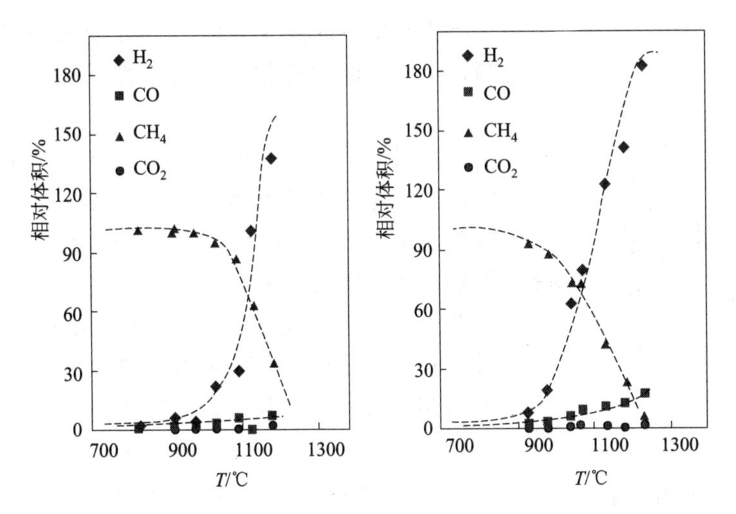

图 8-9 CH_4 热分解实验各组分气体分布图

（以甲烷进气体积为 100%；左图：无催化剂；右图：以半焦为催化剂，空速：$2400h^{-1}$）

半焦对甲烷分解和甲烷重整的作用是显著的，在无半焦情况下，CH_4 的热分解实验中，气体产物主要是 H_2 和 CH_4，基本上不存在 CO 和 CO_2，温度达到 1200℃以上后，CH_4 分解转化率接近 100%，而此时 H_2 的相对体积也接近于 200%，这与 CH_4 分解的化学计量数正好一致（图 8-9 左）。半焦存在条件下，CH_4 的分解速率加快，1000℃时 H_2 的相对体积达 200%，CH_4 即已经完全分解（图 8-9 右）。伴随着甲烷分解少量 CO 生成，部分说明半焦的表面的一些含氧官能团和碳氧复合物热分解，同时可能构成了催化的活性中心。没有催化剂的条件下 CH_4/CO_2 重整反应需要高于 1100℃的温度条件，而半焦的参与显著改善了甲烷的

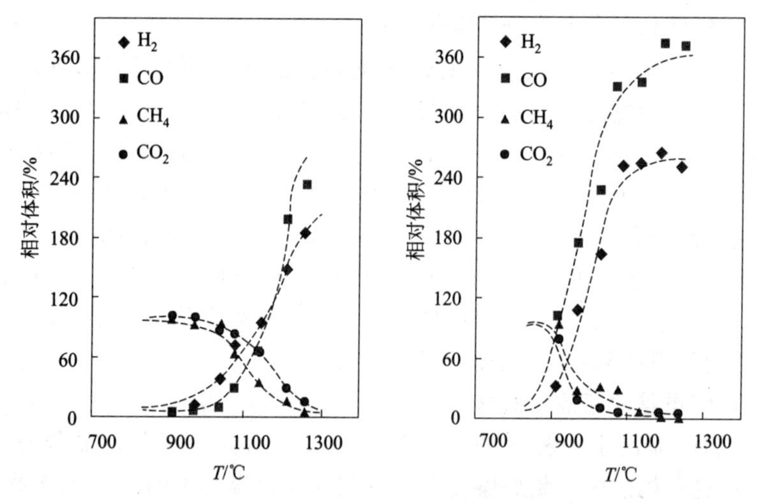

图 8-10 CH_4/CO_2 重整实验各组分气体分布图

（以甲烷进气体积为 100%；左图：无催化剂；右图：以半焦为催化剂，空速：$2400h^{-1}$）

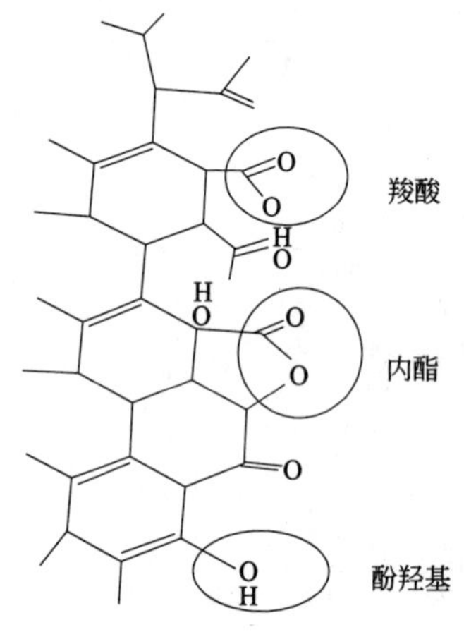

图 8-11 半焦表面含氧官能团的几何结构

二氧化碳重整进程（图 8-10）。依据现有实验结果推测，半焦表面起催化作用的活性中心为含氧官能团（图 8-11）。

采用量子化学密度泛函理论方法 Dmol3 程序优化计算了煤焦表面典型含氧官能团（内酯、酸酐、羧基和酚羟基）结构模型的 Mulliken 电荷、Fukui 函数、变形密度等微观参数，得出煤焦表面含氧物种中，氧原子的电荷分布随其所处化学环境的不同，电荷变化较大，其中内酯和酸酐中羰基氧原子上的 Mulliken 电荷和 Fukui 指数相对比其他化学环境中氧原子的要大，说明内酯和酸酐羰基结构上的氧活性最大，是发生化学反应的活性位点（图 8-12）。

这一新催化概念的提出，将气化煤气富炭、热解煤气富 H_2 的特点相结合，将气化气中的 CO_2 与热解煤气中的 CH_4 进行转化制备合成气，调整 H/C 比，达到提高效率和 CO_2 减排的目的，符合我国国情。

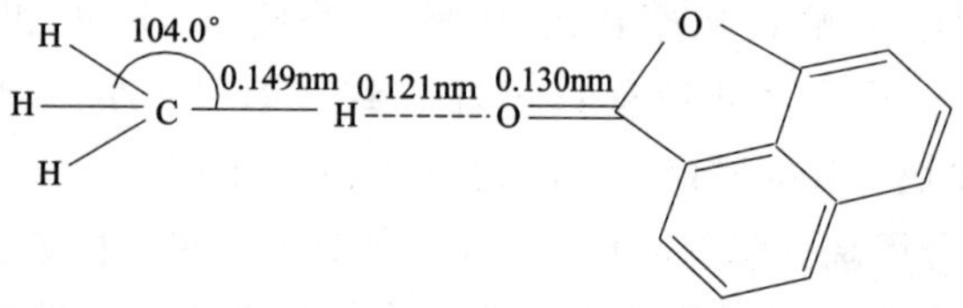

图 8-12 半焦表面内酯结构催化甲烷活化的过渡态几何结构

8.7 煤转化过程中催化的共性问题

8.7.1 催化活性组分

本质上催化的过程和化学反应的原理一致，而所有形式的化学键及化学反应也都可能在催化反应中出现。因此煤化工研究和转化过程中选择催化剂也可按照表8-4列出的选择，表8-4根据化学键类型对催化反应和催化剂进行了分类。

煤转化过程中涉及的催化和催化剂以金属和金属化合物的固体多相催化为主，均相催化、金属配合物酸碱催化以及酶催化的类型涉及较少。从反应单元看，也主要为氧化还原类反应较多，而有机化工中常常存在的水合、聚合、烷基化、异构化等反应类型很少。

表 8-4 各类催化反应单元中所用催化剂的主要活性组分

反应单元	反应举例	可选催化活性组分
加氢	$C_6H_6+3H_2 \xrightarrow{Ni} C_6H_{12}$ 煤化工中的直接液化 焦油加氢提质 F-T 合成	过渡金属、金属氧化物、金属硫化物 Ni、Pd、Cu、NiO、MoS_2、WS_2
脱氧	$C_4H_8 \xrightarrow{Cr_2O_3/Al_2O_3} C_4H_6+H_2$ 甲烷偶联	金属和金属氧化物的复合体 Cr_2O_3、ZnO、Fe_2O_3、Pd、Ni
氧化	$C_3H_6+O_2 \xrightarrow[Bi_2O_3/MoO_3]{Cu_2O} CH_2=CHCHO$ 煤粉的催化燃烧 粉煤气化	金属和金属氧化物 V_2O_5、MoO_3、CuO、Co_2O_3、Ag、Pd、Pt
羰基化	甲醇羰基化制乙酸 催化剂:镍或铑的配合物	金属配合物,固体酸碱催化剂 $Co_2(CO)_3$、$Ni(CO)_4$、$Fe(CO)_5$、PdCl
卤化	芳香烃卤代 催化体系:$SnCl_4$,$Pb(OAc)_4$,CH_2Cl_2	Lewis 酸 $AlCl_3$、$FeCl_3$、$CuCl_2$、Hg_2Cl_2、$SnCl_4$
裂解	高级烃 $\xrightarrow[SiO_2/Al_2O_3]{分子筛}$ 低级烃 $C_6H_5R \xrightarrow{[H^+]} C_6H_6 + R$	SiO_2-Al_2O_3、SiO_2-MgO、活性白土
烷基化和异构化	$C_3H_6+H_2O \xrightarrow[(H_2SO_4)]{H_3PO_4} (H_3C)_2CHOH$	Lewis 酸 $AlCl_3$、BF_3、SiO_2-Al_2O_3

由此可知对煤化工转化过程中所需催化剂而言，需要着重研究和关注的是过渡金属以及金属氧化物、硫化物类催化剂。

8.7.2 非均相催化过程中的传质和扩散

如前所述，煤的催化转化过程多为非均相催化过程，如煤直接液化、气化，以及焦油加氢。在非均相催化反应中，反应物要达到固体催化剂表面，再深入到微孔内部，进行表面反应；或产物自催化剂微孔内表面到达外表面及气相空间，均需经历相间扩散（外扩散）及催化剂颗粒内部的孔扩散（内扩散）。如图 8-13 所示。

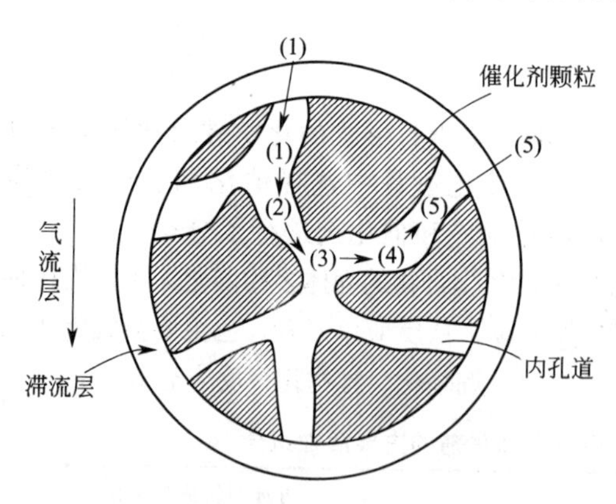

图 8-13 非均相催化过程中多步骤过程

一般情况下，外扩散过程的速率小于表面反应的速率，扩散过程将成为整个反应的控制步骤。因此，在煤催化转化的研究和生产中，传质及传热过程使研究中的动力学解析和生产转化变得更为困难。对于化学反应工程而言，需要把整个催化反应过程分解为相间传递（外扩散）过程，颗粒内传递（内扩散）过程及传热过程（亦有相间与粒内之分），分别从非均相催化反应体系的物理和化学性质求得各过程的参数，再逐一纳入反应器模型中，就有可能解出反应器内的浓度与温度分布。以煤液化为例，从煤化工催化角度来看，通过解析，可以看清催化剂的薄弱环节是内扩散。

8.7.3 煤化工对催化剂的要求

煤转化中广泛使用着金属和金属氧化物固体催化剂，一般说来由于煤转化过程是复杂的多相转化（如液化），其中涉及的反应种类和数量非常多，还常常伴随着含硫、含焦油等成分的生成，对于催化剂使用要求也很苛刻，具体的要求如下。

（1）良好的催化活性和良好的选择性

活性是指在给定的温度、压力和反应物流速（或空间速度）下反应物的转化率，或是催化剂对反应物的转化能力。高活性表示在给定时间内得到大量产品。这是人们所追求的，尤其是大型生产过程。选样性是指某一反应体系存在多种可能的反应时，反应物转化为目的产物的转化率，即催化剂有选择地加速该目的反应，抑制其他不需要的反应。高选择性可以提高反应物的利用率，获得更多高纯度产品，并可简化后处理工艺。事实上，一个催化剂很难同时兼有高活性和高选择性，常常是活性高，选择性差或选择性好，活性低。因此需要全面综合考虑对活性和选择性的要求。具体到煤转化过程中，不同场合对活性和选择性的要求也不相同。

例如对于液化过程，液化催化剂的催化活性很重要，液化的最主要目的是实现燃料从固体向液态的转变，生产的液态产品往往需要进一步加工，因此在液化转化过程中对液化转化率的关注程度比对液化产品的组成高。

而对于焦油深加工和一碳合成过程，其催化加工过程和液化过程非常相似，均是加氢过程，均使用过渡金属或金属化合物催化剂，然而对目标产物的关注比对活性和转化率高。

在一碳合成过程中，目标产物可以是烷烃（如煤气甲烷化），可以是烯烃（如甲烷偶联、MTO），可以是醇类和低碳醇（如煤制甲醇），也可以是油品（如煤间接液化），所有的合成过程均是从合成气开始的，但产物不同，实际的运用过程中人们通过改变催化剂的活性组分和助剂成分来实现选择性的提高。

（2）较长的使用寿命

催化剂应具有足够的使用期限，即较长的寿命。为此催化剂在使用过程中应能在相当长的时间内保持规定的物理状态与化学组成。同时不因受热或一定范围的温度变化而破坏其物理-化学状态，即具有良好的热稳定性。

根据催化剂的定义，催化剂在化学反应的前后其化学性质不变，但实际上催化剂使用中常常造成使用寿命的缩短。例如在一碳转化生产过程中存在催化剂中毒、积炭、流失的问题。

对于催化剂中毒和积炭多是因为煤化工中含硫组分和焦油成分较高造成，生产中在做好原料脱硫脱焦油精制的前提下，也对催化剂的耐硫和抗积炭性能有特殊要求。

（3）价格低廉，回收方法简单或不需回收

煤化工转化过程中的一些使用催化剂的场合难以向其他工业工程中一样做到催化剂的循环使用，比如煤的气化和煤的液化过程，因此开发廉价的一次性使用的催化剂就显得十分必要，气化过程中高活性催化组分是碱金属盐，然而碱金属盐热挥发和流失严重，难以高效回收利用，液化过程中的高活性催化组分价格昂贵，不易回收，在这些场合中使用较低活性但容易获得的催化剂十分必要。比如，用赤泥做气化催化剂，用铁化合物做液化催化剂。

参考文献

[1] 吴越．催化化学．北京：科学出版社，2000.

[2] Elliott M A. 煤利用化学．徐晓等译．北京：化学工业出版社，1991.

[3] McKee D W. Fuel，1983，62：170.

[4] McKee D W，Chatterji S. Carbon，1982，20：59.

[5] Suzuki T，Inoue K，Watanabe Y. Fuel，1989，68：626.

[6] Suzuki T，Ohme H，Watanabe Y. Energy & Fuel，1992，6：343.

[7] Suzuki T，Inoue K，Watanabe Y. Energy & Fuel，1988，2：673.

[8] Kapteijn Freek，Moulijn Jacob A. Fuel，1983，62：221.

[9] Saber J M，Falconer J L，Brown L F. Fuel，1986，65：1356.

[10] Li Sunfen，Cheng Yuanlin. Fuel，1995，74：456.

[11] Chen S G，Yang R T. Journal Catalysis，1993，141：102.

[12] Chen S G，Yang R T. Energy & Fuel，1997，11：421.

[13] Ohme Hiroyuki，Suzuki Toshimitsu，Energy & Fuel，1996，10：980.

[14] Ohtsuka Yasuo，Asami Kenji，Energy & Fuel，1996，10：431.

[15] Ohtsuka Yasuo，Tomita Akira，Fuel，1986，65：1653.

[16] Figueiredo J L，Moulijn J A. Carbon and Coal Gasification，Martious Nijhoff Publishers，1986.

[17] 宋林花，阎子峰，沈师孔．甲烷的活化进展 [J]．石油化工高等学校学报，1996，9 (3)：1-6.

[18] Pepply B A，Amphlett J C，Kearns L M，et al. Methanol-steam reforming on $Cu/ZnO/Al_2O_3$. Part 1：the reaction network [J]．Appl Catal A 1999，17：9-21.

[19] Agrell J，Birgersson H，Boutonnet M. Steam reforming of methanol over $Cu/ZnO/Al_2O_3$ catalyst [J]. Power Sources 2002，106：57-249.

[20] 姜玄珍．甲烷部分氧化法制合成气 [J]．分子催化，1994，8 (4)：272-277.

[21] Verina J. Wargadalam，Norman R. Hunter，Hyman D. Gesser，The carbon dioxide. reforming of methane in a thermal diffusion column（TDC）hot wire reactor [J]，Fuel Processing Technology 59，1999，201-206.

[22] Tsang S C，Claridge J B，Green M L H. Recent advances in the conversion of methane to synthesis gas [J]，Catalysis Today，1995，23：3-15.

[23] 徐占林，毕颖丽，甄开吉．甲烷催化二氧化碳重整制合成气反应研究进展 [J]，化学进展，2000，12 (2)：121-130.

[24] Chunshan Song，Wei Pan. Tri-reforming of methane：a novel concept for catalytic production of industrially useful synthesis gas with desired H_2/CO ratios [J]．Catalysis Today，2004，98：463-484.

[25] 谢克昌．以煤气化为核心的多联产系统的技术基础和科学问题 [J]．2004 年中国国际煤化工及煤转化高科技术研讨会，上海，102-106.

[26] Zhang Yong Fa. A new technology of three products from coal based on a L T integrated apparatus [J]，Proceeding of workshop on coal gasification for clean and secure energy for china，Beijing，2003，235-246.

第9章 煤转化过程中的环境和资源问题

煤炭从生产到利用的全过程，特别是煤炭燃烧后会产生程度相当严重的污染物，比如二氧化硫、氮氧化物、二氧化碳和其他微粒。还有重金属，包括砷、汞、铅甚至铀等，必须引起高度重视。

9.1 煤化工过程的污染

煤在开采和储运过程中对环境的污染：

① 矿井酸性涌水约 $14\times10^8m^3$；

② 采煤排放的温室效应气体甲烷约占人类活动排放甲烷量的10%；

③ 平原区地下每采万吨煤平均地面陷落面积达 $2000m^2$；

④ 我国堆积的煤矸石已超过15亿吨，占地 $86.71km^2$；

⑤ 矸石堆易自燃，会排放出大量污染气体、液体；

⑥ 运输过程中的煤尘污染；

⑦ 储存煤不仅占去大面积土地，而且储存时间长的煤在氧化、风化作用下，将发生自燃，污染环境。

煤在燃烧过程中对环境的污染：

① 我国大气中70%的烟尘、90%的 SO_2、80%的 NO_x、70%的 CO_2 均来自燃煤；

② 由 SO_2 和 NO_x 造成的酸雨区面积（pH年均值低于5.6）已达120万平方公里。

9.1.1 主要污染物及其在生产过程中的来源

我国煤炭的绝大部分用于直接或间接燃烧。历年的统计数据表明（图9-1），煤炭的燃烧比例一直维持在85%以上，其余部分主要用于炼焦。

图9-1中，终端消费指商业、餐饮、日常生活等活动过程中燃烧使用的煤。可以看出，从生产规模上讲，真正用于煤化工的煤主要用于焦化行业，其他有电石、合成氨和甲醇产业。煤在燃烧和其他转化过程中产生的主要污染物和所占比例如表9-1所示。

表9-1 煤在转化过程中产生的主要废气污染物占总污染物生成的比例/%①

项　目	SO_2	CO_2	NO_x
石油加工、炼焦及核燃料加工业	8.7	7.0	7.7
化学原料及化学制品制造业	5.0	4.0	4.4

续表

项　　目	SO_2	CO_2	NO_x
燃烧应用(估算)	73.6	59.5	65.2
工业行业总量	87.3	70.5	77.3
全年总量	92.4	74.6	81.8

① 表中数据根据国家统计年鉴中2008年“分行业能源消费”数据，和IPCC公布的二氧化碳、氮氧化物排放因子，以各种燃料的平均硫含量数据计算得出，燃烧的环节是除“石油加工、炼焦及核燃料加工业”和“化学原料及化学制品制造业”之外的“工业行业”的数据。

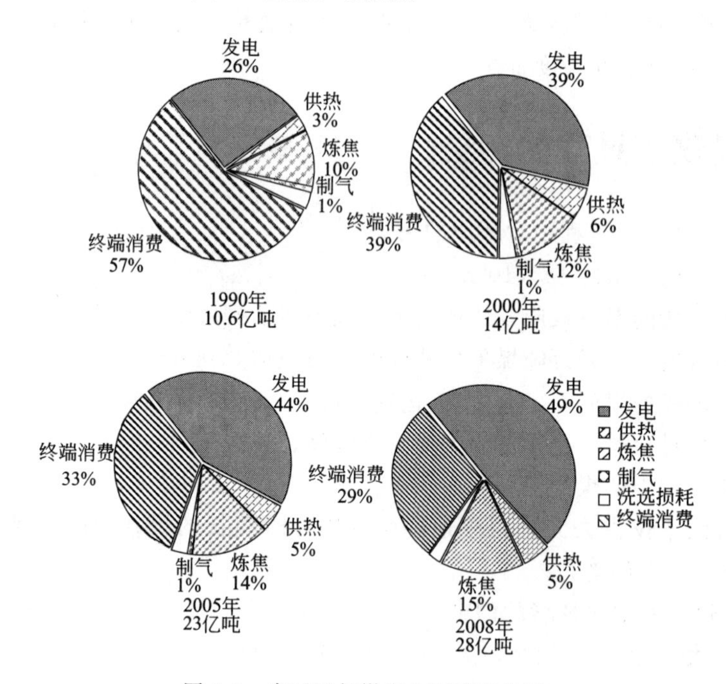

图 9-1　中国历年煤炭主要消费比例

9.1.2　粉尘和烟尘污染及其控制

9.1.2.1　燃烧烟尘的种类

燃料的种类不同，它们燃烧生成烟尘的机理也有所不同。气体燃料的燃烧烟尘主要是由轻质碳氢化合物生成的。当碳氢化合物在空气供应不足的情况下受热可以发生热分解而生成碳烟，这通常称之为气相析出型烟尘。

液体燃料的主要可燃组分是分子量较大的碳氢化合物。当在燃料雾化不良、燃烧室温度较低的情况下燃烧时，容易生成含油性较大的烟尘，其中不仅有热分解生成的重碳组分，还包括不少尚未燃烧的燃料，通常称之为剩余型烟尘，俗称油灰。汽车尾气基本上是这类燃烧产物，现已成为环境污染的一个主要方面。

固体燃料的烟尘主要包括两部分。一部分为燃料的挥发分燃烧不完全造成的气相析出型烟尘，另一部分为燃料燃烧生成的飞灰型烟尘，通常后者为烟尘的主要部分，称为粉尘。

粉尘通常会飘浮在空气中，难于沉降。颗粒直径在 0.1μm 以下的粉尘则基本上不沉降，这种粉尘称为飘尘；直径在 10μm 以上的粉尘可以逐渐下降，通常称为落尘。

粉尘容易造成严重的环境污染。

9.1.2.2 影响烟尘浓度的主要因素

对于锅炉而言，影响排尘浓度的主要因素有煤种、燃烧方式、锅炉负荷、运行操作方式等。煤的灰分、水分和颗粒大小是烟尘生成的基础因素。可见灰分含量大而水分含量低的煤生成的烟尘相对大得多。

燃烧方式不仅影响烟尘的浓度（表 9-2），而且影响烟尘中的颗粒度。图 9-2 给出了几种锅炉排放烟尘的颗粒度分析结果。在测试时，各锅炉基本上为满负荷运行。可见抛煤机锅炉的烟尘颗粒最大，煤粉炉的烟尘颗粒最小。

表 9-2 不同燃烧方式锅炉的排尘浓度[1]

燃烧方式	平均排尘浓度/(mg/m³)	最高排尘浓度/(mg/m³)	备注
往复炉	1450	2753	
往复炉	503	670	自然引风
链条炉	2620	6299	
振动炉	9790		
抛煤机	9440	11594	
煤粉炉	16760	17393	
沸腾炉	59240	75162	

锅炉的负荷增大，排尘浓度也相应增高。图 9-3 给出四台锅炉在不同负荷情况下的排尘浓度比较。此外，烟尘的颗粒度也随着负荷增大而增大。运行操作方式也对烟尘的生成有着重要影响。

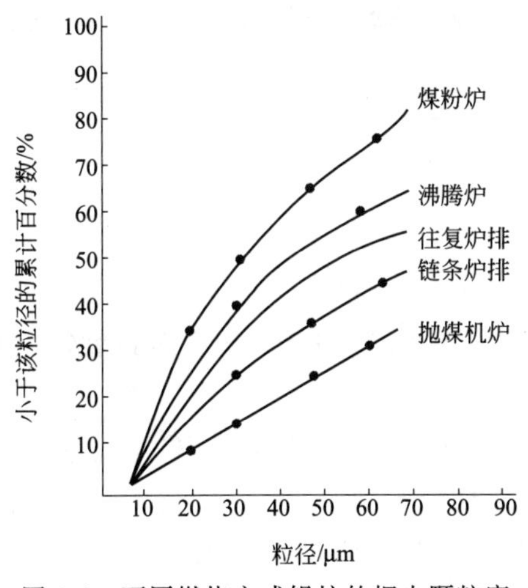

图 9-2 不同燃烧方式锅炉的烟尘颗粒度

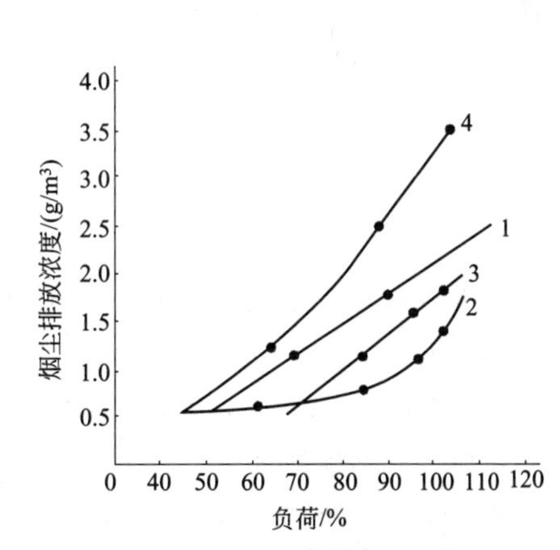

图 9-3 不同负荷的排尘浓度

（图中 1 为链条炉，2、3、4 为往复炉排式锅炉）

9.1.2.3 烟尘控制的基本方法

由上可知，燃烧烟尘的部分组分为不完全燃烧产物，另一部分为燃料中含有的灰分杂质。消除烟尘应当把改善燃烧过程和烟气除尘结合起来进行。

（1）改善燃烧过程

对于气体燃料，应选择合适的过量空气系数，强化空气与燃料的混合；对于液体燃料，还应特别重视改进雾化；对于固体燃料，应尽量减小颗粒直径，延长其在炉内的停留时间。

（2）烟气除尘

一般通过在燃烧室后部安装的除尘器进行。

根据作用原理，燃烧装置的除尘器大体分为机械除尘、静电除尘、湿式除尘、过滤除尘和超声波除尘等五大类，超声波除尘器在开发中。

机械除尘器主要有重力沉降式、惯性式、旋风式等型式。

目前用于锅炉除尘的湿式除尘器有喷淋塔、冲击式除尘器、文丘里除尘器、泡沫除尘器、水膜除尘器等。

静电除尘器是利用高电压产生的库仑力清除烟尘的设备。静电除尘器的效率很高，可达99.9%，袋式除尘器是利用过滤原理除尘的。除尘器的粉尘收集袋可以为双层平板形，也可以为圆筒形根据烟气流向还可分为内滤式和外滤式，除尘效率可达98%～99%。

9.1.3 硫氧化物

煤中的硫含量变化较大，其中以黄铁矿形式存在的无机硫是主要组分。煤中的有机硫的结构更为复杂。

9.1.3.1 SO_x的形成

燃料中的硫燃烧后，一部分生成不溶于水的硫酸盐进入灰渣，一部分生成硫氧化物进入气相，其反应过程可表示如下。

无机硫，以黄铁矿为代表：

$$2FeS_2 \xrightarrow{\text{热分解}} 2FeS + S_2 \tag{9-1}$$

$$S_2 + 2O_2 \longrightarrow 2SO_2 \tag{9-2}$$

$$4FeS + 7O_2 \longrightarrow 2Fe_2O_3 + 4SO_2 \tag{9-3}$$

有机硫首先经过化学键的断裂生成 H_2S 、CS_2以及 COS，之后遇到氧气逐步氧化成SO_2。

SO_2可进一步氧化或经光合作用生成SO_3。SO_2和SO_3合称为SO_x，它们遇水后可分别生成亚硫酸和硫酸。

SO_2的毒性很大，无色，有刺激性臭味，对人与动物都有危害，大气中含$(0.3\sim1.0)\times10^{-6}$时人们就有感觉。$SO_3$的吸湿性很强，与空气中的水气结合生成的硫酸烟雾，具有强腐蚀性，对动植物、建筑与设备（尤其是金属部位）的危害相当严重，是酸雨的主要有害组成。

9.1.3.2 SO_x的控制方法

减少SO_x的排放，一是要减少其生成，一是清除烟气中的SO_x之后再行排放。

主要有以下措施。

(1) 采用低硫燃料

包括天然和人工制得的低硫气体燃料。

(2) 燃烧前脱硫

对于气体燃料中的 H_2S，主要采用吸附法进行处理，可用干法也可用湿法。液体燃料除硫主要是在其炼制过程中增加一道除硫工序，加氢脱硫是一种常用方法。

煤在燃烧前的脱硫是通过选煤进行的。选煤是利用煤炭与其他物质的理化性质不同的特点，通过多种方法除去煤中灰分和硫分等杂质的过程。重力分离法是脱去灰分和黄铁矿硫的主要方法，通常采用水（或其他悬浮液）作为介质。化学法虽然也是一种有效的方法，但其成本高且可能影响煤质，此外，高强度磁力脱硫和微波脱硫等方法近年来也得到了一定的应用。

(3) 燃烧中固硫

主要用于固体燃料的除硫。在煤中掺入一定量的固硫剂，使其在炉膛内与煤中的硫化物（或刚生成的 SO_x）发生反应，生成固体硫酸盐而进入灰渣。煤与固硫剂混合得越充分，固硫效果就越好。目前常用的固硫剂为石灰石（$CaCO_3$）和白云石（$MgCO_3 \cdot CaCO_3$）。

在燃烧过程中固硫主要有型煤燃烧法和硫化床燃烧法。

型煤燃烧法是将破碎成约 5mm 以下的煤颗粒与固硫剂掺混，然后利用成型机械将其制成球状或蜂窝状，以代替煤块进行燃烧；或作为炼焦工艺的中间产品，将其进行炭化炼制而制得型焦。

沸腾燃烧时也容易向煤中加入固硫剂。而且由于煤颗粒和固硫剂能够反复充分接触，因而能取得良好的脱硫效果。但大量的固硫剂，会大大降低燃料的热值，进而影响燃烧装置的效率。

(4) 低氧燃烧

在炉内的高温条件下，若同时具有较高的氧浓度，则燃烧生成的 SO_2 很容易转化 SO_3。采用低氧浓度（过量空气系数一般为 1.03～1.05）进行燃烧，可使烟气中的剩余氧减少，抑制 SO_3 的生成，但不能减少 SO_2 的生成。若与可回收 SO_2 的方法配合使用，效果较好。

(5) 烟气脱硫

烟气脱硫是一种燃烧后处理法，是在将烟气排入大气之前，用氢氧化物、氨、石灰石粉、活性炭、半焦钒催化剂等物质吸收或吸附烟气中的 SO_x，使之转化为石膏、硫酸铵、硫酸或硫。

按是否需要用水冲洗，烟气脱硫可分为干式和湿式两类方法。干法是用粉状或粒状的吸收剂、吸附剂或催化剂脱除烟气中的 SO_x；湿法则是用液体吸收剂洗涤烟气，以除去 SO_x。干法脱硫后烟气温度降低不多。湿法脱硫的效率高，易操作，但存在废水的后处理问题，而且由于烟气的温度降低过多，不利于烟囱排放，容易对工厂所在地区造成污染。几种常用的脱硫方法如下。

碱水冲洗法：使用含氢氧化钠或碳酸钠等的碱性水通过喷淋、鼓泡清洗烟气的方法。

氨气加入法：在锅炉的空气预热器出口附近，向烟道中吹入一定量的氨气，使其与 SO_2 反应生成硫酸氢铵和硫酸铵。

石灰粉加入法：将生石灰或粉状石灰石吹入高温烟气中，石灰石分解生成的 CaO 可与 SO_3 反应生成硫酸钙（石膏），可用除尘器将其回收利用。

活性炭吸附法：使烟气流过活性炭层，吸附其中的 SO_2。

催化净化法：将烟气通过催化剂床层，使其中的有害污染物转化为无害物或处理成易于回收的物质的方法。操作简单，转化率很高，但催化剂比较昂贵，运行成本较高。处理 SO_2 常用的催化剂为 $V_2O_5+K_2SO_4$ 等，多用固定床反应器。

催化法还可用于 NO_2 和 C_mH_n 等物质的净化，但使用的催化剂种类不同，大都含有 Pt、Pd 等金属，助催化剂中常含有 Al_2O_3、SiO_2、Ni 等，因而其成本更高，一般只用于一些特殊场合。

由于燃烧生成的烟气量很大，而其中含硫量相对较少，采取烟气除硫时装置和操作的成本较高，单独使用的效果也不够理想。现在一般是将脱硫的燃烧前处理和后处理配合使用。

目前世界上大机组脱硫以湿法为主，选用湿法脱硫装置的机组容量占总数的85%，但湿法脱硫一次性投资昂贵，设备运行费用较高。许多国家都在致力开发高效干法脱硫技术。作者认为应重点开发高钙粉煤灰增湿活化脱硫和循环流化床烟气脱硫技术，并建立国内规模较大的多功能烟气脱硫试验台。

9.1.3.3 煤气及合成气脱硫技术

(1) 煤气脱硫

煤中的硫在气化过程中会以无机硫化物（H_2S）或有机硫化物（COS）的形式转化到气相中。有机硫化物在较高的温度下又几乎可以全部转化成硫化氢。因此，在通常情况下，粗煤气中绝大部分的硫以硫化氢的形式存在，粗煤气脱硫主要是脱硫化氢。硫化氢不仅对人体有毒害，对设备有腐蚀，而且不利于其进一步利用。

煤气的脱硫按物料形式可分成湿法和干法两种工艺。湿法脱硫的工艺流程一般可以划分成脱硫剂吸收煤气中的硫化氢和脱硫剂析硫再生两大阶段。按吸收与再生方法的性质不同，又可将湿法脱硫工艺技术分成化学吸收法、物理吸收法以及物理、化学综合吸收法等几种类型。

化学吸收法中有氧化法、中和法。氧化法是借助于脱硫剂中的载氧体的催化作用，吸收煤气中的硫化氢将其形成单质硫并脱除，最后用空气再生脱硫溶液，形成一个连续循环的脱硫工艺流程。城市煤气工业中改良蒽醌二磺酸钠法（即改良ADA 法）、萘醌法、苦味酸法以及酞菁钴磺酸盐法（即 PDS 法）等均属氧化法脱硫工艺，早期还有砷碱法等。中和法是以稀碱液为脱硫剂，与硫化氢反应形成化合物，从而脱除煤气中的硫化氢。当吸收富液温度升高，压力降低时，前面形成的化合物分解，释放出硫化氢，溶液得到了再生。烷基醇胺法和碱性盐溶液法均属此类。

物理吸收法的脱硫过程是一种纯粹的物理溶解、释放过程。例如，高压气化煤气低温甲醇脱硫法就属于这一种。它是以有机溶剂-甲醇为吸收液，它在高压低温状态下对煤气中的硫化氢有良好的吸收能力，达到煤气脱硫的效果。当吸收液降压升温时，被吸收的硫化氢放出，溶液再生，继续参加脱硫循环。

物理、化学综合吸收法有天然气净化中应用较广的环丁砜脱硫法。该法采用环丁砜和烷基醇胺的混合水溶液作为吸收剂。吸收平衡线表明了低酸性浓度下，具有吸收酸性成分的化学作用特征，而在高酸性浓度条件下，吸收剂有明显的物理吸收作用。吸收后的富液被加热，释放出酸性气体，吸收剂获得再生。

干法脱硫有氧化铁法、氧化锌法、活性炭法等。干法脱硫工艺中的脱硫剂是固体物料，生成的硫价值低。一般情况下，固体物料连续循环再生运转较困难，因此，常采用周期性间歇操作的方法，这制约了它的脱硫处理能力，不适用于处理含硫量较高的煤气。但是，由于干法脱硫工艺流程较为简单，又能达到较高的脱硫深度，因此还是受到不少用户的欢迎，城市煤气工业中用氧化铁法对焦炉干馏煤气、气化煤气进行脱硫，或与湿法脱硫工艺相配合，作为煤气的二级脱硫流程，可以达到很好的脱硫目的。

(2) 合成气净化脱硫

主要是 H_2S 的脱除，方法主要与煤气脱硫类似。通常采用湿法、干法或两者联合的方法。湿法脱硫负荷大，多用于 H_2S 粗脱。干法脱硫负荷低，对有机硫与无机硫均有较高净化度，主要用于低含硫气体处理。表 9-3 列出了合成氨原料气各种脱硫方法的工艺操作指标。

表 9-3　合成氨原料气的脱硫方法

方法	脱硫剂	脱硫条件	再生方法	脱硫精度
砷酸法	As_2O_3 和 Na_2CO_3 溶液	常压 38～42℃ pH:7.5～8 CO_2:<15%	鼓空气	约 100×10^{-6}
改良砷酸法(GV)	As_2O_3 和 As_2O_5 的 Na_2CO_3 溶液	约 7.5MPa 约 150℃ CO_2 高低均可	鼓空气	$<2\times10^{-6}$
蒽醌二磺酸钠法(ADA)	Na_2CO_3,ADA	约 2MPa 15～45℃ H_2S:3～5g/m^3	鼓空气	$(10～20)\times10^{-6}$
氨水催化法	氨水-乙醇胺	常温常压 pH=8.8	鼓空气	$(50～100)\times10^{-6}$ $(2～10)\times10^{-6}$
萘醌法	Na_2CO_3-1,4-萘醌	常温常压 pH=8.8	鼓空气	约 30×10^{-6}
乙醇胺法	15%二乙醇胺溶液	低 CO_2 高 H_2S	105℃	
二异丙醇胺法	15%～30% 二异丙醇胺溶液	约 2.5MPa 约 40℃	加热	$<10\times10^{-6}$
环丁砜	环丁砜+乙醇胺	4MPa 常温	127℃	$<5\times10^{-6}$
分子筛	分子筛	常压～4MPa 20～90℃	蒸汽再生	0.4×10^{-6}
锰矿法	MnO	常压 400℃	无	$<3\times10^{-6}$
氧化锌	氧化锌	常压或加压 250～400℃	无	$0.5～1\times10^{-6}$
活性炭法	活性炭	常压～3MPa 20～50℃	多硫化胺浸取	1×10^{-6}
氢氧化铁	褐铁矿氧化铁屑	常压～2MPa 常温	水、空气	$(1～2)\times10^{-6}$

湿法脱硫技术包括化学吸收法（醇胺法）、物理吸收法（低温甲醇洗、Selexol法）、物理-化学吸收法（环丁砜法）、氧化法（蒽醌二磺酸钠法、络合铁法、萘醌法、氨水液相催化法、栲胶法等）。

干法脱硫技术所使用的脱硫剂按物系可分为铁系、活性炭系、锌系、锰系、分子筛系脱硫剂以及铝系有机硫催化剂。

铁系脱硫剂以氧化铁为主。其主要特点是硫容高，活性好，操作方便，价廉，可再生，但脱硫精度稍差，耐水性低，对有机硫脱除能力也差。太原理工大学针对气源特性和用途开发的系列脱硫剂和有机硫水解催化剂以及与它们的配套使用技术已在全国20多个省市的化工、化肥、陶瓷、冶金等行业中使用。

干法脱硫技术发展趋势是对H_2S的高精度脱除，常温、低温下有机硫的转化及精脱除，包括对COS、CS_2、硫醇、硫醚、噻吩的定向脱除或联合脱除，开发新的精脱硫工艺。

（3）高温煤气热脱硫

高温煤气脱硫通过可再生的单一或复合金属氧化物与硫化氢或其他硫化物的反应完成。氧化铁、氧化锌、氧化铜、氧化钙、铁酸锌、钛酸锌以及属于第二代的氧化铈等是近20年来研究的主要单金属氧化物。

为了提高金属氧化物的脱硫性能，近年的研究重点从单一的金属氧化物转向复合金属氧化物。其中铁酸锌和钛酸锌是最有前途的高温煤气脱硫剂。

高温煤气脱硫剂要在工业上得以应用，需具备：①脱硫精度和硫容高；②脱硫剂的再生性能好；③再生气体组成稳定，易处理，利于硫回收；④脱硫剂机械强度高。高温煤气脱硫技术要商业化，其关键技术是脱硫剂需在上百次循环使用后硫容及反应性没有明显降低。目前制约脱硫技术进一步工业化的症结是脱硫剂结构不稳定，机械强度或抗磨损性差。

（4）热煤气脱硫

热煤气脱硫技术指在净化温度大于300℃条件下完成的脱硫工艺过程。主要是金属氧化物脱硫剂化学反应脱除法。此外，还有电化学膜分离法和选择催化氧化法，后两种方法可一步将H_2S转化为元素S回收，省去了金属氧化物脱硫剂复杂的再生过程，投资和操作成本较低，但目前仅处于实验室开发阶段，在脱硫精度和操作温度方面还存在较大的限制。

金属氧化物脱硫剂化学脱除法是在高温条件下，金属氧化物和硫化氢发生化学反应，生成金属硫化物，从而脱除气相中硫化氢的过程。生成的金属硫化物在氧化性气氛中再生，实现脱硫剂的循环应用。脱硫-再生机理以氧化铁为例表示如下。

氧化铁脱硫包含脱硫和再生两个过程。硫化氢与脱硫剂作用，生成硫化铁和硫化亚铁等。在碱性时，脱硫反应式为：

$$Fe_2O_3 \cdot H_2O + 3H_2S \longrightarrow Fe_2S_3 \cdot H_2O + 3H_2O \quad (9\text{-}4)$$

$$Fe(OH)_2 + H_2S \longrightarrow FeS + 2H_2O \quad (9\text{-}5)$$

吸收硫化氢后的脱硫剂，在有水分存在时，可以用空气中的氧进行再生。铁的硫化物又转化为氢氧化铁，并析出元素硫，元素硫逐渐沉积在脱硫剂中。

高温净化没有降低煤气温度至常温去净化煤气，提供了可利用热煤气高温显热的条件，在采用煤气联合发电时，高温脱硫工艺需除去湿法脱硫时要除去的水蒸气及二氧化碳，增加了驱动煤气透平的煤气量。但目前的高温净化技术还大多处于开发研究阶段。小规模研究试验的煤气压力 0.1～4.8MPa，煤气温度 300～600℃，净化效率已达到 80%～99%。

（5）硫的资源化回收

目前，煤化工主要以煤气化制合成气，并进一步加工生产合成氨、甲醇等。由于煤中含有硫，因此一般都需要硫回收装置。随着环保理念深入人心以及国家对环保法规的严格落实，传统的硫回收工艺（即改良克劳斯工艺）无法满足环保要求，因此选择合适的硫回收工艺显得十分必要。

煤化工硫回收装置特点与石油化工硫回收装置相比，具有以下特点：①所对应的硫回收装置较小，一般年产硫磺在 50kt 以下；②煤化工装置中硫回收酸气一般是来自于合成气净化（如低温甲醇洗或 NHD 净化），因此 H_2S 浓度较低，一般只有 20%～30%；③酸性气体的组成复杂，除含有烃类、氨、有机硫外，还含有 COS、HCN 等杂质，这些杂质对硫回收装置的设计影响很大；④H_2S 气体浓度波动大。

传统克劳斯工艺由于硫回收率低无法满足目前环保要求，常规克劳斯装置的硫回收率通常只能达到 94%～97%，影响克劳斯回收率的主要原因有：①由于克劳斯反应受到热力学的限制，硫的转化反应不可能完全，过程气中仍存有少量的 H_2S，SO_2，限制硫的转化率；②克劳斯反应要产生一定量的水气，随着水气含量的增加，相应降低 SO_2 的浓度，影响了克劳斯反应的平衡，阻碍了硫的生成，限制了硫的转化率；③由于酸气中 CO_2 和烃类的存在，则过程气中会形成 COS 和 CS_2，必须使之发生水解反应，为此，第一反应器的温度必须控制在 300～340℃，高温虽然有利于水解反应，但是不利于克劳斯反应的进行，限制了硫的转化率；④常规克劳斯工艺硫的转化率对空气和酸性气的配比非常敏感，若不能保持 $H_2S:SO_2=2:1$ 的最佳比例，将导致硫的转化率降低。

在克劳斯工艺基础上，增加一个选择性催化氧化反应段，将从末级克劳斯转化器出来的尾气中的 H_2S 气体在催化剂的作用下选择性地氧化成单质硫。它具有克劳斯工艺简单可靠、投资低等特点，还可以将硫回收率提高到 99.2%～99.5%。这类工艺可以用图 9-4 简单表示。

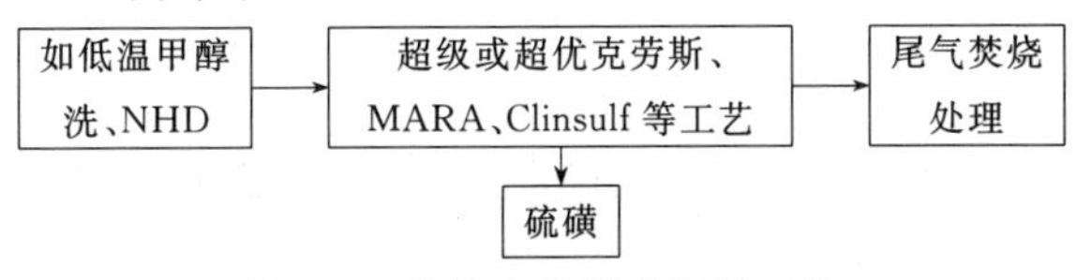

图 9-4　传统克劳斯的延伸工艺

此外，煤化工硫回收也可采用生物脱硫法，利用溶液（碱液）吸收的方式脱出硫化氢，然后通过生物法将三液再生，可将硫回收率达到 99.99%以上。表 9-4 为硫回收工艺简单的比较。

表 9-4 硫回收工艺比较

名称	克劳斯外延工艺	尾气处理工艺	生物脱硫工艺
基础原理	尾气中的 H_2S 在催化剂作用下直接氧化为元素硫	在催化剂作用下，尾气中的 SO_2 还原为 H_2S，而 COS 和 HS_2 水解为 H_2S。或 H_2S 氧化为 SO_2。然后，酸液被溶液吸收	利用溶液(碱液)吸收的方式脱出硫化氢，然后通过生物法将碱液再生
总硫回收率/%	98.5～99.5	≥99.8	99.99
尾气净化度/10^{-6}	>1500	<300	<200
操作费用	低	高	高

9.1.4 氮氧化物

9.1.4.1 NO_x的生成

从燃烧装置中排出的氮氧化合物主要是 NO，在大气中它进一步氧化成 NO_2，这两者统称 NO_x。NO 是无色气体，难以液化，比空气稍重。NO_2为棕色气体，比空气重，具有强氧化性，可与水或盐的水溶液作用生成亚硝酸、硝酸及其盐类。NO_2是非常有害的气体，它可使人体的血色素硝化，吸入 NO_2可引起呼吸系统的疾病，它的毒性约为 SO_x的 10 倍。在太阳紫外线的照射下，排入大气中的 NO_x与碳氢化合物可发生反应生成具有强氧化能力的有害物质，并形成光化学烟雾。由 NO_x和 SO_x生成的硝酸和硫酸同为酸雨的主要组分。光化学烟雾和酸雨都是十分有害的环境污染物。

在燃烧过程中产生 NO_x的氮有两个来源，一个是燃烧用空气中的氮气，一个是燃料中所含的氮。根据 NO_x的生成机理，它们可分为热 NO_x、燃料 NO_x和瞬时 NO_x三类。

当将燃烧用的空气加热到高温时，其中的氮气和氧气将发生反应，生成 NO，随着温度升高，NO 的平衡浓度增加，按这种方式生成的 NO_x称为热 NO_x。

由燃料中的氮与氧反应生成的 NO_x称为燃料 NO_x。这类 NO_x是在 600～900℃下生成的。实验表明，当燃烧温度为 800℃时，烟气中的 NO_x主要是这一类。

瞬时 NO_x是碳氢系燃料热分解产生的 CH 游离基与空气中的氮气反应生成的 HCN 或氮原子，再进一步与氧反应，以极快速度生成的 NO_x。

通常热 NO_x是燃烧产生的 NO_x的主要部分。

理论分析表明，从燃料开始燃烧到烟气排出之间，热 NO_x的生成量可用下式表示：

$$[NO]_e = \int_0^{t_e} k_0 e^{-\frac{E}{RT}} [N_2] \cdot [O_2]^{\frac{1}{2}} dt \tag{9-6}$$

式中，[NO] 为排气口处 NO 的浓度；t_e为从燃料燃烧至烟气排出的停留时间。

可见热 NO_x浓度随温度、O_2浓度和停留时间的增加而升高，减少热 NO_x生成量应当从降低燃烧温度和浓度以及缩短烟气在高温区的滞留时间入手。如果燃烧室内流场组织不合理，可能出现平均温度不高而局部高温的情形，这也会造成 NO_x生成量增加，所以还应改善燃烧室的空气动力场以避免温度分布不均匀。

降低燃烧温度对抑制热 NO_x生成的效果显著，但对抑制燃料 NO_x却没有多大作用，因为后者是在不太高的温度下形成的，而降低 O_2浓度则对二者都有比较好的抑制效果。

9.1.4.2 减少生成的措施

煤气中的主要有害含氮物一般以 NH_3和 HCN 的形式存在，它们在随后的燃烧过程中将会形成 NO，污染环境。

针对煤转化过程中 NO_x真实来源，有目的地进行煤热解、气化过程中 NO 的前驱体抑制是在 NO_x（Ⅰ）形成之前进行抑制的有意义的方法之一。煤气中的含氮物按要求进行定向转化形成对环境污染无影响的 N，或有用的 NH_3，作者团队目前正在进行这方面的工作。

减少烟气中 NO_x含量主要有两条途径，一是改进燃烧方法以减少其生成的治本途径，二是设法清除烟气中的 NO_x，使烟气净化到一定程度再行排出的后处理。后者脱除的效果比较好，但需要专门的装置，运行费用高。

减少 NO_x产生的办法主要有：①改变燃烧装置的运行条件；②采用一些新的、特殊的燃烧方法；③设计专用的节能型低 NO_x燃烧器。

改变运行条件是用降低燃烧温度和 O_2浓度来抑制 NO_x生成的，其措施是通过降低过剩空气量、热负荷和空气预热温度等运行条件降低燃烧温度和 O_2浓度抑制 NO_x生成。该方法简单易行，但可能引起不完全燃烧，降低燃烧效率。

通过改善燃料和空气进入燃烧室的形式或烟气在燃烧室内的流动形式，使燃烧室内的气体流动和分布更加合理，从而减少了 NO_x的生成。目前应用较多且效果较好的有烟气循环法、阶段燃烧法和浓淡燃料配合燃烧法。

低 NO_x燃烧器是通过燃烧器本身的作用控制 NO_x生成。如果既能节能又能控制 NO_x的产生，则称之为节能型低 NO_x燃烧器。

应用效果较好的燃烧器有自身回流型低 NO_x燃烧器、空气两段供给和高速混合型燃烧器、燃料与回流炉气混合型低 NO_x燃烧器、燃气两段供给低 NO_x燃烧器等。

9.1.5 多环有机物（POM）

煤本身是一种高度复杂的有机物质并含有许多环状有机物，这些环状有机物释放出来会形成 POM 物质。煤的不完全燃烧也会释放出 POM 化合物。在烟道气由燃烧温度冷却至 538℃以下的温度段内所进行的各种反应也能形成 POM 化合物。

9.1.6 微量元素

多数煤中微量元素含量虽然很少，但由于煤的产量大、用量大，其潜在危害不可忽视。

煤中的氯是含量较高的一种元素，一般在 50～500mg/kg 范围内。煤中氯化物在热解、燃烧时，大部分以 HCl 的形式析出，腐蚀设备、危及环境。目前煤中氯脱除技术的研发主要集中气化过程中的吸附研究、微波技术、增压洗煤技术和先进的泡沫浮选技术等。

煤受热分解释放出的氟化物比氮化物危害更大，目前主要采用烟气湿法除氟技术，但氢氟酸废液的处理设备庞大、投资高。

砷是一种毒性蓄积性元素，砷的化合物一般为剧毒或高毒物质。我国多数煤中砷含量处于 0.4～10mg/kg 之间。

煤中硒大部分分布于黄铁矿中，黏土矿物和有机组分中也含有硒。硒在煤燃烧过程中会发生迁移。

汞具有挥发性，在煤中主要以固溶物分布于黄铁矿中，也可能有部分微细的独立汞矿物。

汞分布于黄铁矿和煤的有机组分中。汞在煤中含量通常低于 0.5mg/kg，在煤燃烧过程中，150℃即开始挥发，并大部分随烟气进入大气。汞在煤飞灰中也有富集，粒径小于 0.125nm 的飞灰可以富集 90％以上。目前全世界煤燃烧排出的汞量占人为排放总量的 1/3 以上。关于燃煤中汞排放的研发内容主要有：煤中汞的赋存、转化和迁徙规律，汞在自然界的扩散，汞污染的控制和相应的用于控制的吸附材料的开发等。

9.2 煤炭资源的洁净、综合利用

9.2.1 煤炭分选

煤炭分选是为改善煤质、提高储运和利用效率、减少对环境的污染，在煤质储运、利用前通过物理方法脱矸减灰，降低矿物杂质的煤炭加工过程。经过这一过程可脱除煤中 50％～80％的灰分和 30％～40％的硫分，其产生的效益可从以下一组数据中看出。

炼焦煤灰分每降低 1％，可使炼出焦炭的灰分降低 1.33％[2]。在炼铁过程中，焦炭灰分每降低 1％，高炉的焦炭消耗量可减少 2.66％，同时少用 4％的石灰石，生铁产量还可提高 2.6％～3.9％；1％的硫分一般相当于 10％的灰分的危害程度[3]。分选 1 亿吨原煤，一般可减少燃煤排放 SO_2 100 万吨～150 万吨[4]。

9.2.2 选煤方法

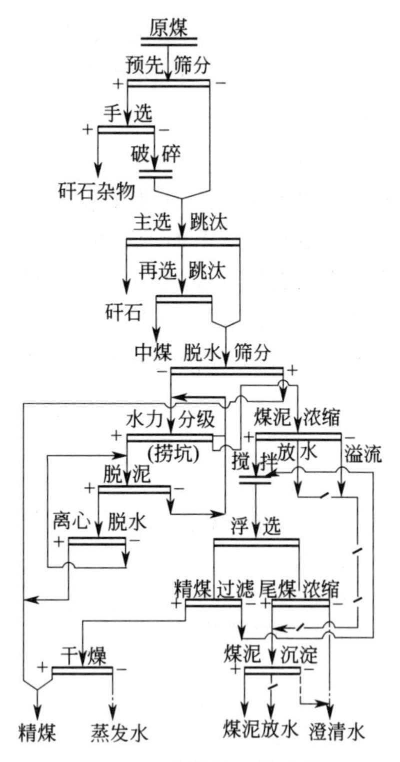

图 9-5 选煤的工艺流程

选煤是利用煤的物理、化学性质的不同，尽量分离和排除煤中的矸石和矿物杂质，将原煤分选成为不同质量和规格产品的机械加工过程。选煤方法主要有重选和浮选两大类。重力选煤分选大于 0.5mm 的煤炭，依煤与矿物质密度不同而进行分离，主要有跳汰选煤和重介质选煤。浮选分选小于 0.5mm 的煤炭，根据煤与矿物质表面亲疏水性不同来分离[5]。

由于 0.5mm 煤炭占原煤的比例在 80%以上，其密度组成的差异决定着重力分选效果，煤炭亲疏水性也与煤炭的密度组成有关，因此，原煤密度组成是选煤工艺流程选择的关键因素。一般说来，低密度煤炭含量大，灰分低，则精煤产率高，经济效益好。煤炭密度组成通过浮沉实验获得，通过浮沉表和可选性曲线表征。我国用扣除+2.0 密度矸石后分选密度±0.1 含量法评定煤炭的可选性。选煤方法和设备的选择除原煤粒度外，还有煤的可选性和对精煤灰分的要求。对于炼焦煤的分选，通常采用两种以上的方法[6]。

典型选煤的工艺流程如图 9-5 所示。图 9-6 给出了目前常用或已试验过的选煤方法。

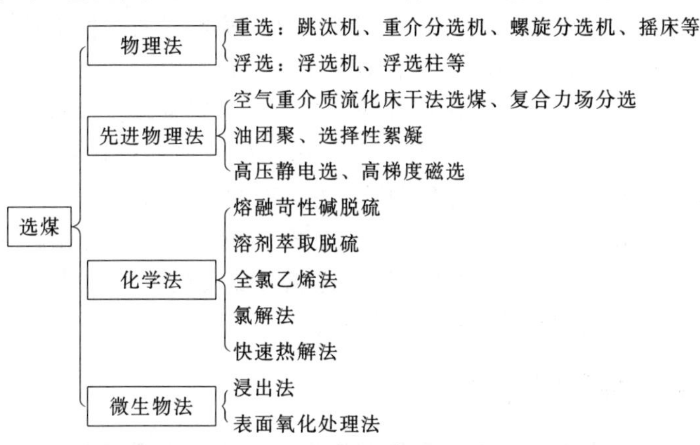

图 9-6 选煤方法分类

无机硫含量越高、黄铁矿的嵌布粒度越粗、硫分与煤的密度的相关性越强，物理途径脱硫的难度越小，分选降硫幅度越大。反之当有机硫的相对含量比较高、无机硫的浸染粒度很细时，硫分与密度的相关性越小，物理降硫的难度越大，分选降硫幅度越小，且分选密度越低，精煤硫分越高。黄铁矿嵌布粒度较粗的高硫煤，通过适当的破碎可以促使黄铁矿较好地解离，然后利用常规的洗选脱硫或先进高效物理方法。

从选煤效果上看，物理选煤可降低50%～80%的灰分和50%～70%的黄铁矿硫；化学选煤（实验研究数据）可将90%以上的全硫（包括有机硫）和灰分脱除，是选煤领域的重要研究方向；微生物选煤的初步实验研究结果则表明可脱除80%以上的无机硫和30%以上的有机硫。就目前而言，选煤是一项最经济有效的煤利用前的洁净技术，是洁净煤全过程必备的基础。表9-5汇总了包括选煤在内的目前常用的各种SO_2控制方法的脱硫效果。

表9-5　SO_2的控制方法及脱硫效果

控制方法		SO_2减排量/%
燃烧前脱硫	物理法	40～80
	化学法	70～95
燃烧中脱硫	型煤	30～60
	水煤浆	40～50
	流化床燃烧	50～90
燃烧后脱硫	干法	50～80
	湿法	80～90

尽管目前有关煤脱硫的方法很多，但不是因为条件苛刻，难以实现，对煤质有破坏，就是因为费用太高，或者效果不佳等原因而没有被推广，研究和开发高效、低廉、温和化的新一代洁净煤处理方法对于洁净煤技术推广十分必要。高硫煤经过洗选可以脱除大部分黄铁矿和灰分，有利于提高、稳定煤质。但细粒分散状黄铁矿和有机硫无法通过物理方法脱除，只有通过燃烧过程中脱（固）硫或烟气脱除才能达到减少SO_2排放的目的。目前国内外开发应用的烟气脱硫技术和工艺，其脱硫效率一般均可达到90%以上，燃烧过程中脱（固）硫效率亦可达到80%～90%。如果燃用含硫3%～4%的高硫煤通过上述方法实现90%脱硫效率，SO_2排放量仅相当于开采和燃用含硫0.3%～0.4%的特低硫煤，即使按80%的脱硫率计算，亦相当于开采和燃用0.6%～0.8%的低硫煤。这说明煤转化过程中进行SO_2的抑制和烟气净化也是利用和治理高硫煤的有效途径。

9.2.3　高硫煤的利用途径

按目前全国煤炭资源预测总量和探明煤炭储量匡算，高硫煤预测总量和探明储量分别是4260亿吨和620亿吨。毋庸置疑，高硫煤仍是我国一种重要的煤炭资源。我国高硫煤品种齐全，既有高硫褐煤和烟煤，亦发现有高硫无烟煤；分布面广，几乎遍布各产煤省，尤以贵州、四川、陕西、山东、山西高硫煤资源较多[7]。高硫煤中硫大部分以硫铁矿硫形态存在，一般约占全硫含量的2/3，但也发现少数以有机硫为主的高硫煤。针对高硫煤煤种的特点，国内外研究人员开发了一些相关的高硫煤利用途径。当有机硫含量高时，往往使其煤质特征偏离正常轨迹，表现出值得研究的特殊利用属性[8]。

① 高硫煤用于先进燃煤发电，如用于增压床联合循环发电。

② 高硫煤用于循环流化床锅炉燃烧。

③ 高硫煤气化。高硫煤可用于德士古水加压气化、灰熔流化床粉煤气化等煤气化工艺。

④ 低煤化度高硫煤适合液化。当煤炭加氢液化使用铁剂催化剂时，硫作为一种助催化剂有利于煤炭液化。

⑤ 高硫煤与垃圾衍生燃料混烧，能同时降低氯化氢和氯气的释放量，从而减少多氯代二苯并二噁英和二苯并呋喃的生成。

⑥ 对高硫煤矸石进行深度分选，获取黄铁矿精矿。

9.2.4 煤层气和矿坑抽排气资源利用

我国煤层气资源丰富，资源量达 36.8 万亿立方米，可采资源量约 10 万亿立方米，居世界第三。每年在采煤的同时排放的煤层气在 130 亿立方米以上，合理抽放的量应可达到 35 亿立方米左右，除去现已利用部分，每年仍有 30 亿立方米左右的剩余量，加上地面钻井开采的煤层气 50 亿立方米，可利用的总量达 80 亿立方米，约折合标煤 1000 万吨。如用于发电，每年可发电近 300 亿千瓦·时。

煤层气又称煤层瓦斯、煤层甲烷，它是成煤过程中经过生物化学热解作用以吸附或游离状态赋存于煤层自储式天然气体，属于非常规天然气，是优质的化工原料和化石能源。但在采煤中不及时抽出，则是煤矿安全的严重威胁，抽出后不加以利用而排放，它又是温室效应的“推手”。

煤层气抽放的技术方法有如下几种。

① 采前地面垂直井抽放。若地面井在采前 10 年就开始生产，采用此法煤层气的抽出率可达 50%～70%，抽出率高又不影响生产，是很值得推广的一种抽取方法。

② 采空区井抽放。此法一般是在开采前从地面打井到煤层上方 3～15m 左右，当采煤工作面向钻孔推进时，煤层卸压而产生裂隙，由此造成围岩碎裂形成采空区，煤层和周围地层中的瓦斯通过裂隙进入采空区。采空区井抽放在我国淮南、铁法等矿区都有试验，取得了很好的效果。

③ 水平钻孔抽放。在井下沿煤巷或岩巷进行钻孔抽放，其抽放效率一般较低(10%～18%)。这种方式工程量小，成本低，但预抽时间不允许太长，是目前我国使用的主流技术之一。

④ 水平长钻孔抽放。与水平钻孔相似，水平长钻孔也是在井下用定向钻井技术向未开采煤层钻长度超过 1000m 的孔。水平长钻孔可以回收近乎纯甲烷的气体，抽放率可达 50%以上。目前在亚美大宁煤矿有成功的应用，抽出率和浓度都大于 65%。

⑤ 井下穿层钻孔抽放。井下穿层钻孔可以用来抽放煤层及上下围岩中的煤层气。穿层钻孔的抽放率约 20%。这种方式工程量大，成本高，适用于煤层特别松软，顺煤层钻孔施工困难的条件。

9.2.5 煤矸石的开发利用

煤矸石是在掘进、开采和洗煤过程中排出的固体废物。是碳质、泥质和砂质页岩的混合物，具有低发热值。含碳 20%～30%，有些含腐植酸。中国历年已积存煤矸石约 1000Mt，并且每年仍继续排放约 100Mt，不仅堆积占地，而且还能自燃，污染空气或引起火灾。目前煤矸石主要用于生产矸石水泥、混凝土的轻质骨料、耐火砖等建筑材料，此外还可用于与煤混烧发电，制取结晶氯化铝、水玻璃等化工产品以及提取贵重稀有金属。也可用作肥料。

煤矸石发热量一般为 3.35～6.28MJ/kg，其无机成分主要是硅、铝、钙、镁、铁的氧化物和某些稀有金属。其化学成分组成的质量分数：SiO_2 为 52～65；Al_2O_3 为 16～36；Fe_2O_3 为 2.28～14.63；CaO 为 0.42～2.32；MgO 为 0.44～2.41；TiO_2 为 0.90～4；P_2O_5 为 0.007～0.24；K_2O+Na_2O 为 1.45～3.9；V_2O_5 为 0.008～0.03。

① 回收煤炭和黄铁矿：通过简易工艺，从煤矸石中洗选出好煤，通过筛选从中选出劣质煤，同时拣出黄铁矿。或从跳汰机-平面摇床流程中回收黄铁矿、洗混煤和中煤。

② 用于发电：主要用洗中煤和洗矸混烧发电。在沸腾炉燃烧后的炉渣可生产炉渣砖和炉渣水泥。

③ 生产建筑材料：代替黏土作为制砖原料。烧砖时，利用煤矸石本身的可燃物，还可以节约煤炭。

煤矸石可以部分或全部代替黏土组分生产普通水泥。自燃或人工燃烧过的煤矸石，具有一定活性，可作为水泥的活性混合材料，生产普通硅酸盐水泥（掺量小于20%）、火山灰质水泥（掺量 20%～50%）和少熟料水泥（掺量大于 50%）。还可直接与石灰、石膏以适当的配比，磨成无熟料水泥，可作为胶结料，以沸腾炉渣作骨料或以石子、沸腾炉渣作粗细骨料制成混凝土砌块或混凝土空心砌块等建筑材料。

煤矸石可用来烧结轻骨料，用于建造高层楼房。

用盐酸浸取可得结晶氯化铝。浸取后的残渣，主要为二氧化硅，可作生产橡胶填充料和湿法生产水玻璃的原料。剩余母液内所含的稀有元素（如锗、镓、钒、铀等），视含量决定其提取价值。

此外，煤矸石还可用于生产低热值煤气，制造陶瓷，制作土壤改良剂，或用于铺路、井下充填、地面充填造地。

目前，中国每年生产 1 亿吨煤炭，排放矸石 1400 万吨左右；每洗选 1 亿吨炼焦煤排放矸石量 2000 万吨，每洗 1 亿吨动力煤，排放矸石量 1500 万吨。开发和推广煤矸石利用技术，实现煤矸石的综合利用迫在眉睫。

参 考 文 献

[1] 霍然. 工程燃烧概论. 南京：中国科学技术大学出版社，2001，254.
[2] 陈清如. 中国洁净煤战略研讨会主题报告，北京，2004年4月.
[3] 谢克昌. 中国洁净煤战略研讨会专题报告，北京，2004年4月.
[4] 曹征彦. 中国洁净煤技术. 北京：中国物资出版社，1997.
[5] 张鸿波，边炳鑫，康华. 当前我国煤炭脱硫方法的应用，国外金属矿选矿，2002，(8)：20-22.
[6] 刘峰. 近年选煤技术综合评述. 选煤技术，2003，(6)：1-10.
[7] 戴和武，李连仲，谢可玉. 谈高硫煤资源及其利用. 中国煤炭，1999，(11)：27-31.
[8] 赵华民. 高硫煤利用的途径—德士古水煤浆加压气化制气，煤矿设计，1999，(1)：29-32.

第10章 现代煤化工与煤的清洁高效利用

由于煤在中国能源资源中的主体地位，无论是传统煤化工还是现代煤化工都有长足的和创新性的发展。目前，中国焦炭产量占世界的60%，煤气化制合成氨、通过煤用于电石制乙炔以及煤制甲醇均占到世界的1/3以上。具有自主知识产权的世界首套年产百万吨级的煤直接液化、60万吨/年煤制烯烃、20万吨/年煤制乙二醇装置相继在中国投产运行。传统煤化工通过技术改造，新型煤化工通过技术创新，发展煤化工通过科学规划，正在有序形成规模化、现代化、集约化、重视节能减排、效益提升的煤炭能源化工产业和产业链。煤化工的这种发展趋势使其逐渐成为实现煤的清洁高效利用的重要途径之一。

10.1 化石能源与煤

化石能源是指由远古生物遗体经历漫长地质条件下的温度和压力的作用形成的以碳氢化合物为主的可燃混合物，主要包括煤炭、石油、天然气。化石能源是当今世界的主体能源，也是在其开发、转化、利用过程中排放温室气体和其他有害气体的主要来源。由图10-1可以看出，世界和中国的能源消费结构均以化石能源为主，到2030年依然如此。2008年6月，英国皇家学会主席Martin Rees指出："煤炭在未来50年将继续是世界的主要能源之一。"而在中国，碳排放系数最高的煤的一次能源主体地位则在更长的时期内难以根本改变。据BP2010年6月发布的统计数据[1]，2009年中国化石能源消耗占世界总量的比例分别为：煤46.9%，石油10.4%，天然气3.0%；当年中国煤炭的生产量占世界总量的45.6%，但储采比（R/P）仅为38，远低于世界的平均值119。至于石油和天然气的R/P就更低了，分别为9.9（世界平均46.2）和29.0（世界平均58.6）。这说明，中国的煤炭并不富有，"富煤、缺油、少气"只是相对而言。

煤的大量开采和利用，不仅加速了这一不可再生的化石能源的消减，而且对生态和环境造成了恶劣影响。有数据表明，每采1万吨煤将使0.2公顷土地塌陷，2.5万吨水资源损失。而作为燃料的主要用途，燃煤排放造成的污染也十分严重，消耗世界近一半煤量的中国，二氧化硫和二氧化碳的排放总量也随之居世界之首。在化石能源中，煤的二氧化碳排放系数（或称因子）最高，由于计算方法或依据的差异，单位产量标准煤的二氧化碳排放系数有2.46（中国国家发改委推荐）、2.66（2008日本能源统计年鉴提供）、2.77（根据联合政府间气候变化专门委员会推荐系数计算）等数值。

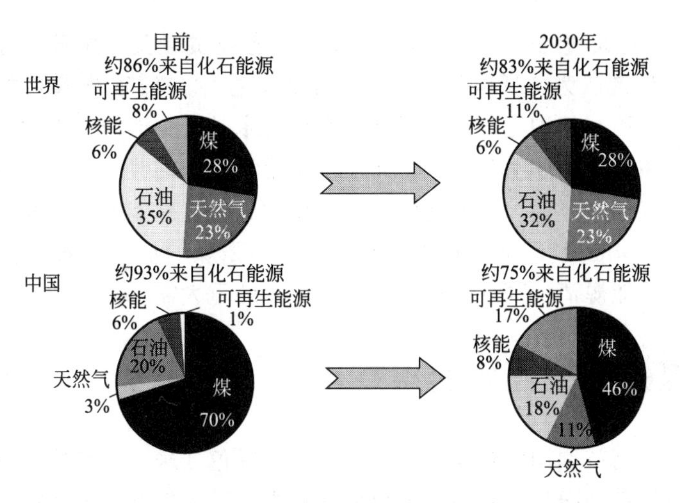

图 10-1　世界和中国的能源消费结构

10.2 高碳能源的低碳化

由于化石能源的二氧化碳排放系数均较高（折合成单位重量标准煤后分别为煤2.66，石油2.02，天然气1.47），所以，化石能源都是高碳能源。

高碳能源的低碳化就是指高碳能源在开采、输配、转化、利用过程尽可能少排放二氧化碳及其他温室气体与污染性气体，这些气体不可避免地产生，但排放后能得到控制、处理和利用。对中国而言，由于重化工业为主的产业结构对一次能源的需求量大，而且又是因化石能源的禀赋特征以高碳排放之最的煤炭为主，所以，通过节能，提高能源利用效率，降低煤炭消费强度，实质上也属于高碳能源低碳化的范畴。因此，在中国，高碳能源低碳化主要是指煤的清洁高效开发利用。

美国著名的生态经济学者莱斯特·R·布朗在其2003年出版的著作《B模式——拯救地球延续文明》中称，要将碳排量减少一半，必须提高（化石）能源效率，同时向可再生能源转换。这就是说，一方面要着力推进化石能源的低碳化，另一方面要积极构建低碳或零碳排放的新能源体系。中国国家能源局将新能源界定为两个方面，一是风电、太阳能、生物质等新的能源，二是对传统能源进行技术变革所形成的新的能源，如煤炭清洁高效利用、车用新型燃料等，并将“化石能源清洁高效利用技术”和“节能减排技术”与“核能技术”、“新能源技术”、“可再生能源技术”共同列为能源科技创新的重点和需要大力发展的低碳能源技术，因此，所谓“新能源”的说法不如“能源新技术”的称谓更科学。美国能源部将“清洁煤”列为“清洁能源”的三个主要方向开展国际合作。低碳化已成为当今世界经济社会发展的新潮流，其中最紧迫和最现实的是高碳能源的低碳化[2]。作者的这一提法得到第十一届全国人大常委会第十次会议的采纳，并以“要紧抓住当前全世界开始重视发展低碳经济的机遇，加快发展高碳能源低碳化利用和低碳产业”的表述写入

2009 年 8 月 27 日通过的《全国人民代表大会常务委员会关于积极应对气候变化的决议》中[3]。作者认为，低碳经济的核心是低碳技术，低碳技术的主体是低碳能源技术，化石能源，特别是煤的清洁高效利用技术是低碳能源技术的重要组成。煤的清洁高效利用虽非“银弹”，但在当前和今后相当长时期内，石油多半靠进口，天然气尚难成气候，风能、太阳能的经济实用性欠缺，水能的地域和生态局限，核能的安全恐惧，担当基础能源还是要靠煤。“加强煤的清洁高效综合利用技术开发”、“推进传统能源清洁高效利用”已成为中国的重大需求。

10.3 煤的清洁高效利用技术

煤炭的清洁高效利用包括煤的安全、高效、绿色开采；煤利用前的预处理；煤利用中的污染控制与净化；新型清洁煤燃烧；先进燃煤发电；先进输电；煤洁净高效转化；煤基多联产和煤利用过程中的节能减排[4]。

10.3.1 煤的安全、高效、绿色开采

煤的安全、高效开采的重大关键技术包括瓦斯综合治理、煤与瓦斯突出共治共采技术、火灾与灾水防治、提高回采率的先进采煤技术等。绿色开采主要包括煤层气抽采利用、保水开采、条带开采、矿水回用、废水复用、采充一体（如综合机械化固体废弃物充填采煤技术）、土地复垦、中煤煤泥矸石及伴生资源综合利用技术、煤的地下气化技术等。

（1）煤与瓦斯突出共治共采技术

为解决我国煤层瓦斯赋存的低压力、低渗透性和低饱和性等特点导致的开采难题而提出的新技术体系，目的是实现煤炭与瓦斯双能源的共同开采，分为地面抽放技术和井下抽采技术。

（2）提高回采率的先进采煤技术

煤炭资源回采率是一项综合性经济技术指标，它与生产矿井的地质勘探、设计、开采、支护材料供应及生产管理环节密切相关，提高回采率的先进采煤技术包括采用三维地震勘探技术、优化采区设计、生产工艺等。

（3）煤层气抽采技术

分为井下抽采和地面开发，主要包括从地面钻孔对未采煤层进行预抽、采煤之前通过巷道掘进预抽本煤层的瓦斯、从开拓平巷钻水平长孔预抽本煤层的瓦斯、用穿层钻孔至上覆煤层和下覆煤层采后抽取松弛煤层的瓦斯、从井下巷道或采空区上方水平钻孔进行采后抽放、从地面垂直钻孔进行采后抽放、密闭的废弃巷道或采空区工作面的采后预抽放等。

（4）保水开采技术

在不影响区域水文地质条件情况下采煤，可以很好地预防矿井突水等地质灾害。

(5) 条带开采技术

将要开采的煤层区域划分为比较正规的条带形状，采一条、留一条，使留下的条带煤柱足以支撑上覆岩层的重量，而地表只产生较小的移动和变形，但资源回收率偏低。

(6) 中煤煤泥矸石及伴生资源综合利用技术

利用井下采煤时产生的煤矸石，破碎后直接充填到采空巷道里，不仅有效地解决了困扰煤矿企业的“煤矸石”采空区问题，而且提高了煤炭回采率；采煤的同时开发在煤系地层中与煤共生或伴生的其他矿产物。

(7) 煤的地下气化技术

将处于地下的煤炭进行有控制地燃烧，通过对煤的热作用及化学作用产生可燃气体的过程，是一项集建井、采煤、气化工艺为一体的多学科的复杂技术。

10.3.2 煤的提质与输配技术

煤的提质与输配技术包括煤炭的整体提质技术，劣、低质煤的开发利用及煤的产业布局和输配技术，不同煤质不同用途煤种的洗选预处理技术，水煤浆及动力配煤技术，褐煤提质（干燥、热解）技术。

(1) 煤炭的整体提质技术

指煤炭资源加工过程中的高效分选、深度净化技术。煤炭分选加工是洁净煤源头，也是公认的一项最经济有效的清洁煤炭生产过程。

(2) 劣、低质煤的开发利用技术

包括低阶褐煤和低变质烟煤（长焰煤、不黏煤、弱黏煤）综合加工、提质和资源高效利用。

(3) 煤的产业布局和输配技术

根据产煤和用煤的需求和特点，综合考虑煤炭生产、消费、运输，平衡煤、电、气输配的关系的技术。

(4) 洗选预处理技术

利用煤和杂质（矸石）的物理、化学性质的差异，通过物理、化学或微生物分选的方法使煤和杂质有效分离，并加工成质量均匀、用途不同的煤炭产品的一种加工技术。

(5) 水煤浆技术

由大约65%的煤、34%的水和1%的添加剂通过物理加工制成的可管道输送的代油煤基流体燃料技术。

(6) 动力配煤技术

以煤化学、煤的燃烧动力学和煤质测试等为基础，将不同类别、不同质量的单种煤通过筛选、破碎，按不同比例混合和配入添加剂等，以提供可满足不同燃煤技术要求的煤炭产品的技术。

(7) 褐煤提质（干燥、热解）技术

将褐煤在高温下经受脱水和热分解作用后转化成具有烟煤性质的提质煤，主要包括低温干燥、高温干燥、水蒸气干燥、烟气干燥、滚筒干燥等。

10.3.3 煤利用中的污染控制和净化技术

煤利用中的污染控制和净化技术包括重点领域煤利用中废水处理，废气（烟气）除尘，硫、硝、重金属等脱除和净化的先进技术，煤利用和转化过程中的 CO_2 减排、分离回收、储存和利用技术也是其中的重要组成。

煤化工工程中，重污染有机废水以煤焦化和煤气化过程产生的含酚废水为主。含酚废水处理方法主要有萃取法、汽提法、吸附法、液膜分离法、氧化法、生物处理法、厌氧/好氧活性污泥法等。

目前，除了扬尘、煤尘等可以用粉尘抑制剂进行治理外，大部分的生产性粉尘还主要采用各种除尘器进行除尘。除尘器大体上可分为干式和湿式两类。干式除尘设备主要有重力、惯性、旋风、过滤式和电除尘器等。湿法除尘设备主要有洗涤塔、泡沫、水膜、旋流板、文氏管等除尘器。此外，一些新型除尘技术，如电-袋混合除尘技术、高频高压电源技术、声波清灰技术、等离子体气体净化技术等，在工业中逐渐应用。

烟气脱硫技术根据脱硫剂的类型及操作特点通常可分为湿法、半干法、干法脱硫，可再生工艺和联合脱 SO_2/NO_x。湿法包括石灰/石灰石法、海水法、氨法、氧化镁法、双碱法、钠法等。干法包括电子束照射法、炉内喷钙法、管道喷射法等。半干法包括喷雾干燥法、炉内喷钙炉后增湿活化法、循环流化床法、新型一体化法等。

烟气脱硝技术可分为干法和湿法。干法包括选择性非催化还原法、选择性催化还原法、吸附法、等离子法等。湿法包括水吸收法、稀酸吸收法、碱性溶液吸收法、络合吸收法、氧化吸收法、液相还原吸收法和微生物净化法等。

烟气中重金属脱除技术主要包括降温凝聚后捕集、洗涤、催化转化、吸附剂吸附去除等技术。利用湿法脱硫辅以适当措施（如与氧化或/和催化相结合）同步除汞技术是目前的主要发展方向。专用除汞技术包括吸附剂、化学沉淀、化学氧化、光化学氧化反应、电催化氧化联合处理、电晕放电等离子体技术等。

提高煤利用和转化效率可减少 CO_2 的源头产生。对已产生的 CO_2 减排技术主要包括捕集和封存（即 CCS，如果再考虑利用的话，则为 CCUS）。从烟气中捕集 CO_2 是一个富集分离的过程，其主要方法有化学吸收法（MEA 法、改进的 MEA 法等），物理吸收法（活性炭吸附、丙烯酰胺/马来酸酐共聚物吸附等），变压吸附法（PSA）和膜分离法等。CO_2 封存技术主要有地下封存、海洋储存和矿物化固定技术。CO_2 的利用则包括物理和化学利用两种方式，虽然 CO_2 驱油是一种较好的物理利用方法，但以 CO_2 作为一种碳源加以利用，不仅是温室气体资源化的重要途径，而且是减少化石能源消耗的战略需求。

10.3.4 新型清洁煤燃烧技术

新型清洁煤燃烧技术包括循环流化床技术、O_2/CO_2燃烧技术、催化燃烧技术、低氮燃烧技术、水煤浆代油燃烧技术、化学链燃烧技术、先进煤粉燃烧技术、先进的工业锅炉与窑炉燃烧技术、煤与生物质混合燃烧技术等，以及适用于中国国情的、可大规模工业应用的煤的高效、清洁、低碳燃烧工艺路线和工艺。

(1) 循环流化床燃烧技术

主循环回路是循环流化床锅炉的关键，其主要作用是将大量的高温固体物料从气流中分离出来，送回燃烧室，以维持燃烧室稳定的流态化状态，保证燃料和脱硫剂多次循环、反复燃烧和反应，以提高燃烧效率和脱硫效率。

(2) O_2/CO_2燃烧技术

采用纯氧和再循环烟气代替空气燃烧煤粉，也可称为富氧燃烧技术或氧气/烟气再循环技术。

(3) 水煤浆燃烧技术

水煤浆中的含硫量低，燃烧温度低，燃烧过程中灰分、SO_x、NO_x 污染物排放低。水煤浆技术可以改变煤的传统燃烧方式，具有显著的节能环保效果。

(4) 化学链燃烧技术

通过燃料与空气不直接接触的化学反应释放能量，产生的 CO_2 可直接捕获，是一种高效、清洁的新型无火焰燃烧技术。

(5) 煤与生物质混合燃烧技术

是一种低成本、低风险的利用可再生能源的燃烧技术。依据给料方式的不同，混燃可以分为直接和间接两种方式。

10.3.5 先进的燃煤发电

先进的燃煤发电包括超临界、超超临界、增压流化床联合循环、IGCC、燃煤与太阳能复合发电等发电技术以及它们的合理布局。

(1) 超临界、超超临界燃煤发电

燃煤电厂在高温运作时，采用先进的蒸汽循环以实现更高的热效率和比传统燃煤电厂更少的气体排放。超过水的临界参数（347.15℃、22.115MPa)，称为超临界参数。当温度和气压升高至 600℃和 25～28MPa，就属于超超临界的范围。更高的超超临界燃煤发电的瓶颈在于材料。

(2) 增压流化床联合循环技术

以增压的（1.0～1.6MPa）流化床燃烧室为主体，以蒸汽、燃气联合循环为特征的热力发电技术。

(3) IGCC 技术

将高效的燃气-蒸汽联合循环发电系统与洁净的煤气化技术结合起来，既有高发电效率（较容易达到 50%)，又有很好的环保性能（排放指标优于燃煤电站)。

IGCC的关键技术包括大容量、气化效率高的煤气化炉，先进的燃气轮机和中、高温除尘脱硫技术等。

10.3.6 先进输电

适于中国煤炭基地远离能源负荷中心特点的先进输电，适合国情的安全可靠、经济实用、节能环保的输电技术与输电方式包括超高压/特高压直流输电技术中电网形态、环境保护、电气设备制造等关键技术，以特高压输电、柔性输电、多端直流输电、超导输电等最具代表性。

（1）特高压输电技术

分为特高压交流输电和特高压直流输电。特高压交流输电一般是指1000kV及以上电压等级的交流输电工程及相关技术，特高压直流输电在我国一般指±800kV和±1000kV直流输电系统。特高压输电可以实现大容量、远距离输电，通过提高输电线路电压等级，大量节省线路走廊面积，降低功率损耗，实现区域电网互联，优化电网结构，提高电力系统的安全稳定运行水平。

（2）柔性输电技术

采用先进电力电子装置以及其他控制系统增强电力系统可控性和增大传输能力的输电技术。分为柔性交流输电技术和柔性直流输电技术。

（3）多端直流输电技术

由3个或3个以上换流站以及连接换流站之间的高压直流输电线路组成，是实现多个电源送出或多个落点受电的先进输电技术，可联系多个交流输电系统或将交流输电系统分成多个孤立运行的电网。

（4）超导输电技术

采用无阻的、能传输高电流密度的超导材料作为导电体并传输大容量电能的一种输电方式。具有体积小、重量轻、损耗低和传输容量大的优点。

10.3.7 煤洁净高效转化

煤洁净高效转化主要指现代煤化工，即以煤热解、气化为基础，以一碳化学为主线，以单元过程优化集成为途径，生产各种替代燃料和化工产品，如合成油、天然气、甲醇、二甲醚、烯烃、精细化学品等。主要包括气化、热解、直接液化三条主要的煤转化路线。

以气化为龙头的煤转化技术优势在于气化技术可以和油品、化学品转化技术耦合，也可以和联合循环发电耦合，甚至与二者共同耦合起电厂调峰与联产化学品的作用。主要包括煤的气化、合成气化学工艺（制氢，制替代天然气）、甲醇合成及甲醇化工[二甲醚、甲基叔丁基醚、甲酸甲酯、碳酸二甲酯、醋酸等甲醇衍生物合成、甲醇制汽油（MTG）、甲醇制低碳烯烃（MTO）、甲醇制丙烯（MTP）、甲醇制芳烃（MTA）等]、F-T合成、合成氨及化肥等技术。通过甲醇制得的低碳烯烃经分离后的乙烯和丙烯还可生产一系列精细化工产品，图10-2是其中的一种选择。

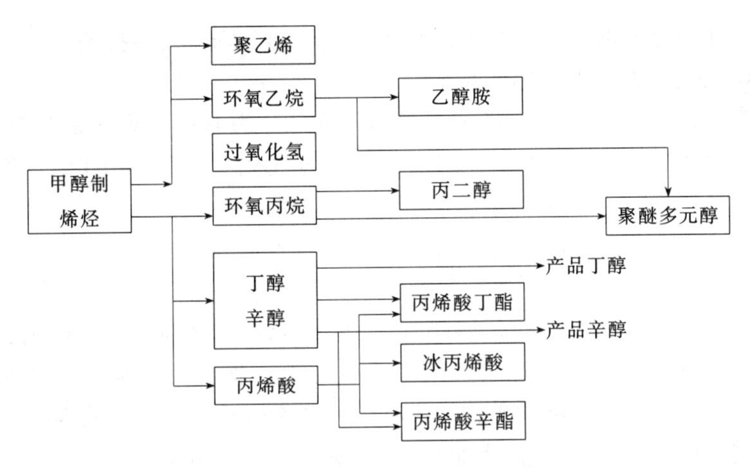

图 10-2 MTO 的下游产品方案

以中低温热解为先导的煤炭分级转化和分级利用技术的核心是充分利用煤的热解特性以及煤富含脂肪结构和芳香结构的分子结构特点，通过对能量的分级利用，实现煤在热解过程中的分级转化，从而降低煤转化过程的能耗。主要包括高温热解、中低温热解、煤分级炼制、高温焦油加工、中低温焦油加工、热解煤气的综合利用、中低温热解固体产物的综合利用、传统电石生产及制 PVC 等技术。

煤直接液化技术可以充分利用煤的分子结构特点，在供氢的条件下通过催化剂的作用将煤的分子结构直接转变成燃油的分子结构，在原理上是煤制油最短的路径。

10.3.8 煤基多联产

煤基多联产包括热-电、热-电-化等多联产。由于技术成熟度、原料供应、产品市场等多因素影响，煤基多联产有多种模式。除不同模式中的关键工艺、设备技术外，多联产系统能量综合梯级利用、单元过程集成优化是实现多联产全过程效率最高，污染物和 CO_2 减排最有效的关键所在。基于煤气化的多联产系统是一条先进的煤炭利用技术路线，具有代表性的有甲醇-电多联产系统、气化煤气-焦化煤气“双气头”多联产系统和 IGCC-燃料电池动力多联产系统。

(1) 甲醇/电多联产系统

以煤气化为核心，基本组成单元包括气化单元、甲醇合成单元和动力单元，有并联和串联两种基本耦合方式。

(2)“双气头”多联产系统

指通过气化煤气和焦炉煤气自热重整方式产生合成气的多联产系统。“双气头”多联产系统利用大规模煤气化技术，将气化煤气富 CO_2、焦炉煤气富 CH_4 的特点相结合，进行催化重整生成 CO 和 H_2，以满足后续化工合成的氢碳比要求，从而免除了气化煤气需要通过水煤气变换来调整合成气的成分，并通过与焦炉煤气催化重整过程增加了有效气体的量。这样既可达到充分利用焦炉煤气、实现 CO_2 减排、降低系统水耗和煤耗的目的，又可以简化系统流程及降低设备投资。

(3) 煤气化 SOFC 混合循环系统

多联产系统中高效、清洁的发电技术以 IGCC 为基础，未来的发展可将高温燃料电池（SOFC）发电技术耦合起来，构成煤气化 SOFC-燃气轮机-蒸汽轮机混合循环。

10.3.9 煤利用过程中的节能

煤是我国主要的一次能源，2010 年消费总量约 33 亿吨，除火电消耗约 50%，炼焦消耗约 20%外，冶金、建材、化工等高耗能行业也以煤为主，这些行业的节能技术是减少煤用量和污染物排放的最有效最现实途径，如富氧喷煤技术（钢铁行业）、二次能源回收技术（钢铁行业）、冶炼烟气余热回收技术（有色行业）、垃圾混烧代煤技术（建材行业）、低温甲醇洗技术（石化行业）、煤-天然气共气化制备合成气技术（石化行业、化工行业）、焦炉气非催化部分氧化制备合成气技术（化工行业）等。

(1) 富氧喷煤技术

通过在高炉冶炼过程中喷入大量的（烟）煤粉并结合适量的富氧，达到节能降焦、提高产量、降低生产成本和减少污染的目的。

(2) 二次能源回收技术

钢铁工业的能源转化功能体现在生产过程中所用煤炭的能值有 34%左右转化为副产煤气（焦炉煤气、转炉煤气、高炉煤气）和生产过程中所产生的余压、余热、余能。二次能源回收技术主要包括高炉炉顶煤气压差发电技术（TRT）、干法熄焦技术（CDQ）、烧结余热资源的高效回收与利用、转炉负能炼钢技术及高炉渣和钢渣显热回收技术等。据分析，钢铁企业所产生的二次能源量占钢铁企业总能耗的 15%左右。

(3) 冶炼烟气余热回收技术

有色冶炼过程的余热资源非常丰富，利用余热降低产品综合能耗的潜力很大。可以采用梯级回收和梯级利用，这样可以提高余热回收工质的利用率，提高余热资源品位，减少新水耗量；可以采用汽轮机直接驱动大型风机等转动装置，实现热机直接转化并利用，避免机械能与电能转换过程中的损失和发电机的投资费用；将低温温差发电技术利用于有色冶金生产的余热回收，可进一步回收低温余热。

(4) 垃圾混烧代煤技术

全国城市垃圾正在以每年 8%～10%的速度继续增长。制得垃圾衍生燃料（ROF）与煤在流化床进行混烧或在水泥窑里焚烧都是实现垃圾资源化利用的优选途径。水泥窑的容积大、热容量高、窑内物料最高温度达 1550℃、气体最高温度达 1800℃。废料在窑内被焚烧 20min 以上，其中的有害成分可得到充分的氧化，分解成无害物。高温下形成的烧结物可以作为水泥原料。

(5) 低温甲醇洗技术

使用冷甲醇作为酸性气体吸收液，利用甲醇在－60℃左右的低温条件下对酸性气体溶解度极大的物理特性，分段选择性吸收气体中 H_2S、CO_2 以及各种有机硫杂质，以达到气体净化的效果。

（6）煤-天然气共气化制备合成气技术（共生耦合技术）

将煤和天然气进行耦合通过共气化，不仅可以借助煤炭较高的含碳量和天然气的富氢含量有效调节合成气的氢碳比，使之符合一般的使用范围（H_2/CO＝1.0～2.0），而且可以用煤气化多余的热量来补充天然气蒸汽转化所需要的热量，有效降低整体能耗。

（7）焦炉气非催化部分氧化制备合成气技术

焦炉气富含 CH_4 和 H_2，是生产合成气的重要原料。由于焦炉气中含有大量的有机硫，采用传统的催化部分氧化工艺时，转化炉前的脱硫工艺十分复杂，而且会造成固体废弃物的二次污染。采用焦炉气的非催化部分氧化工艺可有效避免此类问题，为焦炉气的有效利用提供了新途径，通过这种工艺制得的合成气可用于化工产品合成、制氢、还原炼铁等。

提高能效的节能技术可以大量减少碳排放。根据 2010 年《国际能源署（IEA）能源技术展望》提供的数据，从 2010 年到 2030 年，节能减排技术可减少二氧化碳排放 78.8 亿吨，碳减排贡献率 56.9％；可再生能源技术可减少二氧化碳排放 31.7 亿吨，碳减排贡献率达 22.9％；核能技术 13.8 亿吨，碳减排贡献率 9.97％；碳捕捉和封存 14.1 亿吨，碳减排贡献率 10.18％。

提高煤利用率对中国减少碳排放的效果尤为显著。BP 公司 2010 年《世界能源统计报告》显示，如果世界的煤炭利用率从 2009 年的 35％提高到 41％，二氧化碳排放相应降低 6.1％；如果中国的煤炭利用率从 2009 年的 35％提高到 41％，二氧化碳排放将降低 11.8％，比世界水平高出接近 5 个百分点。另据神华集团低碳清洁能源研究所的粗略计算，中国煤产业链效率提高 5％，对二氧化碳减排的贡献可达 40.3％。中国“十一五”末单位 GDP 能耗比 2005 年下降了 19.06％，相当于节约标准煤 6 亿吨左右，减排 SO_2 约 1400 万吨，减排 CO_2 约 15 亿吨。

10.4 煤化工与煤的清洁高效利用

煤的化学组成决定了其既可作为一次能源，又可作为二次能源和化学品的原料，因此煤的清洁高效利用过程既具有化学转化的一致性，又具有物质流与能量流交织转换的非一致性，这种一致性和非一致性同时又表现出多尺度特征。

（1）一致性与非一致性

煤的转化利用无论是生产能量还是生产化学品，都属于化学转化过程，这一点是其一致性。区别在于有时候利用的是化学转化过程中所释放出的能量，有时候是利用化学转化得到的化学品。正是这种差别迥然的非一致性决定了提高煤的利用效率所采用的方法与手段显著不同。前者主要注重能量的转化和传递效率，而后者主要强调物质的化学转化和转化效率，因此涉及的学科也有所不同，在能量转化与传递中，主要涉及热能工程、电力工程、机械工程等。在化学转化过程中虽然也常常伴随着热的效应，需要统一考虑，但从煤获取化学品的过程仍基本属于化学工程的科学范畴，即煤化学化工。

(2) 多尺度

在煤的转化利用产业链中，链的节点规模大小不同，无数个节点组成了一个企业、一个区域乃至全社会煤利用的复杂链条，每一个节点内部和节点之间中都存在着提高效率和减少排放的问题，如果以循环经济的理念来考虑和处理这些问题，则可形成不同尺度的煤利用循环经济，如微观尺度（小循环）、介观尺度（中循环）、宏观尺度（大循环），进而构成了相互影响的网络体系。

在众多的学科中，煤化学化工学科是煤清洁高效利用的重要科技支撑。煤化学化工的学科基础、技术进步、发展方向均与煤的清洁高效利用，特别是与煤燃烧、煤转化、污染物控制、净化和利用等密切相关。如图 10-3 所示，近年来煤化学化工的学科在原子经济性反应、原料路线选择优化、单元过程优化集成、新型分离技术组合以及定向反应与合成方面的科技进步，均可对应指导煤的清洁高效利用中碳、氢、氧有效组分的高效转化，硫、氮等污染组分联合脱除；富碳、富氢原料充分利用，劣质煤与生物质综合利用；提高物料转化效率，实现能量梯级利用；高温气体净化分离，反应分离一体化；新型清洁煤燃烧、低碳产品合成与低碳排放过程等。

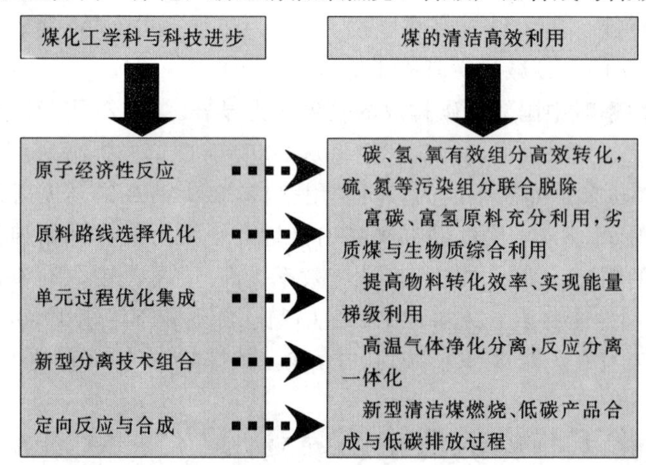

图 10-3 煤化学化工学科是煤清洁高效利用的重要科技支撑

以下是几个具体实例。

例 1 原子经济性利用及原料路线优化（图 10-4）。

作者作为首席科学家承担的国家“973”项目，利用气化煤气中的 CO_2 和焦炉煤气中富含的 CH_4，通过它们在特定条件下的重整反应制取合成气进而生产醇醚燃料和电力，不仅可以使煤中碳、氢、氧得以原子经济性利用，而且有助于 CO_2 的源头减排和节水。据粗略计算，以 100 万吨焦炭/年为基准，采用此工艺可联产甲醇 20 万吨、电力 200MW 的同时，减排 CO_2 约 1.8 亿立方米，节水约 9.5 万吨，节煤 12%左右。

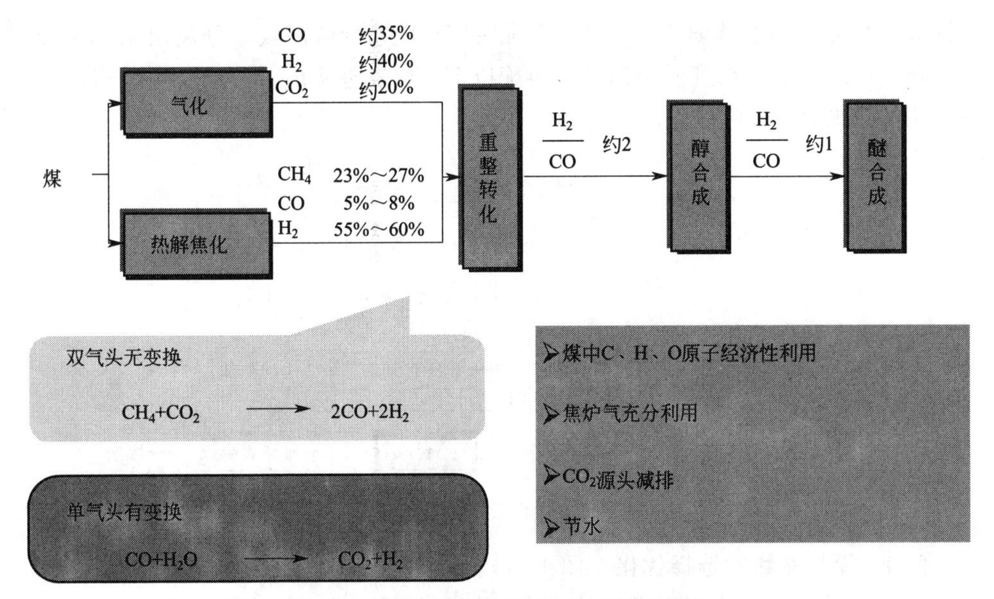

图 10-4　原子经济性利用及原料路线优化

例 2　单元过程优化集成与分离技术组合（图 10-5）。

用作燃料是煤利用的大户，燃煤又是造成粉尘、重金属、氮氧化物、二氧化硫和二氧化碳污染与排放的主角。将先进、高效的反应、吸附、吸收、分离等单元过程优化集成，可以实现燃煤过程污染物一体化脱除。

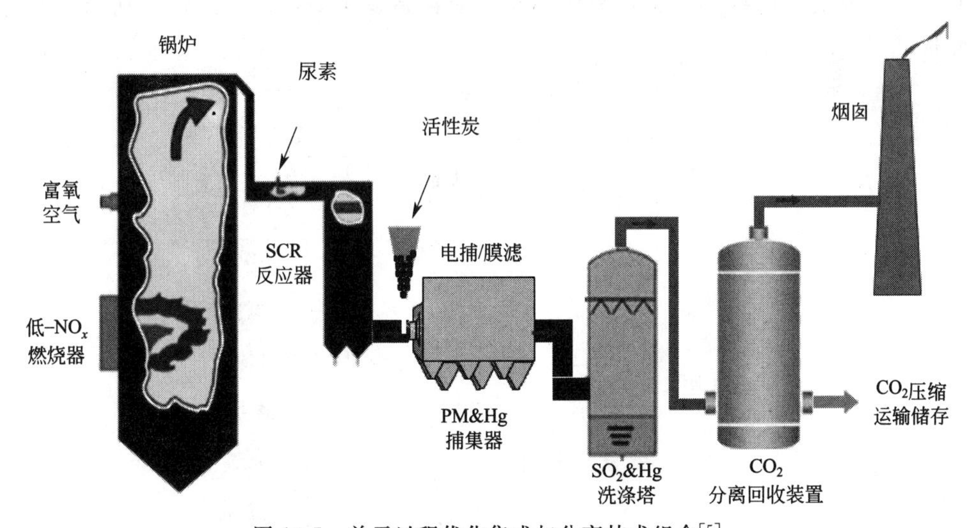

图 10-5　单元过程优化集成与分离技术组合[5]

例 3　定向反应与优化联产（图 10-6）。

采用这一流程的潞安 16 万吨/年煤基合成油在联产 30 万吨/年尿素和 640 吨/年硫磺的同时，不仅可以每年减排 CO_2 41 万吨，还可以产生 11.5MW 的电力。

利用焦炉气和气化煤气制取合成气，通过 F-T 反应合成油，将低温醇洗中产生的高浓度CO_2与合成氨生产尿素，脱除的H_2S进行硫回收，分离出来的氢加工F-T合成油品，这一系列的定向反应再配以IGCC发电构成了一个企业的煤清洁高效利用的小循环。

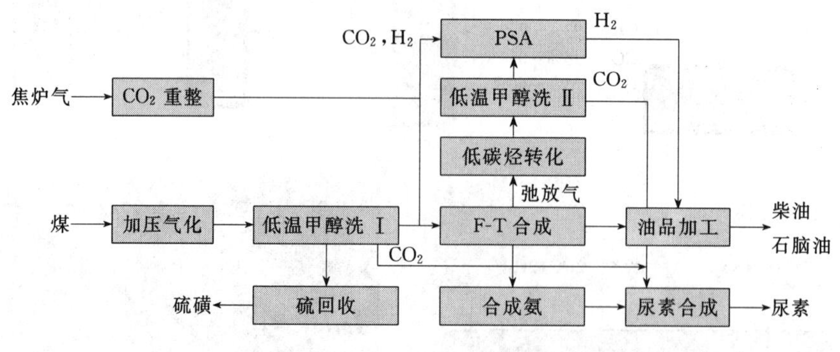

图10-6 定向反应、优化联产

例4 原料路线的选择优化（图10-7）。

劣、低质煤的转化利用是煤洁净高效转化的重要方面。根据原料煤的性质选择的加工转化路线也必须进行优化。天元化工的“中低温煤焦油制取轻质化燃料工艺技术”，将低质煤的中低温干馏、干馏煤气制氢、煤焦油延迟焦化、轻质化焦油等单元过程有机耦合，最终生产分馏出－20号和－30号柴油、石脑油、液化气等高附加值产品。这一原料路线的选择优化，不仅延长了煤化工产品产业链，而且改变了传统焦化企业只焦不化、能耗高、污染重、能源资源利用率低的现状。

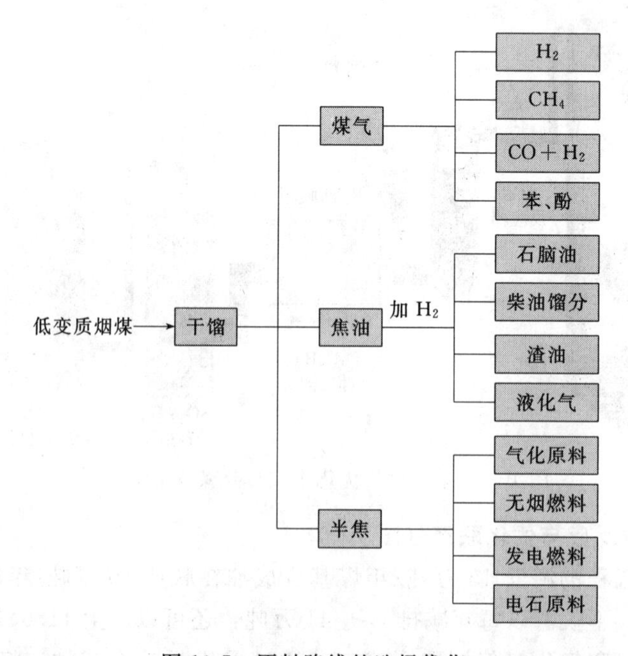

图10-7 原料路线的选择优化

例 5　原料优化配置，资源优势互补（图 10-8）。

在煤、石油、天然气（或油田气等）等能源资源均富有的地区，通过多种原料的优化配置和能源的综合利用，可以实现资源的优势互补和提高资源的利用效率。如延长石油集团靖边能源综合利用项目，以气化煤气、油田气和渣油催化裂解干气为原料生产烯烃用甲醇，通过“碳氢互补”，在大大降低煤制甲醇的 CO 变化深度的同时，减少了脱除 CO_2 的能耗和 CO_2 的排放。据该项目的初步估计，与国际先进水平相比，资源利用效率提高近 20 个百分点，甲醇装置能耗提高 22.8%～25.9%，节水 48.8%～59%。

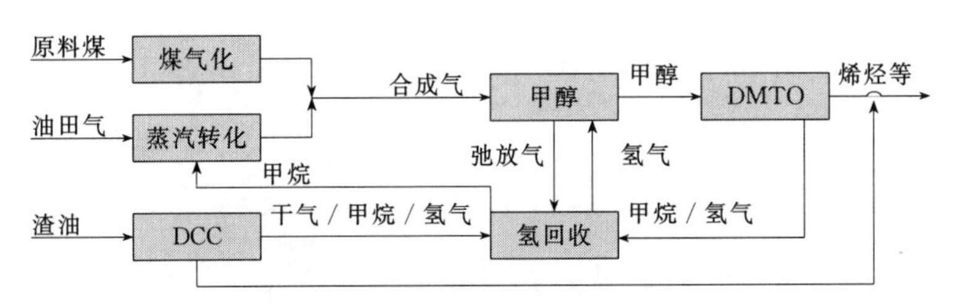

图 10-8　原料优化配置

综观目前现代煤化工的现状和发展的特点：国外不景气，国内过热；国外限于小试、中试，国内工业示范领先，但规划多、落实少，产能大、产量小。

现代煤化工是应对石油供应短缺，保障国家能源安全的重要途径，技术创新和水资源是制约其发展的瓶颈，目前应加快工业示范，突破关键技术，研发下游衍生物的进程。

发展现代煤化工产业必须合理统筹煤炭资源（尽可能使用劣质煤、低阶煤）、水资源、生态环境、技术进步和基础设施等因素，以低碳绿色为目标，以原料资源为基础，以市场效益为前提，以生产技术为关键。

进一步加强对现代煤化工产品的能耗分析、产业价值分析、经济型分析，特别是全生命周期的综合能效和环境效益分析以确定现代煤化工产业的最佳战略发展方向。

对资源赋存相近、产业结构趋同、资源依赖偏重、发展方式粗放的地区，应突破区域和行业界限，以区域内资源互补、共同发展为重，科学分工、合理安排现代煤化工产业链上、下游产品布局。

一方面由于禀赋特点是能源资源的主要提供者，另一方面因为技术落后又是环境生态的主要污染源，煤对中国是棘手的两难选择，煤的清洁高效利用是唯一出路。

以化石能源，特别是以高碳排放的煤为主的能源结构和以能耗大、污染重的重化工业为主的产业结构在相当长时期内难以根本改变，加强煤的清洁高效综合利用技术开发，推进传统能源清洁高效利用应该是中国国家能源战略的重中之重。

煤既是高碳能源又是碳氢资源，其清洁高效利用贯穿采、运、转化、利用全过程，通过能量流和物质流的优化集成可以实现煤的低碳、清洁、高效利用。

煤化工是煤的清洁高效利用技术的重要支撑，其发展趋势是以单元技术的新型化、生产技术的绿色化和工艺过程的集约化，通过循环经济型的能源化工联产实现煤的清洁高效利用。

参 考 文 献

[1] BP Statistical Review of World Energy，June 2010.

[2] 谢克昌. 应重视高碳能源低碳化的利用，光明日报，2009. 6. 9.

[3] 《全国人大代表大会常务委员会关于积极应对气候变化的决议》，2009. 8.

[4] 谢克昌. 煤化工发展与规划. 北京：化学工业出版社，2005. 9.

[5] Yan Cao and Wei-Ping Pan. Development of Carbon Dioxide Capture Technologies at ICSET，Sep. 16，2010.